JN135601

原子力発電世論の力学

リスク・価値観・効率性のせめぎ合い

北田淳子

大阪大学出版会

はじめに

原子力発電の利用についての世論は、二〇一一年に発生した福島第一原子力発電所事故によって大きく変化した。事故後、国内の原子力発電所はすべて停止し、マスメディアでは再稼働への反対が多数との世論調査結果が繰り返し報じられた。二〇一九年五月時点では事故前の五四基のうち二一基の廃炉が決まり、九基が再稼働している。事故から数年以上経過し、報道の注目トピックスは他の問題に移り、世論調査で原子力発電について問われることも少なくなっている。社会の関心が低下するなか、二〇一八年の第五次エネルギー基本計画では、原子力発電を「可能な限り低減させる」とする一方「重要なベースロード電源」と位置付けている。原子力発電から脱却するのか、一定程度維持していくのか、その将来像はあいまいである。

民主主義国家においてエネルギー政策のような重要な決定は、世論にそのままに従うとは限らないものの、世論を無視してはおこなえない。世論がどうであるかには常に大きな関心が払われている。しかし、私たちは自分自身の意見さえ過去はどうだったか、いつ変化したかは定かでなく、家族や友人の意見もそれを話題にする機会がなければ案外わからない。ましてや国民全体がどう考えているかなどデータがない限りとらえようがない。マスメディアやインターネットを通して頻繁に見聞きする情報、表面化した動きや声高な主張、あるいは身の回りの人の反応などから直感的に世論を推測することになれば、さまざまな立場の人が各々推測した異なる世論のぶつかり合いにもなりかねない。

原子力発電を今後どうするかという問題を社会で議論する際には、決定にどの程度反映させるかは別として、議論の基礎として国民はどう考えているかについての正確な情報に基づく共通認識が必要である。そのためには、科学的手続きに則って測定されたデータに基づく世論の指標が必要であり、それに応えるのが世論調査である。世論調査の定義は明確ではないが、人々の意識の把握を目的とする意識調査のなかでも、母集団が定義され、その縮図となるサンプル（標本）を抽出し、それらのサンプルに同じ質問文と選択肢を用いて調査し、母集団における回答分布を推定するもの（標本調査）ということができる。世論調査によって世論はデータとして可視化され、データ分析によって性質や特徴が明らかになる。

本書は、過去二〇年以上にわたる世論調査データに対し、計量社会学の視点を加えて、原子力発電の利用についての世論（以下「原発世論」と呼ぶ）の変動を解釈することを目的とする。本書で分析対象とするのは、原子力安全システム研究所（Institute of Nuclear Safety System. Inc. 以下「ＩＮＳＳ」と略す）が、原子力発電を主テーマとし、一九九三年から二〇一六年までの間に一九回、訪問留置き法により実施した世論調査のデータである。

筆者はこれまで、主として時系列推移の短期的な変化に着目し、その間に発生した原子力発電に関する事故やトラブルなどの出来事、電力不足の発生状況などの特定のトピックへの反応として個別に解釈し、その時々の最新の原発世論の把握に努めてきた。本書では、分析対象の時間軸を広げて、長期間の原発世論の変動に着目し、原発世論がどのような力学で動いているかを説明することを試みる。時点やトピックの特殊性によらない変化の共通性や、長期的な緩やかな変化の傾向などを見いだし、記述することが主眼になる。過去の原発世論のデータの変動の実態を明らかにし、変動のメカニズムについての知見が得られれば、現在の原発世論の延長線上にある蓋然性が高いと思われる今後の変動に関しても、予測の参考になると考えられる。

本書の内容を先取りして述べると、世論を規定する三つの要素の力学的バランスの変化によって原発世論が変動するという概念的モデルを考えた。短期的な変化の分析では、原子力発電に関する多面的な質問項目群を通じて、意識のどの面が変わり、どの面が変わらないのかを詳細に把握することに意味がある。一方、世論の長期的な変動を一般性のある理論で説明するには、原発世論の全体をできるだけ少ない基本の構成要素であらわすことが有効と考えられる。小さな枝葉をたくさん集めても、枝葉だけからは木の全体像は浮かび上がらない。幹の形をとらえることが必要である。後述する三要素はいわば原発世論の幹に相当するものである。

意識調査データを分析する方法には、回答カテゴリーの集計値の変化に着目する分析（以下「マクロ分析」と呼ぶ）と、個人レベルの回答データの分析（以下「ミクロ分析」と呼ぶ）がある。個人の態度決定要因の検討や、心理モデルの検討には、ミクロ分析が不可欠である。ただし、本書で扱うＩＮＳＳ継続調査は、毎回サンプルを新たに抽出しており、同一人を追跡して繰り返し調査するパネル調査ではないため、世論の時系列変動を、個人レベルの回答の動きによって分析することはできない。

世論の変動をミクロ分析でおこなう場合には、多数の時点間の態度決定要因や態度決定構造を比較することになる。複数の変数（要因）の関係性をとらえる多変量解析には、多母集団の同時分析やマルチレベル分析などの方法がある。しかし、本書で扱う世論調査データは、継続調査ではあるが、長期にわたるなかで、原子力発電をめぐる状況の変化や社会状況の変化に対応させて、質問文や質問選択肢の一部に変更が加えられている。また、世論調査としての性格から、選択肢は単純なスケールであることよりも、語句や文章で表現される意味合いの差異に重点が置かれているものが多い。つまり選択肢として分類や順序関係はあるものの、1、2、3というような数値に置き換えて計算可能とみなすにはやや無理があり、それを前提とする分析方法を適用するには限界がある。したがって、本書における分析は、補助的あるいは確認的にミクロ分析を用いることはあっても、主としてマクロ分析によるものとし、具体的には、各質問選択肢の回答比率（パーセント）の値の変化を読み解いて記述するスタイルをとる。

このことから明らかなように、本書で提唱するモデルは、統計的解析による検証を想定した計量的モデルではなく、概念的モデルである。

本書は二部構成とし、第Ⅰ部は原発世論についての論考である。「世論」という言葉から、多くの人々が思い浮かべるのは、世論調査結果の報道であり、具体的には、「○○と思う人が○パーセント」という意見分布の情報と思われる。たとえば、「原子力発電所の再稼働に反対が六〇％、賛成が三〇％」といった内容から、人々は「世論は再稼働に反対だ」と受け止めると考えられる。前段で述べたように、本書で世論として分析対象とするのは、この回答比率の動きであるが、一方、世論調査の結果を単純に世論と呼ぶことには異論もある。そこで、第一章では、原発世論の分析に先立ち、世論概念について検討する。具体的には、理念としての世論とその把握方法という視点から討論型世論調査についての検討をおこなう。

第2章では、原発世論の変動を説明する概念的モデルを考案するために、個人の態度決定要因や、原子力発電導入以降の社会の反応、原子力発電反対論などから、原発世論を規定する要因を多面的に考察する。概念的モデルは既存の継続調査データに適用することが前提なので、その構成要素には、当該継続調査に含まれている質問内容であることが望まれる。しかし、継続調査の質問項目は長期変動の解明を目的に設計されたものではなく、長期変動の主要な要因が確実に含まれているとは限らない。継続調査がカバーしているか否かはデータ分析に進む段階で重要となるが、使用可能なデータ（既存の質問項目）の枠内だけでモデルを考案することは、むしろ質問項目の外に存在する重要な要素の存在に気づかず欠落させることになる。そこで、第2章では、継続調査の質問項目に含まれているか否かにとらわれず、制約なしで原発世論の根底にある要因を考察する。そのうえで、継続調査に対応する質問項目がないならば、十分に扱えていない変動要因が存在することを認識したうえで、第Ⅱ部以降の結果を解釈することとする。

第3章でモデルを導きだす。具体的には、原発世論は、Emotional factorとしての「リスク」、Functional factorとしての「効率性」、Belief factorとしての「脱物質主義」の三つの要素の力学的バランスの変化によって、肯定・否定方向に変化するというモデルを考え、それらの関係をシンプルな図で表現している。第4章では、ケーススタディとして、脱原発を決定したドイツに本モデルを適用して原発世論を解釈する。

第Ⅱ部は、日本の原発世論の長期変動の実証的分析であり、本書の核となる部分である。INSS継続調査のデータから、原発世論と三要素それぞれについて、時系列変動を読み解いて性質を明らかにし、原発世論の変化を三要素の力学的バランスの変化として示す。まず、第5章でデータの概要と、各調査時点の状況を理解するうえで不可欠な原子力関連の出来事の概略を説明する。

第6章では原発世論の変動の実態を把握する。第7章から第9章では、三要素の「リスク」「効率性」「脱物質主義」を順に取り上げ、それぞれの変動を当該時点の出来事や社会状況と関連付けて、それがどのような意味をもつかを解説し、それらを通して浮かび上がる変動についての性質をまとめる。

第10章では、継続調査がカバーする一九九三年から二〇一六年までの間で特徴的なポイントとなる時点を特定し、時点間の原発世論の相違を三要素モデルの図で端的に表現する。これらの分析によって、原発世論がどのような要因の力学で動いているか、福島第一原子力発電所事故の前と後でどう異なるかを明らかにする。また、モデルで考える応用例として、高レベル放射性廃棄物の処分問題に関する日本学術会議の提言や、原発世論におけるマスメディアの影響などのトピックを取り上げ、モデルを用いた解釈を試みる。最終の第11章では、本書で得られた結果をまとめ、今後の原発世論を展望する。

本書には「福島第一原子力発電所事故」を指す記述は約三〇〇箇所ある。簡潔さと読みやすさを優先し、以下では「福島原発事故」と略する。

目　次

第2章　原子力発電に対する態度の基底にあるもの……19

I　原発世論についての論考

第1章 世論とは何か、どのようにしてとらえるか

第1節　世論調査で測定される世論

世論調査で測定される原子力発電に対する世論は、標本調査における回答分布である。調査回答者は原則として無作為に抽出されている。サンプリング方法の問題や低回収率に起因して、確率抽出としては不完全であるとしても、少なくとも、「確たる意見をもって自身の意見を表明したい人だけが回答している」のではない。自己意見を形成するには、当該問題についての情報や知識を得て理解することや、

他者の意見や議論を聞くことが必要とされている。多くの人にとって、世論調査で問われている個別の政策や社会問題は、日常的に意識しているものではない。仕事や家事などの個人的な問題に日々追われ、それらについて積極的に知識を収集するといった特別な関心をもつ人は、むしろ少数と思われるものである。

そもそも間接民主主義は、選挙によって民意の代表者を選出し、権力の行使をその代表者に信託するものである。制度上からも、一般市民は、代表者を選出する投票という形で意思を表明することは求められるが、個別の政策について確たる意見を有していることまで求められてはいない。どのような政策にも、その政策がもたらす良い効果（光）と悪い効果（影）があり、良い効果のほうが相対的に多いものが政策として成立しうる。当該政策の光と影についての認識が変われば、賛否の判断も変わりうる。個別の政策ごとに関連する専門領域は幅広く多様であり、それぞれの内容も浅いものではない。専門知識をもたない一般市民が、具体的な政策や社会問題それぞれについて実態と論点を把握し、光と影を理解したうえで自己意見を形成するには、相応の時間と労力を要する。誰もがそのような意見をもつと想定することには無理がある。

しかし、間接民主主義であっても、国民の議論の分かれるトピックが多数存在するのに対し、選挙の実施頻度は限られている。選挙によって制度的な正当性を与えられた議員に、すべての判断を一任すれば民意が反映されるというのは楽観的にすぎる。個別テーマについて民意のあり様を把握し、政治に反映するという回路が必要である。そのために民意を客観的かつ科学的に把握する方法として世論調査の意義があると考えられる。

世論調査で測定される世論とは、調査票で問われた時点で、選択肢として与えられた「賛成」や「反対」といった意見項目のなかから最も適切だと思うものはどれかを、回答者がその場で考えて選択するという行為によって引きだされた意見の分布である。この点において世論調査は、「世論を調べるための方法であると同時に、合意を作り出すための政治的装置」［佐藤（卓）、二〇〇八、九六ページ］と批判的にみられることもある。

第2節 操作的に定義できない「輿論」

世論は、一般の公衆が有する意見や、表明した意見を指す。この公衆とは、一般の市民であり、富や知性や知識の有無は考慮されない。意見は「一人一票」の原則に沿って数えられ、民主主義的であり個人主義的である［キンダー、二〇〇四、一三ページ］。この世論概念を支えるのが標本調査による世論調査である。標本調査とは、母集団の一部の要素を標本（サンプル）として抽出して調査し、その結果から母集団全体の真の値を推定するものである。標本調査によって世論を量的に把握することは、世界でも日本でも第二次世界大戦前後から始まったとされる。しかし、世論という概念は、標本調査が開発される前にも古くから存在していた。

また、「輿論」や「世論」という言葉の辞書的な意味や、歴史的文献における使用例から、その意味が検討されてきた。西平［二〇〇九、五ページ］によれば、西欧ではギリシア時代にまでさかのぼることができ、日本ではかつては、世論は「せいろん・せろん」と読み、輿論「よろん」とは区別して使われており、輿論のほうが世論（せろん）より重々しい意見を意味していたようだといわれる。佐藤［二〇〇八］によれば、かつては、輿論は「公的な意見」をあらわし、世論（せろん）は私情としての意見をあらわすものであったが、輿という漢字が常用漢字から外れたために、概念の区別がされなくなったという。

世論は public opinion と訳されるのが一般的である。安野［二〇〇六、一七ページ］は、public という単語に「公衆」と「公共」の二つの意味が含まれているとし、世論を「公的な問題について公共の利害を考慮した公衆の意見」と再定義している。そして、世論調査の多数意見となって正当性が与えられると、社会的権力に対しても、人々に対しても、規範的な圧力となり、世論に反する意見や行動は表出されにくくなるとしている。

世論研究は、方法論的に標本調査に依存するものが多く、他の方法――具体的にはインタビューや選挙の統計の分析、社会運動についての調査など――は世論の科学的研究方法ではないとして否定されがちである［キンダー、二〇〇四、一八～二一ページ］。一方、「一人一票」の考え方に対しては批判もある。

佐藤［二〇〇八、一九ページ］は、ブルデューの世論調査の正当性の公準——誰もが何らかの意見をもちうる、すべての意見はどれも優劣がない等価なもの、それらの問題は質問されて当然だとする同意がある——に照らして、「意見を作り上げる能力は平等に配分されているか」「十分な情報を検討して熟考された見識と、周囲の雰囲気に流される性向は数値で均質化されるべきか」「設問を作るものが選択肢を規定し、政治が必要とする争点を作り出していないか」という点から、疑念を呈している。

つまり、第一の問題は、当該テーマについて、日頃からよく考えて明確な意見をもつ人がいる一方、日頃考えたこともなく明確な意見をもたない人もいる。後者の場合でも、世論調査の対象となれば提示された選択肢に反応する。それが一人一票の原則のもとで集計されるので、平等性は保証されるが、回答の質はまったく考慮されないという問題である。第二の問題は、質問文と選択肢は、被調査者が意見をもっている、あるいは少なくとも判断を下すことができると想定されているが、現実には、日頃考えてもいない問題について調査者が規定した枠組みへの回答を求められたことによって引きだされた反応にすぎない可能性がある。その集積である多数意見を「世論」として正当化することは危険性をはらむ。世論調査で世論を作りだし、自らの主張を通すために利用するということが起こりうる。

世論（せろん）を私的な感情、輿論を公的意見と区別し、世論調査で得られる世論は表層的で直感的であるため、それとは峻別して輿論の存在を想定することには理がある。しかし、輿論は操作的に定義できるのかという問題がある。世論調査で得られる世論は、一人一票の民主的原則に基づく、個人の意見の集積と定義することができるが、理性的輿論は、いったいどのようにして定義しうるのだろうか。

佐藤［二〇〇八］は、過去の政治的なエポックとなる出来事を分析し、個々について具体的に一方を世論（せろん）とし、他方を輿論と断定的に振り分けている。感情的なものと理性的なもの、私情と公論、世間の空気と公的意見、空気に流された感情と責任ある意見、などさまざまな言葉を用いて、峻別している。しかし自らも、「公論と私情は現実には入り混じっており、きれいに腑分けすることは不能である。」［三一五ページ］とも述べており、具体的なテーマについて対立する二つの意見について、いずれが輿論かは自明ではなく、その判定基準は示されていない。どちらの意見が公論かという正解があるのではなく、一人一人が判断すべきことであって、重要なのは、世論（せろん）と輿論の違いがあることを認識し、世論に流されずに自らの責任で意見をもつことであり、その自覚を促す主張だとも理解できる。個人が表明したアウトプットとしての意見自体の内容が理性的であるか否かに依存するのではなく、個人内で熟慮したプロセスの有無によるという考え方もできる。

それでは、社会集団の意見というマクロレベルにおいて、世論（せろん）と輿論は、どのように特定されるのだろうか。佐藤は、電話世論調査による即答の「民意」が政治プロセスに組み込まれ、内閣支持率がストレートに政局に反映される政治状況を、ファストフードになぞらえるかのように「ファスト政治」と呼んでいる［佐藤（卓）、二〇一五］。世論調査が過度に影響力をもつ状況や、政権がポピュリズムに陥ることに強く警鐘を鳴らしている。世論調査の結果を単純に輿論とみなすことに批判的ではあるが、世論調査そのものを否定するのではなく、主としてマスメディアによる調査結果の使い方に批判の力点が置かれている。輿論指導すべき役割をもつマスメディアが、自社の主張を社説ではなく世論調査結果で代弁させたり、投書欄を自社の主張に合うもので埋め、私的感情の世論（せろん）を作っていると批判している。戦前・戦中の日本にも情宣活動の一環として輿論調査が存在したと指摘し、世論調査が戦後ＧＨＱによって民主主義とともに日本にもたされたものだと過度に強調されてきたのは、ＧＨＱに対して新憲法制定に向けて国体維持（天皇制維持）が民意であることを世論調査の結果を利用して示すためであったと分析している［佐藤（卓）、二〇〇八、二七八～二七九ページ］。世論調査は、導入当初から政治利用と切り離せないものであったといえる。

第3節　熟慮された世論を把握する方法——討論型世論調査（ＤＰ）

世論調査の結果を世論とすることには批判もあるが、この場合は操作的定義であることから、世論の定義は明確である。一方、操作的に定義されない輿論はどのようにして知ることができるのかが問題になる。民主主義においては世論（よろん）を政治に反映させることが重要とされるが、そのためには、輿論はどちらにあるのかを把握しなければならない。過去の輿論については、時間のアドバンテージを得て、その後の歴史的帰結を含めて全体を鳥瞰し、「後世の判断」として、論理性や合理性、理性的か否かを評価し、いずれが世論（せろん）でいずれが輿論かを判断できるかもしれない。しかし、時代の渦中にある問題については、実際的な意味で必要性が高いにもかかわらず、集団における輿論を把握する方法は明らかでない。何をもって理性的だとするかの基準によっても結論が変わりうる。たとえば、現時点の原子力発電の利用の賛否についての輿論はどうかという問いに答えることはできない。

熟慮するプロセスの有無という手続き的側面から、世論調査に代わる、あるいは補完するものとして「討論型世論調査」（討議型、あるいは熟議型世論調査ともいう。deliberative poll からDPと略される。）があり、輿論の概念に親和的と思われる。これは、世論調査で得られる世論に対する合理的無知[2]の問題と熟慮のプロセスの欠如という批判から、熟議を経た世論を把握するための手法として、フィシュキンらによって考案されたものである。世論調査と熟議に基づく討論フォーラムを結びつけ、無作為抽出によって得られた標本の意見分布から母集団の意見分布を推定するという通常の世論調査の長所を残し、かつ、「よく理解し、よく考えた」結果としての世論を把握することを目的としている［フィシュキン、二〇一一］。

具体的には、一回目として、対象者を無作為抽出する通常の世論調査を実施し、その回答者のなかから募った参加者に、テーマについての資料を送付し、各自で読んでもらう。次に、参加者全員が一堂に会し、討論前に二回目のアンケートをする。そのあとで、少人数に分かれて、参加者同士で議論するグループ討議と、グループ討議で出た質問に専門家が答える全体討議を実施し、終了時に三回目のアンケートをする。三回目のアンケート結果が、熟議を経た世論とみなされる。この間の意見分布の変化が、恣意性が排除された公正なものであることを保証するために、モデレーター（討議の司会進行役）には、討議において誤った事実が語られていたとしても訂正するなどの介入を避けるといった、厳密な手順が規定されている。

第4節　実施例「エネルギー・環境の選択肢に関する討論型世論調査」

日本では、二〇一二年に当時の民主党政権によって「エネルギー・環境の選択肢に関する討論型世論調査」が実施され、政府の「二〇三〇年代原発稼働ゼロ方針」の決定に影響を与えた。

エネルギー・環境の選択肢とは、二〇三〇年の原発依存度を「〇％」「一五％」「二〇〜三〇％」とする三つのシナリオのことであり、それぞれのシナリオでは二〇三〇年の具体像として、電源構成や化石燃料依存度・輸入額、温室効果ガスの排出量などについて、二〇一〇年からの増減率が示されていた。原発依存度を〇％にする（以下「原発ゼロ」という）シナリオでは、再生可能エネルギーが三五％、化石燃料の依存度が六五％となり、温室効果ガスの排出量を他のシナリオ並みにするために、「省エネ性能の劣る製品の販売制限・禁止を含む厳しい規制を広範な分野に実施し、経済的負担を課すことが必要となる」と説明されていた［エネルギー・環境会議 a、二〇一二、一四ページ］。

討論型世論調査の結果、原発ゼロシナリオへの支持が増え多数意見となったことなどをふまえて、政府は原発ゼロ目標を盛り込んだ「革新的エネルギー・環境戦略」［エネルギー・環境会議 b、二〇一二］を二〇一二年九月一四日に発表した。ただし、経済界、関係自治体、米国などの反発や懸念を受けて、原文の閣議決定は見送り、同戦略をふまえるという方針を九月一九日に閣議決定するにとどめた。当時の野田佳彦首相は、「(原発ゼロは) 国民の覚悟だ。それを踏まえて政府も覚悟を決めた」と述べている。この「覚悟」という表現に対しては複数の社説が取り上げており、インパクトのある表現であった。討論型世論調査の実施報告書には、調査結果の解釈として、「国民の覚悟」という項があり、「国民は省エネをもっと行い、また、ライフスタイルも変え、コストが高くなっても再生可能エネルギーを推進し、国民も発想の転換をするということを引き受けると読むべき」と記されている［エネルギー・環境の選択肢に関する討論型世論調査実行委員会、二〇一二、八七ページ］。

国民的議論として実施された討論型世論調査やパブリックコメント、公聴会、加えて報道機関が実施した世論調査、これらを総合して結果を取りまとめるために検証会合が設けられた。参加した専門家からは、討論型世論調査という方法に対して、小グループディスカッションの問題点や、態度変容の安定性の問題が指摘されている［第二回 国民的議論に関する検証会合 議事概要、二〇一二、一三〜一八ページ］。

討論型世論調査の結果を国民の覚悟と読むことを留保する意見があり［二〇ページ］、最終会合においても、「原発に依存しない社会にしたいという方向性を共有している」と解釈することへの異論がでている［第三回 国民的議論に関する検証会合 議事概要、二〇一二、二二ページ］。また、検証会合に参加した専門家からは、「この解釈に関して、責任を負う必要がない」ということなので、事務局案の解釈を受け止めるという趣旨の、つまり、取りまとめの結果から距離を置く発言もでている［第三回 国民的議論に関する検証会合 議事概要、一五ページ］。

このようななかでやや強引にまとめられた背景には、この国民的議論を主管した当時の古川元久国家戦略担当大臣が脱原発を目指していたことがある。検証会合で事務方を務めた人物は、のちに新聞記事で取り上げられている。当時政権内でも官僚内でも、原発ゼロに関して意見の対立があるなかで、過半数の国民が脱原発を望んでいるという検証結果を導きだし、世論の力を背景に政策変更を強く意図していたという説明がされている。[3]

討論型世論調査の実施責任者であった曽根泰教は、国民的議論に関する検証会合において、「討論型世論調査は、事前では世論調査であり、一般の世論調査と同じ。事後としては、起こりうる意見変化の方向を把握するという手法」だと説明している［第二回 国民的議論に関する検証会合 議事概要、一〇ページ］。報道機関の世論調査では必ずしも原発ゼロ支持が多数ではなかったが、情報を得て熟議すれば原発ゼロ支持に態度変容することを示唆するエビデンスとしての役割を果たしたといえる。

討論型世論調査に関連しては、民意を探ろうという政府の民主的な取り組み姿勢を肯定する声がある（［岩本、二〇一五］、［八木、二〇一三］、［佐田、二〇一五、五六ページ］）一方、世論把握の方法としての妥当性については否定的評価も多い。討論参加者の偏りによるサンプルの代表性の問題が指摘されている。参加者はエネルギー・電力政策への関心や知識が高く、明確な意見をもつ人が相対的に多かったという分析結果から、討議プロセスでは参加者のうちの小数の中間層を奪い合う構図であった可能性が示唆されている［菅原、二〇一二］。参加者同士のコミュニケーションの成り行きや提示資料、専門家の対応などが異なれば、異なる意見に動く可能性がある。また、三回のアンケートへの個人の回答の動きのパターンの分析では、集団の集計値の変化以上に、個人の回答が揺れ動いていることがわかる［エネルギー・環境の選択肢に関する討論型世論調査実行委員会、二〇一二、五二〜五三ページ］。三回目の回答は、一泊二日の討議を経た意見であるのは間違いないが、討議が続けば、さらに回答が動く可能性も大きいのではないかと感じられる。討論型世論調査は、討議による意見分布の変化をとらえるのが目的であり、個人の回答が動くことを前提としている。討議が進む過程で個人の回答が揺れ動くこと自体に問題はないが、三回目の回答が最終的で安定的な意見なのか、その意見分布を「熟議すれば至る世論」として一般化できるのかという点で疑念が残る。

討論型世論調査は、一九九四年以来、世界十数か国・地域で四〇回以上の実績があるとされるが、日本のエネルギー・環境の選択肢に関する討論型世論調査が、国の重要政策決定の一環としておこなわれた点で〝世界初〟の試みといわれ〔エネルギー・環境の選択肢に関する討論型世論調査実行委員会、二〇一二、二ページ〕、社会で実装される段階にある方法とはいいがたい。「世論把握のための大規模な『社会的実験』」〔西田、二〇一二〕との評価もある。討論型世論調査の結果を、熟議を経た世論と呼ぶコンセンサスはないといえる。

以上をまとめると、輿論という理念は賛同されても、それを把握する具体的方法が確立されておらず、現実的には標本調査である世論調査に代わる方法はない。討論型世論調査に関しては、ものごとの決定手続きや合意形成の方法としての観点から、第2章第12節でも取り上げる。

第5節　原子力発電についての世論と内閣支持率との相違

報道機関が実施する月例世論調査における内閣支持率が、現実の政治に不当な影響力をもっているとの批判は多い。内閣支持率の低迷と退陣には明確な関連性がある。たとえば、短命政権が続いた二〇〇六年から二〇一三年の内閣支持率をみると[4]、麻生内閣と野田内閣を除けば、国会議員選挙の結果を受けた与野党逆転による政権交代がなかったにもかかわらず、いずれも支持率低迷後に退陣している。政権発足時の期待が、新政権が実績をだす間を待たずに短期間で低下し、政権を維持できなくなって、首相が交代することが繰り返されている。世論の移ろいやすさが政権の持続を困難にしているようにみえる。佐藤［二〇〇八］は、安倍晋三首相が戦後最年少で首相になれたのは、世論調査における高い人気に後押しされたことによると、世論調査データを示して論じている。世論調査の影響力は、政権の維持のみならず、議院内閣制のもとでは事実上の首相指名選挙となる、与党自由民主党の総裁選挙においても認められるということになる。

内閣支持率の短期的な変動の大きさと、それが現実の政治にもつ影響力の大きさから、世論調査は、直感的な反応や社会の空気（雰囲気）に流された移ろいやすい反応をとらえているといったネガティブな見方をされることがある。これは、「世論調査」といった場合に、その典型的な例として、頻繁に報道されているＲＤＤ[5]電話調査による内閣支持率調査が想起されることが一因と思われる。それでは、本書のテーマである原子力発電の利用賛否や原子力発電に関連する意識も、内閣支持率と同様に移ろいやすく信頼性の低いものなのだろうか。

少なくとも両者には明確な相違点がある。一つには、回答判断がもつ現実的な意味の差異である。政権は、年や月単位の期間で交代することが制度上想定されており、選択が常に視野に入る。一方、原子力発電の利用は、日本ではすでに電力のインフラストラクチャーに組み込まれており、その変更には多大な社会的コストがともなうため、政策の連続性が重要になる。短期的な変更は想定されず、白紙状態で新たに選択する問題ではない。

もう一つは、回答判断に使える情報量の差異である。内閣や首相に関しては、具体的な政策やその動向、政界の動き、不祥事、経済指標などさまざまな情報がマスメディアによって日々供給されている。政治、経済、社会保障、教育などすべてのテーマが、政権を評価する項目になりうる。そして、社会的関心を集める政治トピックは、ＴＰＰ問題、安全保障問題から、テロ等準備罪（共謀罪）の新設などへと、政治問題の領域が短期間で移り変わっていく。特別な関心をもって能動的に情報収集していない人々も、日常生活のなかで現内閣についての判断材料となりうる情報に触れている。一方、原子力発電については、事故や不祥事などの問題発生時を除けば、マスメディアの報道で主題となることは少なく、判断材料が常に更新される状況にはない。世論調査の回答者が判断に使える直近の情報が少ないために、内閣支持率のように短期的に大きな増減を繰り返すような変動パターンにはなりにくいと考えられる。

原発世論が、短期的変動を繰り返しているのかどうかについては、第Ⅱ部においてデータで検討する。

注

1　本格的な全国紙の輿論調査として、一九四〇年五月に大阪毎日新聞社・東京日日新聞社によって「中等校入試制度是非―輿論調査」が、小学校教員や受験生父兄など三〇〇〇人を府県別人口配分方式で選びだす割当法により実施されたとされる［佐藤（卓）、二〇〇八、六六ページ］。

2　合理的無知とは、ダウンズ（A. Downz）の仮説。政治情報の入手と分析にはコストがかかり、合理的な有権者がこのようなコストを負担するのは、実質的な見返りが約束される情報に限られると指摘し、巨大な社会で一票を投じても「大量の投票用紙の山に消えてしまう」のであり、十分な知識に基づく投票は、手段としての利点がきわめて小さい。そのため、合理的選択として知ろうとしないこと［キンダー、二〇〇四、二七～二八ページ］。

3　朝日新聞二〇一四年一〇月二四日付の記事では、当時の古川元久国家戦略担当大臣と伊原企画調整官は、政権内で原発一五％案を現実的とする見方が広まるなか、「経産省から上がってくるのを覆しにくい。下に任せるとこっちの思いと違う方向に行く」「だから、トップダウンでもっていこう」としたと記されている。

4　ＮＨＫの政治意識月例調査で各政権の支持率の最大値と最小値に着目すると、第一次安倍内閣は一〇カ月間で六五％が二九％に、福田内閣は一一カ月間で五八％が二〇％に、麻生内閣は一〇カ月間で四九％が一五％に、鳩山内閣は八カ月間で七二％が二一％に、菅内閣は一〇カ月間で六五％が一六％に、野田内閣は一年三カ月間で六〇％が二〇％に、いずれも急落している［ＮＨＫ放送文化研究所］。

5　Random digit dialing の略で、電話調査に用いるサンプリング方法の一種。コンピューターで一定の法則のもとでランダムに電話番号を生成させ、未使用番号や事業所番号を可能な範囲で除去したのち、各番号に電話をかける。世帯用電話であると確認できれば、調査対象年齢適格者の人数を聞き、複数人いる場合には世帯内で一人を無作為に選び、調査対象者とする。

第2章 原子力発電に対する態度の基底にあるもの

世論調査の回答者が個別の政策や社会問題すべてについて確たる意見を有しているとは想定できない。たとえば、TPP、安全保障関連法案、憲法改正、消費税の軽減税率導入などのすべてについて、ニュースで断片的に情報に接することはあっても、常に賛成か反対かを自問し、どうあるべきかについて自分なりの結論を自覚している人はむしろ少ないと思われる。

調査票で問われたときに、当該テーマについての知識情報が乏しく、論点や争点の理解が不十分であっても、無責任な当てずっぽうの選択ではなく回答する（反応する）ことができるのは、基底的な意識や考え方、価値観、判断枠組みを用いて回答を導きだしているためだと考えられる。そして、社会的状況や事件の影響、長期的変化のトレンドなどによって、態度の構成要素のどれかが優勢になったり、どれかに焦点化されるなどして、表面にあらわれる個人の回答が変わり、個人の回答の集積である集団の意見分布が変わると考えられる。本章では原子力発電に対する態度の基底にある要素について考察する。

日本では、一九五五年に原子力基本法が成立し、原子力発電の開発利用に向けた動きが急速に進み、一九七〇年に商業用原子力発電所として二基が発電を開始した。その後、着実に基数を増やし、福島原発事故時点では五四基によって日本の電力需要の約三割がまかなわれていた。一方、このような利用が拡大する過程においても、原子力発電は原理的に放射線や放射性物質を発生するため、人々にとって不安の対象であり続けた。原子力に関連する事故や事件の発生を契機に、社会から批判的、あるいは否定的な注目を浴びることが幾度となく繰り返されてきた。そこで、本章では、まず、原子力発電をめぐる歴史的事実や社会の反応を振り返りながら、原子力発電に対して否定的になる要素について考察する。その次に、否定的な要素をもつにもかかわらず原子力発電の利用の受容につながってきた要素について、最後に、原子力発電に対する態度に影響するが、肯定か否定かの方向性はロジカルに定まらない要素についての考察を進める。

第1節　平和利用に夢を託した時代

原子力をめぐる世論の変遷については、柴田・友清［一九九九、二〇一四］や、佐田［二〇〇九］がまとめている。第二次世界大戦時の原爆投下から八年後、米国のアイゼンハワー大統領が国連で演説した「Atoms for peace」の方針のもとで、核の軍事利用から平和利用に向けて動きだした。この政策には、豊かなエネルギーの開発と供与という目的に加えて、核が戦争のためだけでなく、平和と繁栄のためのテクノロジーとして認められることで、米国が原爆を投下した記憶を背景化するという政治的意図があったといわれる［吉見、二〇一二、一一三ページ］。原爆に起因する日本人の米国への恨みを昇華する意図があったという見方もある［柴田・友清、二〇一四、三ページ］。原爆による悲惨な記憶も生々しい時期であったが、平和利用と「平和」をつけることによって、原子力発電は原爆とは別物としての無限のエネルギーとして受け止められ、希望や期待を集める存在となった。

人々が原子力発電を好意的に受け止めた背景には、唯一の被爆国として、核が発生させるエネルギーの凄まじさを知ったことによって、そのエネルギーを平和利用に転用することへの期待を増幅させたこと、加えて、現実問題として日本にとってエネルギーの確保が必要であったことにある。日本が太平洋戦争に突入した直接的な理由は、フランス領インドシナへの日本の進攻に対する制裁措置として、米国による石油の禁輸が実施されたことであった。[1] エネルギー資源を絶たれたことが戦争への道を進む契機となったことへの反省からも、原子力という新しいエネルギーに大きな魅力を感じたことは自然な反応である。

吉見［二〇一二］は、原子力発電が軍事利用から分離されて、人々に「夢」として受容されていった過程を、一九五五年から二年間にわたり全国各地で展開された原子力平和利用博覧会や記録映画、PR映画などを素材にして考察し、三タイプの言説があったと指摘している。第一として、原子力という新しいテクノロジーは避けられないという前提のもとで軍事利用か平和利用かの選択の問題にし、被爆を経験したからこそ平和利用を推進しなければならない、平和利用の推進によって軍事利用の危険から人類を救済できるという言説。第二として、戦後経済を新たな成長に結びつけるためのエネルギー源の必要性。第三として、原子力が未来の便利で豊かな生活をもたらすという言説（幸福のイメージ）をあげている。これらのなかでも、多くの日本人にとっては、原子力平和利用博覧会などで示された未来生活をもたらすバラ色のイメージ、つまり第三の魅力が大きかったと述べている［二八八〜二九〇ページ］。

手塚治虫の漫画『鉄腕アトム』は、連載が一九五一年に、アニメ放送が一九六三年に始まり子供達の人気を集めた。主人公アトムは体内に原子炉を内蔵し、現代でいう人工知能を備えたロボットであり、妹の名前は「ウラン」であった。鉄腕アトムは、原子力の平和利用との結びつきから出発し、早い段階で核との結びつきが失われ、純粋に科学技術の夢として人々に受け入れられていったとされる［吉見、二〇一二、二五三〜二五四ページ］。原子力は国民が夢を託せる存在であったことを示している。

一方、第五福竜丸事件をヒントに製作され大ヒットした映画『ゴジラ』は、水爆実験によって生まれた怪獣がおぞましい巨大な力によって都市を破壊する物語であり、そこには広島・長崎の被爆や東京大空襲、当時の日米関係の暗喩があったとされる。吉見は、映画がシリーズ化し、原水爆イメージが希薄化してゴジラが善玉へと変貌していった時期が、日本各地で原子力発電所の建設が進んだ時期と並行しているとし、「日本人の戦後感覚の中で、原爆の過去と原発の未来の間の重心移動が起きていた」と説明している［二三九〜二四〇ページ］。

第2節　歴史的事件でふくらむ放射線への不安

一九五四年に前述の第五福竜丸事件が起き、遠洋マグロ漁船が操業中に米国の核実験で生じた放射性物質で汚染された。乗組員が「死の灰を浴びた」と報道され、海産物の放射能汚染の懸念から、「放射能マグロ」「原子マグロ」と呼ばれ大量に破棄されるといった風評被害が生じた。半年後に乗組員一名が死亡し、これを契機に原水爆禁止運動が高まったといわれる［柴田・友清、一九九九、九ページ］。ただし、この乗組員の死因は、後に進展した医学的知見を総合して、ウイルス性肝炎であると報告されている。急性放射線障害の一つである骨髄障害によって造血機能が低下したために、治療として輸血がおこなわれ、その輸血によってウイルス性肝炎に感染したとされる［日本保健物理学会、二〇一三］、［明石、二〇〇八］。

この事件をヒントに製作された初期のゴジラは、原子力の悪の象徴として描かれている。原爆による被ばくへの恐怖は、戦時下の異常事態において起きた過去のものとして、切り離して考えることがある程度可能であったのに対し、核実験による第五福竜丸の放射線被ばくは、平和な時代を迎えてから起きたものであり、海産物の汚染という形で市民生活に接続する現在の問題として、人々に迫るものになったと考えられる。

一九七四年に観測船の原子力船むつの試験運行中に「放射線漏れ」が起きた。放射線の量はごく微量であり、健康や環境に何らかの悪影響が生じるレベルではなかったが、風評被害を恐れる漁業者に帰港を拒否され、その後一六年間にわたって日本の港をさまよって改修を受け、四度の実験航海のみで原子力船としての用途を終えている。漏れたのは放射能（放射性物質）ではなく放射線であり、遮蔽が不十分であったことが原因であったが、「放射能漏れ」と報道された。放射線漏れならば、水やコンクリートなどの遮蔽物を置いてさえぎれば被ばくすることはないが、放射能（放射性物質）は、環境中に拡散したり、それを取り込んだ魚介や農作物の摂取を通じて内部被ばくする可能性がある。被ばくの影響を考えるうえでは、放射線漏れと放射能漏れはきわめて大きな違いがある。中尾は、失敗知識データベースの「失敗百選」において、「放射能漏れ」を訂正しなかったことにより、「放射能をまき散らす船」のような印象を与えたと指摘している。

もはや、平和利用であっても原子力は被ばくをもたらす存在と認識され、どんなに微量の漏れも許容しない社会の雰囲気が形成されていった。

一九八六年にチェルノブイリ原子力発電所事故（以下「チェルノブイリ事故」と略す）が発生し、大量の放射性物質による広範囲の汚染をもたらした。ヨーロッパでも牧草や土壌を通じて、牛乳をはじめ乳製品や農作物が汚染された。事故を受けて反原発運動が高まり、脱原発や、新設計画の中止や中断を決定した国もある。[2] チェルノブイリ事故は、原子力発電所の事故で、深刻な被害が発生した初めての事故であり、人々の原子力発電の事故イメージ、たとえば、「爆発によって大量の放射性物質を広範囲にまき散らし、修復不能なレベルまで環境を汚染し、多くの犠牲者を出す」といったイメージの中核になったと考えられる。チェルノブイリ事故の死者数の推定値には、四〇〇〇人というものから、数十万人を超えるというものまで大きなかい離がある。このようなかい離が生じる一因は、低線量放射線の健康影響の不確実性である。

第3節　低線量放射線の健康被害の考え方――LNT仮説

放射線の人体への影響には「確定的影響」と「確率的影響」がある。確定的影響とは、脱毛を含む皮膚の障害や、骨髄障害あるいは白内障などであり、確率的影響とは、放射線を受ける量が多くなるほどガンや白血病になる確率が高まるという影響である。確定的とは、「しきい線量を超えなければ影響が発生しない」ことが確かであるという意味である［柴田（義）、二〇一六、三七ページ］。チェルノブイリ事故の推定死者数の大部分は、後者の確率的影響によるものである。原爆被爆者の疫学調査から、次の結果が得られている。なお、原爆被爆者の被ばく線量は、推定値であるが、被ばく地点、家屋内または街路における被ばく場所、被爆時の爆央に対する向きや姿勢などを聞き取り、被爆前の航空写真や家屋の間取り図など、可能な限り詳細な情報を収集して、推定したとされる［柴田（義）、二〇一六、三九ページ］。

- 一〇〇ミリシーベルトで、生涯発がん死亡リスクが〇・五％増加する。
- 一〇〇ミリシーベルトより低い線量では、生涯発がん死亡リスクの有意な増加は確認されていない。

一〇〇ミリシーベルトより低い線量では統計的に有意な健康影響は確認されていないが、放射線防護の立場から、被ばく線量と影響の間には、閾値（しきいち）がなく直線的な関係が成り立つとする考え方（LNT仮説）が採用されている。そのため、どんなに低い放射線量であっても、対象地域の範囲を大きく広げれば放射線を受ける人口集団が大きくなり、推定結果としての死者数が大きくなる。

一例をあげると、チェルノブイリ事故で放出された放射性物質に起因して、西欧諸国の二億七四八〇万人全員が、それぞれ〇・一ミリシーベルトを受けたと仮定し、ガン死者数は一三〇〇人と計算されていると説明されている［電力中央研究所 原子力技術研究所 放射線安全研究センター］。事故現場から遠く離れた西欧諸国においてもチェルノブイリ事故のために一三〇〇人もがガンになり死亡するというのは、原子力発電所事故の恐ろしさを十分感じさせる。ただし、地球上では誰もが自然界から放射線を受けており、食物から摂取するものを含めると、世界平均では一人当たり年間二・四ミリシーベルト[3]の被ばくがあるとされている。このような自然に存在する程度の微量の放射線を被ばくした場合にまで、線量に比例させてガン死者数を計算することが合理的なのか大いに疑問である。

環境省の資料［環境省放射線健康管理担当参事官室・放射線医学総合研究所、二〇一六、一一五ページ］では、ガンは日本人の死因の一位であり、三〇％がガンで死亡しているという。前述の推計でも、人口二億七四八〇万人であれば、約六〇〇〇万人はチェルノブイリ事故とは無関係に、さまざまな他の要因でガンになって死亡すると計算されている。このようなバックグラウンドの情報をふまえて相対的にとらえると、チェルノブイリ事故によるガン死者数の推定値に対する印象もやや変わるかもしれない。

確率的影響に関しては、ガンが放射性物質に起因するか否かを識別できないため、事故から三〇年近くを経た現在もチェルノブイリ事故の死者数を実数で把握することはできず、推定にならざるを得ない。世界保健機関（ＷＨＯ）は、事故処理の従事者と最汚染地域および避難住民を対象に推計された四〇〇〇人に、その他の汚染地域住民を対象に推計された五〇〇〇人を加え、計九〇〇〇人としている。一方、科学技術社会論から原子力発電を批判している吉岡斉は、三〇万人オーダーの数字をあげるとともに、その数値は原子力推進側によって過少に誘導されていくとの趣旨を述べている［吉岡、二〇一一、二二五ページ］。どのような仮定をおいて推計するかには、原子力発電に対する立場や主義主張、あるいは政治的思惑などが色濃く反映される。原子力に否定的な立場であれば、その危険性を強調するために死者数を多く見積もろうとし、肯定側の推計値が過少であると主張する。その結果、大事故の被害イメージは、原子力発電肯定側と否定側の、どちらの言うことを信じるのかという問題に帰着する。

当然のことながら、事故の被害は放射線に起因する死者数だけであらわせるものではない。チェルノブイリ事故では四〇万人もの人々が住み慣れた家を捨て強制移住させられた。個人の生活や地域社会を破壊したという点で社会的影響は甚大であり、生活環境の変化にともなうストレスによる健康被害は、放射線による健康被害を上まわるともいわれる。

強制移住の範囲は地域の放射線量を基準に定められるので、基準値次第で、対象となる地域の範囲と住民の人数が大きく異なってくる。ＬＮＴ仮説のもとでは、どんなに微量であっても健康影響がゼロではないということになるので、基準値は、「無視できるほど小さい健康影響はあるが許容する」線量の上限を意味し、科学的に正しい値が一つ存在するのではなく、社会的な合意で定めるものになる。事故の社会的影響の点でも、特に低線量放射線の健康影響をどう評価するかは、原子力発電所の大事故の被害像とも無関係ではなく、重要な意味をもっている。

リスクの社会的増幅[4]の要因の一つに価値観があり、軽微な健康被害も絶対にあってはいけないと多くの人々が考えている社会では、事故のリスクがまれにしか起こらないものであっても、その事故に関する社会的増幅の程度は高まるといわれる［竹村、二〇〇六、二六～二七ページ］。

第4節　反原発運動の担い手の変化

1　政党や労働組合の組織的活動としての反原発

反原発運動は歴史的には政治意識と結びついていた。日本社会党は、一九六九年に「公害総点検運動」のなかで初めて原子力発電への反対に言及し、一九七二年に原子力発電と再処理施設建設への反対を決議し、原子力船むつの放射線漏れ事件を経て、一九七五年に「核分裂に電力供給を頼る体制にしない」ことを党の政策審議会で決定して反原発政策を明確に打ちだしたとされる［佐田、二〇〇九、三三ページ］。日本共産党は、原子力の平和利用の可能性を原則的に否定する立場はとらなかったが、原子力発電の危険性を一貫して指摘し、二〇〇〇年に「原発からの段階的撤退」の方針を明確にした。反原発運動は、日本社会党や日本共産党の政党活動として、あるいは支持母体である労働組合の組合活動として展開されていた。

しかし、長期的に日本社会党は凋落し、一九九六年に社会民主党（社民党）に改称された後、議員の多くが民主党に参加した。日本社会党の支持基盤であった総評も一九八九年に日本労働組合総連合会（連合）に加わった。民主党は、自由民主党（自民党）や民社党、日本社会党出身者らによって構成された複数の新党が参集して結成されたため、掲げる政策の幅が広く、また、最大の支持基盤である連合には、全国電力関連産業労働組合総連合（電力総連）なども参加しており、反原発の政策は打ちだされなかった。反原発政策を明確にする政党は、日本共産党と少数政党となった社会民主党のみとなった。

民主党は、政権を担っていた福島原発事故直前の二〇一〇年には、エネルギー基本計画において原子力発電の推進を掲げ、二〇三〇年までに原子力発電プラント一四基以上の新増設を想定していた［資源エネルギー庁、二〇一〇、二七ページ］。加えて、「新成長戦略」の一つにインフラ輸出を掲げ、その一環として当時の菅直人首相はベトナムに対し原発輸出のトップセールスをおこなった。このような民主党政権の原発推進政策は、その支持基盤である民主党党員や連合組合員の支持をどの程度得ていたのかはわからないが、少なくとも大きな反発の動きはなかった。

かつて、労働組合が反原発運動を担っていた時代の組合活動は、労働条件や労働環境の向上などの、いわば富の配分を求めるものであり、会社側や経営側は闘争相手であり、反体制的性格を帯びていた。しかし、劣悪な労働条件や労働環境が改善され生活水準も向上し、加えて、経済のグローバル化によって企業が海外との厳しい競争にさらされるなかで、労働組合と企業の利害が一致し、協調路線をとるようになった。産業活動には安定した安価な電力が必要であり、労働組合が組織的に原子力発電に反対する立場をとることはなくなった。非正規雇用の増加などにより労働組合の組織率が低下し、政治意識は、所属する労働組合の方針に規定されるよりも、個人の判断に委ねられる傾向が強まったと考えられる。

2 市民運動としての反原発

組織的な社会運動としての反原発運動が低調となるなかで、市民運動が反原発の新たな担い手になり、その規模は必然的に縮小した。市民運動としての反原発運動の系譜についてまとめた佐田［二〇〇九］によれば、初期は、原子力発電所の利害関係者である立地地域住民によるものであった。チェルノブイリ事故後、食品の放射能汚染への不安を共有する都市に居住する主婦のネットワークによる反対運動へと発展し、一九八八年の伊方原子力発電所の出力調整運転への抗議でピークに達したという。

従来の社会運動は、物質的な豊かさを求めて富の再配分を目指すものであったのに対し、市民運動は、経済成長の負の側面に目を向け、生活の質や生き方、近代的なライフスタイルそのものについて問題提起する、いわば価値観を問うものであった。このような市民運動は、環境や平和、女性や人権問題に取り組み、「人や環境にやさしい社会」の実現を目指しており、運動の担い手は相互に重なり合っているとされる。原子力発電は、大事故が起これば深刻な環境破壊や将来世代にまで悪影響を及ぼすというリスクの要素だけでなく、現世代が電力を得て恩恵を享受する一方、将来世代には放射性廃棄物だけが残される世代間の不公平という倫理的側面からも批判される。市民運動としての反原発運動は、エネルギー消費を減らし、自然エネルギーによる地産地消型の小さな社会を志向するという、理想主義的な性格をもつといえる。大量生産・大量消費社会からの転換が重要であるとするため、原子力発電をやめた場合に代替電源によって同等の電力確保が可能かどうかは主たる論点にはならない。

第5節　科学技術が生みだす危険を論じたベックのリスク論

原子力反対論でしばしば引用されるのがベック［一九九八］の『危険社会』である。ウルリヒ・ベックは、現代を、伝統的社会が近代化されて産業社会となり、その進展にともなって科学技術が生みだす危険に曝されている危険社会であるととらえる。危険とは、植物、動物、人間の生命に不可逆的脅威をもたらすものとされ、具体的には放射能や有害物質、汚染物質の基準値に言及している。ベックの『危険社会』は、原子力（事故だけではなく放射性廃棄物の問題も含む）と環境破壊を念頭に論じられている。

現代の危険は、知覚するにも、規制値などを設定して問題を処理するにも科学に依存せざるをえない状況にあるとし、その科学の合理性自体に疑いの目を向けている。許容値問題としては、有害物質の総合効果や複合効果が扱われていないこと、ヒトの個体差が無視されていること、動物実験で得られたデータからヒトへの影響を推定していることなどを問題とする。そのような結果から人間が有害物質にどこまで耐えられるかを推定し実際に社会に出回らせることは、影響を体系的に分析することもない人体実験だとして、正しくない推論などといった生やさしいものではなく、スキャンダルだとまで述べている［一〇九ページ］。そして、科学の結果は限定された条件のもとでの推定という限界をもつにもかかわらず、科学的合理性の名において、議会制民主主義にとって代わって、不当に政治領域の決定に深く関わっていると指摘する。社会がこれらの危険をコントロールするには、司法や市民運動を強めることと、既存の科学や専門家に対抗する対抗専門家が必要だとしている。

『危険社会』はチェルノブイリ事故の翌月にドイツで出版されており、ベックの論考はチェルノブイリ事故を契機になされたものではないが、チェルノブイリ事故に衝撃を受けた社会から注目され、英語などに翻訳され、その後の原子力発電反対の理論的支柱となっている。

ベックは、核分裂や核廃棄物の貯蔵によって発生する危険を、「人類全体に対する包括的な危険状況」「地上の生命が自分で自分を抹殺してしまうかもしれないというニュアンスをもつ」という近代化にともなう危険の例として用いている［ベック、一九九八、二七ページ］。

熊谷［二〇一二］によれば、ベックは、福島原発事故後に受けたマスメディアのインタビューのなかで次のように述べたという。「原子炉事故には、始まりはあるが、終わりはオープン・エンドだ。たとえばチェルノブイリ事故で影響を受けた被害者は、まだ生まれていないかもしれない」。この発言は、事故が人類に破局的な影響をもたらすというベックのもつ原子力事故の被害像を端的にあらわしていると思われる。チェルノブイリ事故の放射線による遺伝的影響が子孫に受け継がれ、遺伝的異常をもつ子供たちが生まれ続ける、あるいは、チェルノブイリ事故で放出された放射性物質が依然として人々の生活環境のなかに存在し、人々に健康被害を与え続けていると認識されていることがうかがえる。

原爆傷害調査委員会（ＡＢＣＣ）と放射線影響研究所が実施した原爆被爆者の子供の遺伝学的調査では、大規模な追跡調査において、臨床的または潜在的な影響を生じたという証拠は得られていないと報告されている［放射線影響研究所］。しかし、ベックの基本認識――すなわち、科学は限定された条件のもとでの推論であり、科学は誤謬をおかす――に立脚すれば、このような「影響があるという証拠は得られなかった」という結果は意味をもたなくなる。影響があるというデータを示す研究者がどこかに存在する限り、そのデータの信頼性や分析・解釈が専門家の間では多数に支持されていないとしても、「影響は否定できない＝影響はある」という見方をとることになる。

既存の専門家に対して異議を唱える対抗専門家が、科学が行うサブ政治[5]によって生みだされる危険をコントロールするのに必要だというベックの考え方では、影響があるという対抗専門家の主張こそが尊重されるべきものとなる。かつて、公害を告発した研究者が当初は異端とみなされていた歴史的事実をふまえると、科学の世界で多数に認められていないという理由のみによって、対抗専門家の主張を一概に否定することは難しい。低線量放射線の発癌影響に関する評価の違いは、チェルノブイリ事故による死者数の推定値に大きな幅をもたらし、それは原子力事故の被害像にも大きく関わってくる。

日本では、福島原発事故後、複数の裁判所に原子力発電所の運転を差し止める仮処分が申し立てられ、却下されたものもあるが、仮処分の決定が出されたものもある。[6] 日本弁護士連合会の公害対策・環境保全委員会の笠原・中村［二〇一六］は、二〇一四年五月二一日の福井地裁による運転差し止め仮処分の決定について、決定理由にあげられた「福島原発事故原因が究明されていない」という指摘に正当性がある根拠として、「少なくとも複数の有力な技術者が未究明として指摘している」ことをあげている。また、決定理由の「基準地震動を超える地震が起こりうる」という指摘に正当性がある根拠として、「地震予知の限界に関する著名な地震学者の見解が存在する」ことをあげている。これらは、まさに、ベックのいう対抗専門家の存在と、その主張をふまえた司法の力によって科学技術が生みだす危険をコントロールするという戦略が、実践的に機能することを示している。

第6節　事故・事件で増幅される不信感

一九七九年の映画『チャイナ・シンドローム』では、炉心溶融事故の誇張された被害イメージとともに、原子力発電所のずさんな安全管理と隠ぺい体質が描かれた。映画公開の一二日後にスリーマイル島原発事故が発生したために、映画のストーリーがリアリティをもち、現実とフィクションの境界があいまいに受け止められる側面があったと考えられる。

原子力発電に関する信頼問題では、一九九五年のもんじゅナトリウム漏れ事故は、人的被害や放射性物質の漏えいはなく、国際原子力事象評価尺度（ＩＮＥＳ）はレベル１（逸脱）であり、安全面での重大性は低いものであった。[7] しかし、事故直後の現場を撮影したビデオ映像の存在を隠したり、一部の映像を意図的にカットしたことが問題となり、運営主体である動燃（動力炉・核燃料開発事業団）への信頼が失墜、三年後に動燃は再編されて実質的解体となった。[8] 二〇〇二年の東京電力原子力発電所トラブル隠し事件では、自主点検記録の改ざんなどの不正が発覚した。内部告発から公表までに二年を要したことから監督官庁であった原子力安全・保安院への信頼も損なわれた。竹村［二〇〇六、二六ページ］

は、このトラブル隠し事件を、リスクの社会的増幅理論の例にあげている。専門家からするときわめて局所的な問題と認識されるものでも、電力業界や原子力政策への不信や、高いリスク認知につながると説明している。社会的増幅の要因の一つは、ヒューリスティックスであり、事故や不祥事の報道量が多いと、記憶のなかで利用可能な情報が増え、その事象のリスク認知が高まるとされる。

原子力発電の安全に対して人々が不安をもっているため、原子力発電に関するトラブルは、安全上の問題が小さいものでも社会的に大きな問題になる。事業者は社会的に問題となった場合の影響の大きさを考えて、積極的な情報開示を躊躇し、必要最小限にとどめようとする。それが一線を超えて不適切・不正なものとなり、安全軽視、隠ぺい体質として厳しい批判を招き、いっそう信頼を失うという悪循環に陥る構図がうかがえる。

原子力発電の安全を技術的に評価することは、専門家の間でも評価が分かれるが、専門知識をもたない一般の人々にはほとんど不可能ともいえる。そのため、政府や原子力発電事業者、原子力関連の専門家などが安全だという説明を信じるか否かということにならざるを得ない。心理学では、原子力発電に関わる組織への信頼を下げる理由はたくさんあるが、信頼を上げる理由は少ないとの結果がでている。「信頼を崩す出来事は目立ちやすく、信頼に影響する重み付けが大きい」など信頼獲得傾向の非対称性として説明される［中谷内、二〇〇三、一五〇〜一五三ページ］。

原子力発電に関わる不祥事は、契機となった個々の事象の安全上の重要性は低くても、原子力発電を担う組織や推進体制に対する信頼を低下させてきた。人々は安全だという説明を鵜呑みにはできず懐疑的な目を向けていた。そのようななかでも、福島原発事故が起こるまでは、少なくとも日本では大事故が起こっていないという運転実績、つまり疑う余地のないファクトは、人々が原子力発電を安全だとみなせる拠り所になっていたと考えられる。

チェルノブイリ事故に対しては、原子炉の構造上の違いや社会体制の違いなどを強調することによって日本では起こらないものだと説明されてきた。原子力発電推進側による説明は、福島原発事故まではある程度有効であったと思われるが、福島原発事故が発生したという現実の前に、その信頼性が大きく崩れた。そして、それまで少数派とみられてきた、原子力発電の危険性を指摘し重大事故の発生を予測してきた反対論者の言説は、正しかったことが裏付けられたとみなされるようになり、福島原発事故後はマスメディアにおける露出度が高まった。マスメディアでは、安全性の問題のみならず、産・官・学の癒着や閉鎖性などの日本の原子力発電を推進してきた体制への批判や、「原子力発電のコストは安い」「原子力発電がなければ電力はまかなえない」といった、原子力発電の推進のためになされてきた推進側の説明をことごとく否定する主張が増えた。たとえば、小泉純一郎元首相は、首相在任中は原子力発電を推進していたが、政界引退後の福島原発事故後に反原発に考えを変え、「安全でコストが安くクリーンという三つの要素はいずれもウソだとわかった」と主張している。[9] これまでの原子力政策の最大の受益者は原子力ムラだと批判された。推進側への信頼が低下したなかで、人々は原子力発電の利用を正当化する理由を信じにくくなったと考えられる。

第7節　進展しない高レベル放射性廃棄物の最終処分

廃棄物の処分問題は、日常生活ごみの場合でも、NIMBY（not in my back yard）意識が強く働き、処分地の選定は難しい。放射性廃棄物の場合には、放射性物質の漏出や環境汚染への懸念から、困難さは著しく高まる。放射性廃棄物の処分問題は古くから「トイレなきマンション」と批判されてきた。大事故の発生は可能性の問題であるが、放射性廃棄物は稼働にともなって確実に発生し対処が迫られる現実問題であり、原子力発電にとってのアキレス腱である。放射性廃棄物は、地球環境を汚すものとして、環境保全や環境保護と関連付けて議論されることもある。

福島原発事故の除染で発生した放射性廃棄物のうち、指定廃棄物に分類されるものの多くは、フレキシブルコンテナなどに収納され、屋外に置かれる場合は遮水シートで覆って一時保管されている。これらは放射能レベルが低く、その状態のままでも追加被ばく線量[10]は年間一ミリシーベルト以下と低い。しかし、それでも処分地として放射性廃棄物を受け入れることへの住民の反対は強い。

使用済み燃料やそれを再処理したガラス固化体などの高レベル放射性廃棄物は、強い放射線をだし、放射能レベルが十分低くなるまでに非常に長い時間がかかるため、数万年以上にわたり人間の生活環境から遠ざける必要がある。処分方法については各国で検討がなされており、可逆性[11]に配慮したうえでの地層処分を方針としている国が多い。

処分地が決定し建設に着手しているのはフィンランドのオルキルオトのみである。スウェーデンではフォルスマルクが選定されて安全審査の段階にあり、フランスではビュールが選定に向け詳細調査中である。しかし、これら以外の国では最終候補地は決まっておらず、ドイツではゴアレーベンが、米国ではユッカマウンテンが最終候補地になったが、その後撤回され、選定プロセスを改善したうえで、選定し直している。日本も地層処分を方針とし、その実施主体としてNUMO（原子力発電環境整備機構）が設立され、第一ステップの文献調査を受け入れる自治体を二〇〇二年から公募しているが進展がなく、地点の選定は難航している。

人間社会の時間軸とは桁違いの長期にわたって安全性を確保できるのかが最大の論点になる。国家や制度の連続性を想定できない一万年、一〇万年の安全の確保とは、その間、人が関与し続けるという意味ではなく、人の手が離れても安全な状態にするという意味である。万一、地殻変動によって深い地層に埋めた容器が壊れても、人間の生活環境に届くまでには長期間かかるので、実質的に影響がないと説明されている。一方、「地下深くの微生物に放射線が作用してその微生物を取り込んだ別の生物が地上に出てくるなど、人間界に及ぶ可能性はいろいろ想定できる」いう意見もある［滝、二〇一二］。万年単位のリスクの想定になると、科学と空想の境界は判然とせず、どのようなシナリオのリスクまで想定するかによって安全性についての評価は異なる。深い地層に隔離できていても、未来に地下利用が拡大し、人間のほうから接近する可能性もある。ドキュメンタリー映画『一〇〇、〇〇〇年後の安全』では、フィンランドで建設中の高レベル放射性廃棄物の最終処分場（オンカロ）を取り上げて、社会体制や文明の断絶すら予想される未来の人々に、地中に危険な埋設物が存在することをどう伝えるかを真剣に問いかけている。

現世代が恩恵を得て、発生させた廃棄物の負担やリスクだけを未来世代に押しつけるという倫理的問題がある。この観点からは、発生させた世代が最終処分方法を明確にするのが責任を果たすことになるという考え方がある一方、科学技術の発展を想定し、将来世代がより優れた最終処分方法を再選択できる決定権を守るという考え方もある。

原子力委員会は、処分地の選定が進展しない状況をふまえ、二〇一〇年に日本学術会議に対し、高レベル放射性廃棄物の処分に関して、国民に対する説明や情報提供の在り方についての提言を依頼した。日本学術会議は、福島原発事故をふまえて依頼された内容の枠を超えて審議し、処分に関する政策を抜本的に見直すべきと回答した。その内容は、地層処分に確定せずに数十年から数百年保管する「暫定保管」と、高レベル放射性廃棄物の「総量管理」という新たな枠組みを示し、討論の場を設置して国民の合意形成をする必要があるというものであった［日本学術会議、二〇一二］。

この提言は、地層処分の安全性の議論が不十分であるという認識と、脱原発を決めて放射性廃棄物の総量の上限を確定するか、利用を継続するならば原発比率を減らして放射性廃棄物の増加を厳しく管理する必要があるという考え方に基づいている。エネルギー政策において電源構成は、3Eの視点、すなわち、安定供給（Energy Security）、経済効率性の向上（Economic Efficiency）、環境への適合（Environment）を基本的視点として決定される。具体的には、電力需給の動向、電気料金の水準、CO_2排出量などを試算して議論されるが、そこに放射性廃棄物の発生量も加えること、さらにいえば、それらのなかでも放射性廃棄物の発生量に重点を置いて議論することを求めたといえる。

暫定保管については、地層処分の安全性の議論が不十分との評価が下されれば、総論として、地層処分せず暫定的に保管することへの国民の合意は得やすいと思われる。一方、各論として、最終的な処分方法や処分地が確定しないものを、長ければ数百年にわたって暫定的に保管することを受け入れる自治体を選定することは、最終処分地の場合と同様の難しさが予想される。暫定保管が、提言の出発点であった高レベル放射性廃棄物の処分地選定問題の行き詰まりに対し、有効な解になりうるかは疑問である。

原子力委員会は、日本学術会議の回答からくみ取った教訓を反映させるとしながらも、原子力政策の抜本的見直しや暫定保管と総量管理の考え方は受け入れないという見解を示している［原子力委員会、二〇一二］。日本学術会議の提言は採用されてはいないが、原子力発電の利用の可否や利用量に直結させるべきものとして、放射性廃棄物の問題を重視する考え方が顕在化したという点で重みがある。この提言については第10章第3節のディスカッションでも取り上げる。

第8節　誰もが期待を寄せる再生可能エネルギーの拡大

前節までに考察したのは、原子力発電がもつ危険性から利用反対につながる要素である。本質的に危険性をもつ原子力発電は、望ましいものとして手放しで賛成といえるものではない。原子力発電の利用賛否には、市民生活や経済活動に必須な電力を確保しなければならないという前提のもとで、原子力発電以外に求める条件を満たす実現可能な手段があるかどうかが大きく関わる。節電や省エネによって必要な電力量を大幅に減少させるという考え方や、満たすべき条件に環境適合性や発電コスト、自給率といった面を求めない、あるいは条件を緩和するという考え方があり、それによって条件を満たす発電方法は変わってくる。

世論調査で高い支持を得るのは太陽光や風力である。たとえば、リサーチ会社イプソス（Ipsos）が福島原発事故後に二四か国で実施した世論調査では、発電方法として賛成する人は、原子力発電については三八％にとどまるのに対し、太陽光は九七％、風力は九三％である［Ipsos、二〇一一、二～三ページ」。再生可能エネルギーは、国を問わず圧倒的に期待が寄せられている。再生可能エネルギーは、太陽光や風力、水力のように自然界によって利用する以上の速度で補充されて資源が枯渇しないエネルギーであり、その多くは地球温暖化の原因となるCO_2（二酸化炭素）や大気汚染の原因物質を排出しないという点で環境にやさしく、エネルギーとして望ましい特性を備えている。

固定価格買取制度などによって政策的に再生可能エネルギーの拡大が図られている国では、たとえばスペインでは再生可能エネルギーが発電電力量の約四割、ドイツでは約三割を占めるまでに育っている。[12] ドイツは、原子力から再生可能エネルギーへの転換が必ずしも順調に進んでいるというのではないが、このような再生可能エネルギーの増大実績によって、脱原発が実現可能であることを示す好例とみられている。ドイツの状況については第4章で詳しく取り上げる。再生可能エネルギーの実力、すなわち可能性と限界をどう認識するかは、技術発展の可能性が未知数である将来はともかく、少なくとも中期的には、必要な電力を確保する手段として原子力発電を受容するか否かを判断するうえで、きわめて重要な要因である。

第9節　自然や環境意識と原子力発電の関係

原子力発電と環境の関係には二面性があり、環境を「自然」ととらえるか、「地球温暖化問題」ととらえるかによって、原子力発電の利用に否定的要素にもなり、肯定的要素にもなる。

1　自然志向とは相容れない原子力発電

自然に対する日本人の意識の変化は、統計数理研究所の国民性調査の一問にきわめてクリアに浮かび上がっている［中村・土屋・前田、二〇一五、四五ページ］。人間が幸福になるためには、自然との関わりをどうすべきかとの問いに対し、自然に「従う」「利用する」「征服する」の三択で回答を求めている。「征服する」には、時として猛威をふるい人間生活を蹂躙してきた自然を、科学技術の力によって克服するという考えがうかがえる。「征服する」は、経済の高度成長期に増加し一九六八年の三四％をピークに、一九七三年には一〇％台後半まで大きく減少している。この間には公害問題が深刻化し、一九七一年には公害問題に取り組むために環境庁が発足、一九七一年から一九七三年にかけて四大公害裁判の判決が出るなど、社会は転換期を迎え、高度経済成長にともなう環境負荷が広く認識されるようになった。

「利用する」は、一貫して四割台であまり変化していないが、「従う」は、一九六八年の一九%から増え続け、九〇年代以降は五〇%前後になった。科学技術がもたらした負の側面が露わになり、自然は尊いものとしてその価値が再認識されたためと考えられる。日本人にとって自然は、科学技術を用いて挑戦的に開発する対象から、自分たちの存在が委ねられているものへと変化した。人間が優越し、自然環境や動植物を自らのために支配的に利用するという考え方への反省から、人間も地球上の生物の一員であり共存する関係であるという考え方がでてきた。

自然志向では、自然に対峙するものとして人工物や工業製品、科学技術を置き、これらに依存しない生活を目指す。たとえば、化学肥料に頼らない有機農法や食品添加物を使用しない自然食品が尊重され、治山治水では堤防やダムといった人工物が生態系に及ぼす悪影響が問題視される。辺鄙で自然環境の豊かな海岸に、巨大なコンクリート構造物として存在する原子力発電所は、その外観自体が自然破壊の象徴にみえるともいえる。原子力発電は、事故時に放射性物質による環境汚染を引き起こすリスクがあることに加え、運転すれば必ず環境負荷の大きい放射性廃棄物を発生するため、自然や環境を重視する立場とは相容れない面がある。

2　地球温暖化対策におけるCO_2削減手段としての原子力発電

地球温暖化は、現在の世界が抱える最大の環境問題であるが、原子力発電との関係では、前項で述べた自然志向や環境保護志向とは異なる面をもっている。地球温暖化とほぼ同義で「気候変動」といわれることもあるが、本書では地球温暖化という表現を用いる。

地球温暖化は、産業化以降の人間活動にともなう化石燃料の大量消費によって、CO_2やメタンなどの温室効果ガスが大気に放出されたことが主原因とされる。太古の昔に地球上の原始生物が長期間かけて固定し地中深く閉じ込めていたCO_2を、現代人が一〇〇年あまりで大気中に戻してしまったことになる。地球温暖化によって気候や生態系に大きな影響がでると予測されており、すでに熱波や大雨などの極端な気象現象が増加している。海水面の上昇によって低地の水没や浸水など深刻な被害が懸念されている。地球温暖化をくいとめるには、CO_2排出量の削減が必要とされる。

ただし、多数派ではないが「地球は温暖化していない」「温暖化の原因は人為的なものではない」という地球温暖化懐疑説も一部にある。クライメートゲート事件（二〇〇九年）など地球温暖化研究への信頼を損なう出来事もあった。人間活動によるCO_2排出量の増大によって地球の温暖化が進行しているということは、科学的に明白とまではいえず、誰にとっても自明な、寸分も疑う余地のない事実とはいえない。しかし、CO_2排出量を削減しなければならないことは、日本でも国際社会でも共通認識になっている。

CO_2排出量は地球規模で削減する必要があり、国連気候変動枠組条約締約国会議（ＣＯＰ）において、温室効果ガス削減目標値が議論されている。CO_2排出量の削減は、その重要性と切迫性は広く合意されているが、経済活動の制約につながり、経済成長の足かせともなる。削減目標値の設定は負担の配分問題でもあり、各国の利害に直結する。

早くから工業化し経済規模の大きな日本は、これまでにエネルギーを大量に消費し、CO_2を排出し続けてきた責任がある。二〇一二年時点においても、人口一人当たりのCO_2排出量は中国より多く［資源エネルギー庁、二〇一五ａ、四〇ページ］、国際社会からも高い削減量が要求されている。

原子力発電は発電時にCO_2を排出しないので、原子力発電を利用すれば火力発電の利用を抑制でき、CO_2排出量を削減できる。原子力発電は、二〇〇七年のＩＰＣＣ（気候変動に関する政府間パネル）第四次報告書第三作業部会報告書において、再生可能エネルギーとともに温暖化の長期的な緩和策の一つにあげられている。そして、福島原発事故経験後の二〇一四年のＩＰＣＣ第五次報告書においても、事故の影響はあるものの、原子力発電は低炭素電源として温暖化対策に寄与すると認められている。[13]

地球温暖化が最大の環境問題であると考えれば、ロジカルには環境意識が高いほど原子力発電の利用を容認するという関係を想定してもおかしくない。しかし、原子力発電が発電時にCO_2を排出しないという長所は、必ずしも人々の共通認識にはなっていない。また、前項で述べたように原子力発電は自然や環境保護を重視する立場とは相容れない面がある。環境問題の解決という文脈のなかで原子力発電を肯定することに対しては、大きなジレンマがあるといえる。

国の削減目標値は、国際社会に約束したノルマとして、達成すべき現実的な政策課題となる。CO_2排出量の削減手段として、確実性やコストに見合う削減効率の観点から、原子力発電は合理的な選択肢に入るが、コストや効率性で判断するという発想自体が、自然や環境保護を重視する理想主義的な価値観とはかい離する。求められる時間軸での実効性が不確実であっても、再生可能エネルギーを増やす、あるいは、節電や省エネによってエネルギー消費量を減らすといった考え方のほうが親和的だと考えられる。

映画『パンドラの約束』では、反原発であった環境活動家らが、途上国の生活水準の向上にともなうエネルギー消費の増大によって、原子力を利用しなければ地球温暖化による環境危機を招くという認識に至り、原発容認に転じたことを、ドキュメンタリーで追っている。環境を重視することと、地球温暖化対策として原子力発電を認めることとは、本質的に相容れない面があるが、環境に対する最大の現実的な危機は何だと考えるか、先進国のエネルギー確保の問題としてだけでなく、途上国を含めてエネルギー確保の問題を考えるか否かによっても、結論に違いがでてくると考えられる。

第二一回気候変動枠組条約締約国会議（ＣＯＰ21）で採択されたパリ協定では、先進国は自らの削減目標値を公約するとともに、開発途上国に対策のための莫大な資金支援を約束している。たとえば、ごみを減らすという約束に対しては、ごみの発生量をみれば達成できたか否かがわかる。しかし、CO_2濃度は五感で感じることはできないし、大気中に拡散するため、国ごとの排出総量を実測することもできない。人工衛星で宇宙から地表のCO_2濃度を観測する研究も進められているようだが、まだ排出量管理に使えるものではない。誰にも見えず、効果を直接測定できないものを目標値とするにあたっては、「適切な森林経営がなされている森林はCO_2を吸収するので、CO_2を削減したとみなす」など、合意によって定義されるものもある。どう評価するかには議論があり、国際政治における政治力学の影響も受ける。原子力発電の利用についての世界の動向には、国際的な取り組みにおいて、原子力発電が低炭素電源として推奨され、その導入が支援されるのかどうかが関わってくる。

第10節　大量のエネルギー消費によって維持される「豊か」だけれど「当たり前」の生活

原子力発電には利用否定につながる要素があるにもかかわらず、利用が着実に増えたのはなぜだろうか。原子力発電を推進する側は、将来のエネルギーの需要を予測し、それを満たすことを前提（善）として原子力発電の必要性を訴えてきた。電気は貯蔵できないため、刻々と変化する需要量に、発電量を常時一致させる必要がある。つまり、需要が最大になる瞬間にその量が確実に発電できなければならない。そのためエネルギー政策では、経済成長を織り込んで最大需要を予測し、最大需要を充足する供給計画を立てている。それは、エネルギー政策に責任をもつ立場にある政府や政治家、行政に求められている役割でもある。

しかし、拡大する需要を充足することは、さらなる需要を触発するという側面がある。そして、市民運動としての原発反対の底流には、このような際限なく欲求を追求することに対する懐疑や批判があると指摘されている［佐田、二〇〇二］。

日本のエネルギー消費量は、一九七三年の第一次オイルショック当時と比べると、産業部門でやや減少しているのに対し、事務所やビルなどの業務他部門と家庭部門で増えており、用途では、動力・照明他と冷房用が増えている[14]。つまり、エネルギー消費の増加は、経済成長のためばかりではなく、家庭や職場、多くの人が利用する生活関連施設などが、快適で便利になったことにも起因している。たとえば、真夏や真冬も室内が適温に保たれている、清潔な水が制限なく使える、蛇口からいつでもお湯が出て、毎日シャワーや入浴もできる、鮮度の保たれた食品が冷蔵庫にストックされている、かつては重労働であった洗濯もスイッチ一つで完了する、インターネットで注文すれば翌日には玄関まで品物が届き、不在であれば希望する時間帯に再配達される、自動販売機がいたる所にあっていつでも喉を潤すことができる、飲用基準を満たす水道水があってもペットボトルの好みの水を買う。このような清潔で快適で便利な生活、言いかえれば物質的豊かさはエネルギーを大量に消費するうえに成り立っている。

　このような生活スタイルを肯定するか否定するかという価値判断がある。エネルギー消費に無駄があることや、切り詰める余地があるという認識はある程度共有されている。問題として提起された場合には、快適さや便利さを追い求める現代社会への批判精神と、そのなかに身を置き恩恵を享受していることに後ろめたさを感じる人も多い。一方、個々の内容に立ち入って検討すれば、何が過剰で何が浪費なのかを単純に決めるのは難しい。エネルギーの浪費が多いと認識していても、切り詰める主体として自分自身を明確に含めて意識しているかという当事者意識の有無も関わる。

　これには、世代による違いも想定できる。エネルギー消費が少なかった時代を経験し記憶している世代と、エネルギー消費が増え生活環境が整った時代に生まれた世代では、「現在の快適で便利な生活」の価値の認識も、それが失われた場合のリアリティも異なると考えられる。豊かな時代に育った世代では、地震や水害の被災地の状況をみなければ、あるのが当たり前のものとなっている水道や電気などライフラインの価値を意識することも少ないだろうし、節電意識も乏しいだろう。

　生活スタイルの変更には、何らかの我慢が強いられる。物不足や負担の限界を超えるコスト上昇などのために実質的に得られなくなって、快適さや便利さが低下する事態は起こりうる。現実に地震や集中豪雨災害によりそのような事態は発生している。その状況に陥れば誰でも諦めて受容している。しかし、物質的豊かさを否定する価値観によって、快適さや便利さを切り下げる暮らし方を、自らの意思で選びとって実践できるかという問題である。社会全体のシステムがそのようなものに転換されれば、もちろん個人の選択の余地はなく、人々は適応すると思われる。問われるのは、社会が目指すべき方向性として、現状の生活水準の維持を前提としなくてよいと人々が考えるかどうかである。

第11節　国レベルではきわめて重視されるエネルギーセキュリティ

日本では、「エネルギー自給率」や「電力の安定供給」という言葉はよく使われるが、エネルギー分野で「安全保障」や「セキュリティ」という言葉は一般的ではないし、「エネルギーの自立」という言葉もあまり聞かれない。安全保障とは、人間とその集団が自己の安全を確保し、生命と財産を守ることとされる（ブリタニカ国際大百科事典 小項目事典）。短期間であっても生活や経済に不可欠なエネルギーの不足が大きな社会的混乱をもたらすことは、過去のオイルショックの例からも明らかである。日本は二度のオイルショックの経験によって、省エネ技術を発達させ、ベストミックスとして原子力発電の割合を三割にまで高めてきた。オイルショックから四〇年以上経過した現在では、海外からの燃料輸入がストップする事態は想像しにくく、それに備えておくべき必要性は認識しにくくなっている。むしろ、原子力発電所がテロ攻撃を受けることのほうが脅威としてのリアリティがあるように思われている。

チェルノブイリ事故は一九八六年四月に四号機で発生し、半径三〇キロメートル圏内が強制避難に、線量の高いホットスポットである北西約一〇〇キロメートル圏内が避難対象になり、四〇万人超の人々が移住を余儀なくされた。その状況のなかでも、一号機～三号機は、その年の夏から順次運転を再開したとされる［石井、二〇一四］。同原発のあるウクライナは、一九九一年のソ連崩壊によって独立し、直後に新規建設を凍結することを国会で決議したが、一九九三年には撤回し、二〇一六年時点では一五基が稼働し、二基が計画中である。原子力発電の総出力は世界八位で、電力需要の半分近くをまかなっている［日本原子力産業協会国際部、二〇一七、一六ページ］。福島原発事故前の二〇〇九年四月の調査ではあるが、ウクライナ社会学研究所の世論調査では、「二〇三〇年まで総発電量における原子力のシェア五〇％を維持することについて、賛成が四一％、反対が三三％」であったといわれる［坂田、二〇一五、一三ページ］。

チェルノブイリ事故で甚大な被害を経験したにもかかわらず、ジレンマのなかで原子力発電が支持されている背景には、エネルギー確保という現実問題に直面していることがある。ウクライナは石炭以外の天然資源が乏しく、天然ガスや石油は隣国ロシアに依存してきたが、独立以降はロシアとの間で天然ガスの供給と料金設定をめぐる紛争が生じ、二〇〇六年、二〇〇九年、二〇一四年の三回にわたり天然ガスの一時的な供給停止を受けた。その影響は、ウクライナ経由のパイプラインでロシアから供給を受けていた中欧諸国にも及んだ。二〇一四年のクリミア危機は、ウクライナにとっては旧ソ連圏から欧州への離脱プロセスであり、ロシアにとっては欧米との勢力圏をめぐる争いだといわれる［坂田、二〇一五、一六ページ］。国際的な緊張関係のなかで、天然ガスは政治的圧力をかける手段になっている。ウクライナにとってエネルギーの安定的確保は、国家の自由や安全保障に関わる問題であるために、チェルノブイリ事故や福島原発事故があっても、脱原発を望む世論は主流にはならないと推察される。

福島原発事故を受けて、ＥＵ加盟国では、ドイツは脱原発を決定し、イタリアも再開しようとしていた原子力計画を断念し脱原発に回帰したが、フランスは今後も原子力比率五割を維持するとし、イギリスやフィンランド、ハンガリーなどは新設計画を進めている。ＥＵでは経済的結びつきが強まり、送電網の連携が進むが、電源構成は国によって大きく異なる。原子力発電の利用を含めエネルギー政策は各国が独自に決定するものとなっている。これは、エネルギー政策の大前提となる、化石燃料の資源量や、再生可能エネルギーに変換できる自然資源や自然条件、電力需要に影響する産業構造が国によって異なるためである。原子力発電を利用するか否かは、ＥＵ加盟国が共有する民主主義的価値観や平和主義では決まらないことを示している。

日本は資源が乏しくエネルギー確保の優先順位が高く、エネルギーセキュリティの観点はきわめて重要であるが、現実的脅威が意識されていない状況で、政策決定に関わらない一般市民がどの程度考慮するかが問題となる。

第12節　決定手続きの面からの異議——求められる市民参加

原子力発電に対する態度に影響するが、肯定か否定かの方向性はロジカルに定まらない要素について考察する。

原子力発電に関しては、特にその決定手続きに対する異議がでている。ものごとの決定手続きに関しては、決定に至るプロセスの透明性が重視されるようになっている。政府の委員会や会合がインターネットで中継されたり、後日議事録がインターネット上で公開されることもある。各人の発言は、インターネット空間で容易に検出可能な状態で残り続けるので、事後的に誰でも検証したり批判することが可能になる。発言者は、自らの発言が多くの目に曝され続けることを前提に、それに耐える発言を意識するようになる。誰もがチェックできる状態にしておくことが、不公正な決定や偏った決定、恣意的な決定の抑止力になる。決定プロセスの透明性を高めることに寄与していると考えられる。

根源的な問題として、原子力発電のリスクを社会が受容するか否かは、専門家だけで決めるべきではないとの批判がある。小林［二〇〇七、一二三ページ、一二八ページ］によれば、ワインバーグは、科学と政治が交錯する領域をトランス・サイエンスとよび、「科学に問うことはできるが、科学によってのみでは答えることのできない問題」と定義し、その例として、原子力発電の大事故の起こる確率は科学の専門家で合意できても、その確率を安全とみるか危険とみるかの価値判断では意見が分かれることをあげている。ワインバーグは、科学技術には不確実性が大きく、専門家の判断も絶対的なものではなく、その裁量を大きくすべきでないとし、トランス・サイエンスの問題は、専門家が意思決定を独占するのではなく、利害関係者や一般市民を巻き込んだ公共的討議によるべきだと主張したとされる。

公共的討議の方法には、パブリックコメント、公聴会、コンセンサス会議、討論型世論調査などがある。コンセンサス会議は、公募による有志からなる市民パネルが専門家に質問し、専門家が答えるという双方向コミュニケーションを通じて、合意（コンセンサス）を形成し、報告書にまとめて公表する。地域レベルのものでは、無作為抽出による住民参加の方法として、プラーヌンクスツェレ[15]（市民討議会）があり、討議によって合意された結論を導きだす［大塚、二〇一〇］。討論型世論調査は、「熟慮された世論」を把握する方法としては問題があることは第1章第4節で述べたが、参加者それぞれが知識の習得と討議過程を経て自らの意見を形成するという点では、社会的合意形成を促すものとみることができる。討論型世論調査の特徴である代表性や結論の明快さは、コンセンサス会議のもつ問題点への処方箋になるという意見もある［三浦・三上、二〇一二］。

杉山［二〇一二］は、BSE問題をテーマとする討論型世論調査の討論記録の質的分析をおこなっている。参加者の一部（三分の一ほど）の人の発言量が大部分を占めていたこと、また、討議後も間違った知識がすべて正されたり、参加者の疑問や不安がすべて解消されたりしたのではなかったことから、討論型世論調査によって知識が増え多様な意見に触れたというのは、あくまでも相対的なものであると指摘している。そして、討論型世論調査は、一回限りの「世論調査」として終わらせるのではなく、絶え間のない改善を目指す循環的なプロセスのなかに位置づけてこそ、その特性が活きると述べている。

しかし、参加者だけが知識を得て、他者の意見を聞き、態度を変化させたという閉じた環（ループ）の取り組みでは、社会の合意形成にまでは広がらない。討論型世論調査を繰り返すということになれば、その手間とコストは膨大なものになる。

海外では討論型世論調査の討論過程が放送された例がある［柳瀬、二〇〇五、七九～八〇ページ］。不特定多数の人々が視聴という形で疑似的に参加することになり、合意形成に有効と考えられる。ＮＨＫでも、市民参加型討論と視聴者対象の世論調査を組み合わせた新たな討論番組の形態として、討論型世論調査の番組化の可能性を探ったが、全国レベルでの実施には交通費や宿泊費などの費用面がネックになったとされる［岩本、二〇一五］。しかし、全体会議の討論の場面を放送すれば、無作為抽出された参加者の匿名性は保証されず、自由な立場での討議が阻害されたり、放送を過度に意識した参加者が社会的望ましさによる思考や振る舞いをするといったバイアスがかかることが懸念される。討論型世論調査の特長が放送に適合するものかどうかは、慎重に考える必要がある。

民主党政権の「エネルギー・環境の選択」では、二〇三〇年代原発稼働ゼロを明記した「革新的エネルギー・環境戦略」は閣議決定されず、「その戦略を踏まえて……柔軟性を持って不断の検証と見直しを行いながら遂行する」という大きく後退した内容の閣議決定にとどまった。これに対し、討論型世論調査の結果が政策に反映されなかったとして、討論型世論調査という手法への期待や関心を低下させたという批判がある［岩本、二〇一五、一二一〜一二三ページ］。また、二〇一四年のＩＳＰ調査において、民主主義の権利として「人々が公的な決定に参加できる機会を増やす」ことの重要度を高く評価する人が一〇年前より大幅に減少した[16]ことについて、パブリックコメントなど国民の意見を募集しても、それが政策に反映されていないことへの不満のあらわれだという解釈もある［小林（利）、二〇一五、二八〜二九ページ］。

しかし、討論型世論調査の実行委員会事務局長を務めた柳瀬は、討論型世論調査の結果を政策決定に直結させることに否定的であり、次のように述べている。

> 討論型世論調査の参加者は（他の市民参加の手法の参加者と同様に）、憲法上、正統性を付与された法的な代表ではない。したがって、討論型世論調査の結果は、法的正統性なき一部の人々の討議的な意見であって、政策決定に十分参照されるべきであるとしても、政策決定に直結すべきものではない。エネルギー・環境政策に限らず、あらゆる公共政策は、代議制民主主義を採用しているわが国憲法体制の下で、国民によって選挙された議員により構成される議会及びそれにより創出された政府からなる政治部門が、責任をもって決定を行うべきである。憲法上、法的な代表とされているのは、公正な選挙で選ばれた議員である。公共政策の決定権を有する議員が政策決定の責任を

放棄することは、民主政治の正しいあり方とはいえない。討論型世論調査は、政策決定に直結させるべきではなく、あくまで政策決定の参考とするにとどめるべきであろう。［柳瀬、二〇一三、一八三〜一八四ページ］

この考え方はきわめて正論と思われる。小林も、コンセンサス会議の結論を政策決定に直結させるとなると、結論をだすという圧力に曝され、市民パネルの選出自体が政治そのものになるとして、結論は参照資料として利用されるべきだと述べている［小林（傳）、二〇〇四、三二四〜三二五ページ］。それでは、「参考とする」「参照する」とは具体的にどうすることだろうか。結論が政策に反映されることは保障されず、参照して反映するか否かは、政策決定者に委ねられるのだろうか。そうであれば、結論次第で都合よく政治利用する懸念もでてくる。

原子力発電の利用や放射性廃棄物処分問題に関連しては、合意形成の必要性が常に指摘されてきた。一九九六年には原子力政策に関する国民的合意の形成を目指して原子力政策円卓会議が設置されたが、具体的な提言は乏しかったとされる［吉岡、二〇一一、二五七〜二五九ページ］。新しいところでは、福島原発事故後の二〇一二年に、日本学術会議は、高レベル放射性廃棄物の最終処分地選定の行き詰まりの主な理由として、原子力政策に関する大局的方針についての国民的合意が欠如したまま、最終処分地選定という個別的な問題を先行して扱ってきたからだと批判している［日本学術会議、二〇一二］。

科学技術社会論や科学コミュニケーション論では、専門家だけによる政策決定が批判され、市民参加による合意形成の必要性が論じられてきたが、具体的な方法や手順が確立されているのではなく、その方法論は研究段階、社会実験段階にあるようにみえる。市民参加の「市民」とはどのように定義されるのだろうか。多くの人が合理的無知の状態にあるなかで、合意形成のための討議への参加に自発的に応募する人は、テーマへの関心と固い意見をもっている可能性がある。一方、無作為抽出で選ぶことになれば、関心の低い人に参加を要請しても応諾されない可能性が高い。意見が鋭く対立する問題であっても討議によって合意に達するのだろうか。「市民」をどのように定義しても、合意形成の場に参加する人数は、国民全体からみればごく少数である。「市民」が同じ価値観をもち、一枚岩の意見をもつと想定できるのでない限り、少数の市民による議論の結果を、国民の合意にどう接続するかが問題になる。

政策決定への市民参加は、理念としては支持されるとしても、方法の標準化や民主主義の政治制度との関係の調整などが課題であり、社会に実装されるには社会技術として確立されることが必要と考えられる。合意形成には市民参加が不可欠とするならば、それが確立するまで合意形成が進まないということになる。

第13節　論点をフレーミングするマスメディアの影響

原子力やエネルギーに関する情報の入手に関して、人々はテレビ、新聞というマスメディアに圧倒的に依存している。[17] マスメディアは、争点態度を形成するうえでの情報提供、公共意識の形成、意見分布情報のフィードバックと社会へのインプットなど、あらゆる点で世論形成過程に関わっているとされる［安野、二〇〇六、二四〜二五ページ］。

安野［二〇〇六］は、世論へのマスメディアの影響についての研究をレビューしている。それによれば、マスメディアの影響は、即自的に受け手の態度を左右するほどの強力な説得的効果をもつとする初期の強力効果論は否定され、受け手があらかじめもっていた態度を強めたり顕在化させるという限定効果論になった。限定効果論は、受け手の選択的接触や対人環境の影響、また、強い意見をもつ受け手は中立的な報道に接しても自分の意見とは反対方向に歪んでいるとみなす「敵対的メディア認知」などで説明される。その後、判断に用いられる情報やその認知における影響の重要性があらためて注目され、新たな強力効果論として、議題設定効果、プライミング効果とフレーミング効果、さらに、沈黙のらせん仮説のような意見分布の認知への影響が媒介するマスメディアの効果が唱えられるようになったとされる。フレーミング効果は、同じ争点でも論点をどう提示するかによって判断規準が変化するというものである。プライミング効果とは、「マスメディア報道がある問題や概念に視聴者の注意を向ける、つまり認知的に活性化することによって、活性化された問題や概念が視聴者の判断に影響を及ぼすこと」［安野、二〇〇六、五二〜五三ページ］とされる。

竹村［二〇〇六、二八ページ］は、フレーミング効果[18]が生じる原因として焦点化の心理メカニズムをあげている。その例として、「原子力発電の起こり得る被害に焦点があたると、原子力は恐ろしく、リスク認知も高まり、受容意識は低下するが、原子力発電のベネフィットに焦点があたると、原子力の受容意識は高まると考えられる。焦点化メカニズムがあるということは、マスコミなどの議題設定のあり方や、行政の広報のあり方が、安全問題やリスク問題に関する社会的意思決定や選好のあり方に大きく影響することを示唆する」と説明している。

原子力発電に関する事故やトラブルについてのマスメディアの報道は、実質的な被害や影響がなくても、大きな扱いとなる。万一事故に進展した場合の影響が大きいため、原子力発電所には特別高い安全性が要求されている。そのため、他の施設の場合とは報道における扱いが異なることに合理性はあるが、それによってプライミング効果や焦点化をもたらし、原子力発電に対する評価が危険性の側面からなされることを促進していると考えられる。

沈黙のらせん仮説では、人々は多数意見を直感的に感じとることができ、少数派と同意見の人は孤立を恐れて沈黙し、多数派と同意見の人は積極的に自分の意見を述べるとされる。福島原発事故後の世論は「沈黙のらせん」にたとえられることがある。

福島原発事故後は十万人を超える人々が避難を余儀なくされている状況のなかで、原子力発電を支持するような言説は、被害者の心の痛みを無視する冷たい意見、あるいは、経済合理主義の非人間的な意見とみる雰囲気があった。過去に原子力発電の推進に関わってきた産・官・学は、閉鎖的な体質への揶揄や批判を込めて「原子力ムラ」と呼ばれ、原子力発電の推進に関わってきた研究者は「御用学者」というレッテルを貼られて批判された。[19]低線量放射線の健康影響について「それほど心配する必要はない」と説明した放射線の専門家[20]や、テレビ番組で福島原発事故では死者は出ていないとし原子力発電の経済性を強調した経済評論家は、インターネット上で個人的にバッシングされるということも起きた。福島原発事故による被ばくの影響を過小評価させていると受け止められたり、原子力発電を擁護していると受け止められたりする見解をマスメディアで発言することは、個人的に大きなリスクになっていた。

「エネルギー・環境の選択」の国民的議論の取り組みの一つとして、二〇一二年に政府が実施した意見聴取会では、電力会社関係者からの意見表明を断り、経済産業相は電力会社に意見表明の自粛を要請した。これについては、厳密には権力者による言論の抑圧であり、人々に空気（特定の方向への圧力をともなった雰囲気）の存在を意識させたという指摘もある［伊藤、二〇一三、一三〇ページ］。「二〇三〇年の原子力発電をゼロにするのか」という国民的議論が求められていたなかで、マスメディアでは、原子力発電不要論に対し、原子力発電が必要だという立場からの意見は非常に少ない状況になっていた。

当時マスメディアで注目された論点は、「原子力発電の安全は確保できるのか」と、「原子力発電をゼロにすることは可能か」であった。後者は、原子力発電の必要性を総合的に考えるというものではなく、再生可能エネルギーの可能性の議論に置き換わっていた。つまり、原発世論が、再生可能エネルギーによる原子力の代替が可能か否かという論点でフレーミングされたとみることができる。時点やコストなどを問わなければ、代替の可能性を否定することはむしろ難しい。結果的に、原子力発電に関しては、「安全か安全でないか」に高い優先順位が与えられ、その傾向は福島原発事故関連のニュースによっても助長された。

福島原発事故後は、原子力発電の利用についての意見形成で人々が考慮する要素は、マスメディアがスポットライトを当て続けた安全の問題に焦点化されたといえる。

注

1 昭和一六年八月一日米国が、石油代金の決済を米国内の日本の手持ちドル現金による決済しか認めず、実質的な石油禁輸状態に追い込んだとされる［岩間、二〇〇六、六〇〜六一ページ］。

2 チェルノブイリ事故を受け、イタリアは脱原発した。スウェーデン、スイス、ドイツ、ベルギーは新規建設の凍結や禁止、既設炉の廃止などに関する法律を制定した。ただし、各国ではその後紆余曲折があり、当初の期限どおりに脱原発が進んでいるとはいえず、新規建設中・計画中の原子力プラントはないが、二〇一五年の原子力発電の発電量の割合は、ベルギーが三七・五％、スウェーデンが三四・三％、スイスが三三・五％、ドイツが一四・一％である［日本原子力産業協会国際部、二〇一七、一一ページ］。

3 日本では年間平均二・一ミリシーベルト（内訳は、宇宙・大地・大気から一・一一ミリシーベルト、食物から〇・九九ミリシーベルト）。インドのケララでは五〜一〇ミリシーベルトと高い。北欧や東欧諸国については年間平均四〜四・五ミリシーベルトとの評価がある［川合、二〇一六］。

4 カスパーソンらが提唱したもので、科学的・技術的な観点からみた場合に、当該のリスク事象がもともともっているリスクやその影響力の大きさに比較して、実際に、そのリスク事象が直接的・間接的に、社会や経済、人々に与える影響が非常に大きくなったり、非常に小さくなったりする現象［元吉、二〇一一、一三六ページ］。

5 東廉は、ベックの『危険社会』の訳者あとがきにおいて、サブ政治とは、「科学や技術や企業や医学など、かつては政治的な機能を有していなかったもの（非政治）がその技術開発や投資などにかかわって内部で政治的決定をも行うようになる。つまり、形式的には政治ではないが実質的には政治的機能を果たす存在」と説明している［ベック、一九九八、四六七ページ］。

6 ただし、二〇一四年五月二一日の福井地裁による大飯三・四号機の運転差し止め判決は、二〇一八年七月四日に名古屋高裁金沢支部で取り消された。二〇一五年四月一四日の福井地裁による高浜三・四号機の運転差し止め仮処分決定は、二〇一五年一二月二四日に福井地裁で取り消された。二〇一六年三月九日の大津地裁による高浜三・四号機の運転差し止め仮処分決定は、二〇一七年三月二八日に大阪高裁で取り消された。

7 国際原子力事象評価尺度とは、原子力施設等で発生した事故・トラブルが安全上どのような意味をもつかを簡明に表現できる指標として、世界共通の〝ものさし〟として導入されたものであり、尺度未満が0で、「逸脱」の1から、「深刻な事故」の7までのレベルがある。

8　核燃料サイクル開発機構として改組された。

9　日経産業新聞二〇一七年一〇月四日付の記事「『原発、誤った政策』小泉純一郎元首相　新エネ推進訴え」。小泉［二〇一八］も参照。

10　追加被ばく線量とは、自然放射線や医療放射線による被ばく線量を除いた、原子力事故に由来する被ばく線量のこと（デジタル大辞泉）。

11　可逆性（Reversibility）とは、原則として、処分システムを実現していく間におこなわれる決定を元に戻す、あるいは検討し直す能力を意味する。後戻り（Reversal）とは、決定を覆し、以前の状態に戻す行為である［資源エネルギー庁、二〇一五b、二ページ］。

12　スペインは、一九九四年に固定価格買取制度を導入し、二〇一六年には再生可能エネルギーが総発電電力量の三八%を占めている［電気事業連合会、二〇一八］。ドイツは、二〇〇〇年に導入し、二〇一六年には再生可能エネルギーが総発電電力量の二九・五%を占めている［電気事業連合会、二〇一七］。

13　IPCC第五次評価第三部会の統括執筆責任者の杉山によれば、同報告書の要約版（SPM）および第六章において、原子力は再生可能エネルギー・CCS（二酸化炭素回収・貯留）と並ぶ低排出電源であると記されている［杉山（大）、二〇一四、二五〜二六ページ］。

14　『エネルギー白書二〇一五』によれば、一九七三年の第一次オイルショック当時と比べると、産業部門は、日本のエネルギー消費に占める割合が四四・四%と大きいが、省エネルギーの進展と産業構造の変化（素材産業から加工組立型産業へのシフト）によって、やや減少しているのに対し、業務他部門は二・五倍、家庭部門は二・〇倍、運輸部門は一・八倍に増大している。業務他部門と家庭部門のエネルギー消費は合わせて三二・五%を占め、その五割は電気である。業務他部門は、具体的には事務所・ビル、卸・小売業、ホテル・旅館、病院、学校であり、増えている用途は動力・照明と冷房用である［資源エネルギー庁、二〇一五d、一〇六〜一〇七ページ、一一四〜一一五ページ、一一七ページ］。

15 大塚［二〇一〇、三九ページ］によれば、プラーヌンクスツェレとは、ドイツの社会学者ペーター・ディーネルが考案した住民参加手法である。無作為抽出により選出された住民が、行政からの十分な情報提供を受けたうえで住民たちだけで議論を行い、短時間で合意形成を図る手法。

16 ISSP（International Social Survey Programme）調査において、「民主主義の権利で重要なこと」のなかで、「人々が公的な決定に参加できる機会を増やす」ことについて、重要度が高いとした人は、二〇〇四年の六六%から、二〇一四年は四二%に大幅に減少した［小林（利）、二〇一五、二八ページ］。

17 日本原子力文化財団の二〇一六年調査では、原子力やエネルギーに関する日頃の情報源は、テレビ（ニュース）が八一・八%、新聞が五四・〇%、テレビ（情報番組）が三八・七%、インターネット（ニュースサイト）が一六・九%と報告されている［日本原子力文化財団、二〇一七、一三六ページ］。

18 フレーミング効果とは、リスクをともなう選択状況において、選択肢評価・決定を方向付ける枠組み効果。問題構成、経験、基準などが影響する（『リスク学事典』）。

19 電通バズリサーチを用いて、「原子力発電　または　原発」を含み、かつ、「御用学者」を含むブログを検索すると、二〇一一年三月〜五月末までの三カ月間では五、六一四件、二〇一二年三月末までの約一年間では一三、五三三件あった。また、Gサーチデータベースを用いて、後者と同じ期間に、同じ検索語をタイトルまたは本文に含む新聞記事を検索すると、朝日新聞は一八件、毎日新聞一一件、東京新聞二四件、中日新聞一二件、読売新聞と産経新聞は〇件であった。また、「週刊金曜日」は二〇一一年四月一五日号で、「原発文化人二五人への論告求刑」というタイトルを掲げ、著名人を追及する記事を掲載している。

20 「『人権団体』から解任要求された福島県『放射線アドバイザー』」週刊新潮 二〇一一年六月三〇日。

第3章 原発世論の変動モデルの構築

本章では、世論の変動を説明する補助線となるモデルを考える。第2章で検討した原発世論の基底にある要因は多岐にわたり、原発世論はこれらの多様な要因が絡み合って変動していると考えられる。世論がどのようなメカニズムで変動しているかは、当然ながら可視的でないが、現象の理解には単純化が必要である。多様な要因を少数の要素に縮約し、少数の要素によって原発世論の変動を単純に近似するモデルを考えたい。モデルが表現するのは、原発世論の変動の力学的な構造であり、具体的には成分である要素、各要素と原発世論との関係である。各要素の強弱の変化によって、原発世論が変動すると考える。このようなモデル化は、世論調査データで原発世論の変動という実社会の現象を理解する枠組みを提供すると考える。

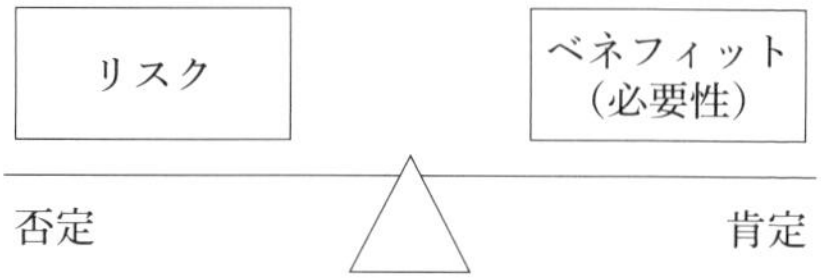

原発世論の変動モデルを導きだすために、まず、個人レベルの回答データの分析（ミクロ分析）から、個人の原子力発電の利用についての態度の決定の心理モデルを考える。次に、その心理モデルを、社会の意見分布である世論の変動を説明するモデルへと拡張する。

第1節　個人レベルの原発態度の決定モデルを考える

原子力発電の利用についての賛否は、利用によってもたらされるリスク（具体的には、放射線の危険性、大事故が起こる可能性、放射性廃棄物の処分、核拡散など）と、利用することによって得られるベネフィット（具体的には、電力の確保）を比較考量して判断するというのが最もシンプルなモデルであり、図1で表現することができる。天秤の左右の皿に載っているリスクとベネフィット（必要性）を比較し、リスクのほうが大きいと認識されれば、利用を否定するとの判断になり、ベネフィットのほうが大きいと認識されれば、利用を肯定するという判断になる。ここでいうリスクとベネフィットは、原子力発電や電力、エネルギーに関

図1　リスクとベネフィットの比較考量

リスク
ベネフィット（必要性）
否定
肯定

わる内容を指している。つまり、原子力発電の利用についての意見（以下「原発態度」と呼ぶ）は、原子力発電やエネルギーについての直接的な知識や情報、感情、認知に基づいて決定すると考えるモデルである。

しかし、次項で示すように、原子力発電に対する態度構造の研究からは、リスクとベネフィットというような、原子力発電やエネルギーについての直接的な二つの要素のみで態度が決まるのではないことが強く示唆されている。

1　態度構造の分析で浮かび上がる環境意識や科学観と原発態度の関係

INSS継続調査の第一回（一九九三年）を主導した林知己夫は、数量化Ⅲ類を用いて、「原子力発電への総合的態度」とさまざまなものに対する意識との関連性、すなわち態度構造を分析している［林・守川、一九九四］。なお、INSS継続調査の時系列変動は、本書第Ⅱ部の中心的内容であり、調査概要などについては第5章第2節で詳しく説明する。ここでは、一調査時点における個人レベルの回答データの分析、すなわちミクロ分析の結果を示し、原子力発電の利用態度にどのような意識が関係しているかを説明する。

林の分析では、「原子力発電への総合的態度」は、「原子力発電の利用についての意見」一問への回答そのものではなく、原子力発電の有用性、納得する賛成意見と納得できる反対意見の個数の差、原子力施設事故の不安など、複数の質問をあらかじめ数量化Ⅲ類で分析してスケール化し、得られたサンプルスコアに基づいて、回答者を五分類（とても好意的、やや好意的、中間、やや非好意的、非好意的）したものである。

「さまざまなものに対する意識」には、原子力イメージ（「原子力」という言葉からの自由連想の分類）、原子力発電への関心や知識、エネルギー問題認識、環境関心、リスク感覚、科学文明観、社会意識、政治的態度、国民性（中間回答の好み、人に対する信頼、リーダー観、超自然関心、迷信）を用いている。

「原子力発電への総合的態度」と「さまざまなものに対する意識」のすべてを変数として投入して数量化Ⅲ類をおこなうと、第一軸で無関心層が分離され、第二軸と第三軸で構成される平面上で「原子力発電への総合的態度」の好意的から非好意的の五分類が順序よく並び、それぞれの近くに布置する質問選択肢（分類カテゴリー）との関係が浮かび上がる。

数量化Ⅲ類の結果は、分析者が「原子力発電への総合的態度」を目的変数に設定して他の変数との関係をみたものではなく、「原子力発電への総合的態度」も「さまざまなものに対する意識」も区別なく同等の変数として投入し、それらすべての質問選択肢（分類カテゴリー）への回答パターンの情報だけから析出されるものである。近くに位置するほど、同時に選択している人が多い、つまり、近い意見であることを意味する。第二軸と第三軸の布置図を読み取って、原子力発電に対して「非常に好意的」から「非常に非好意的」までの五分類のそれぞれについて、総合的な関連性のなかでどのような意見（質問選択肢）が近いのかが整理されている。

その後、筆者は、林の分析手順をほぼたどる形で、一九九三年と一九九八年の二時点の態度構造の比較［北田・林、一九九九］、さらに、一九九三年と一九九八年と二〇〇二年の三時点の態度構造の比較［北田、二〇〇四b、一五八～一七六ページ］をおこなった。その結果、これらの分析でも、林による一九九三年の分析結果とおおむね一致する態度構造が見いだされている。分析方法と結果の詳細は各文献を参照していただきたい。

北田・林［一九九九、一七ページ］から、原子力発電に対する好意・非好意の態度層ごとの総合的イメージを挙げておく。

・とても非好意的層…環境関心が高く、一番危険なこととして「環境破壊」や「原子力発電・放射能」をあげ、科学文明観がとてもネガティブである。

・やや非好意的層…原子力からの連想で「放射能」や「事故」をあげ、チェルノブイリ事故のことをよく覚えており、原子力発電については「過去の事故」「廃棄物処理」「放射能の影響」といったマイナス面に特に関心を示し、原子力についての主観的知識は知っているほうでも知らないほうでもない。日本の発電能力は十分であると考えている。科学文明観はややネガティブ、環境関心はやや高く、航空機などの有用性・重要性をほどほどに評価している。人に対する一般的信頼感が低く、日本的リーダー観をあまり好まないほうで、支持政党をもたない。

・中間層…心配性で、いろいろな事故(リスク)への関心が高く、環境関心や超自然への関心もやや高い。一番危険なこととして自然災害をあげ、迷信を気にするほう。航空機などの有用性・重要性評価も高い。中間回答や科学文明観は中間、原子力については知らないほうで、チェルノブイリ事故については少し覚えている程度。原子力について知りたいこととして、「メカニズム」「必要性」「経済性」「原爆との違い」といった基本的なものもあげている。

・やや好意的層…環境関心はやや低く、科学文明観はややポジティブ、航空機などの重要性評価が高く、自民党(含む自由党)支持。

・とても好意的層…科学文明観がとてもポジティブ、中間回答が少ない、超自然関心が少ない。

・「とても非好意的層」と「とても好意的層」に共通の性格として、原子力についての主観的知識は知っているほう、迷信をあまり気にしない。

・なお、「環境関心が小さい」は、第一軸で分離される無関心層の特色としてあげられている[1]。

この分析における環境関心は、原子力発電に対する総合的態度と同様に、単一の質問への回答ではなく、環境に関わる複数の質問を数量化Ⅲ類で分析してスケール化し、得られたサンプルスコアに基づいて個人を分類したものである。具体的には、環境問題への関心、環境配慮行動の実行、身近な環境保護の重要性、身近な環境保護の有用性、身近な環境破壊の不安、地球規模の環境破壊の不安、生活経済もしくは自然環境のどちらを重視して電力供給を決めるか、の質問を用いている。したがって、「環境関心」と表現されているが、環境意識の高さや環境保護志向の強さを総合したカテゴリーである。科学文明観も同様である。

調査時点が異なっても、回答パターンから同じような関連性が見いだされるということは、たまたまのものではなく、意識の安定した関連性が映しだされていると考えることができる。当然ながら、その関連性は因果関係とは限らないし、一方から他方が予測可能なほど強い関連性でもない。ある意見をもつ人は、他の事柄に関してはこのような感じ方や考え方をしていることが相対的に多いという程度の緩やかな関連性である。しかし、緩やかではあるが、そのような意識のつながり、すなわち態度構造が存在していることを示している。原子力発電に対する態度は、さまざまなものに対する意識から切り離して、独立して形成されるのではなく、その人のものの感じ方や考え方の一部としてでてくるものであると解釈できる。そして、その人の「ものの感じ方や考え方」とは、その人の価値観と読み替えることができる。

この分析結果からは、環境意識の高さや環境保護志向の強さ、科学文明にネガティブな価値観が、原子力発電への否定的態度につながっていることが示される。

2　パネル調査で分析された個人の原発態度の変化の要因

前項の分析は、一調査時点の断面で観測された意識の関連性である。次に、パネル調査データを用いた分析結果から、個人の原発態度の変化にどのような意識が関係しているかを説明する。

パネル調査は、一九九七年の動燃アスファルト固化施設事故後に、ＩＮＳＳ継続調査の一部として、新規サンプルとは別に、一九九三年調査回答者への追跡調査として実施されたものである。松田［一九九八］は、一九九三年と一九九七年の個人レベルの意見の動きを数量化Ⅱ類を用いて分析している。具体的には、原子力発電の利用についての意見の動き[2]を外的基準とし、「原子力事故の不安感の動き」、「日本の発電能力が十分か不足かの認識の動き」、「生活経済もしくは自然環境のどちらを重視して電力供給を決めるかの意見の動き」を要因として、数量化Ⅱ類をおこなっている。その結果、この間に発生した動燃アスファルト固化施設事故の影響があらわれやすいと考えられる「原子力事故の不安感の動き」は、利用についての意見の変化に対して影響力をもっていたが、それよりも、「生活経済もしくは自然環境のどちらを重視して電力供給を決めるかの意見の動き」のほうが、利用についての意見の変化への影響力が大きかったと報告している。具体的には、利用否定方向への意見の変化に最も大きな係数を示したのは、「生活経済を重視して電力供給を増やすから、自然環境を重視して電力供給を減らすへの意見の変化」であった。

これは、原子力事故の不安感の変化よりも、経済と環境への優先順位の与え方の変化が、原子力発電の利用態度の変化につながっていたことを、パネルデータにおける個人の意見の動きで示すものだとみることができる。「生活経済もしくは自然環境のどちらを重視して電力供給を決めるか」の質問については、第9章第1節第1項で詳しく取り上げる。

3　政治的立場や決定手続きの選好と原発態度の関係

ＩＮＳＳ継続調査の質問項目には、価値観を測定する項目はあまりない。二〇一六年調査では、政治的立場と決定手続きの選好について新規の質問を加えている。

政治的立場については、「あなたの政治的立場はどれだと思いますか、あなたのお考えに最も近いものに一つだけ〇をつけてください。」として四択で回答を求めた。「保守的」が一三％、「どちらかといえば保守的」が六〇％、「どちらかといえば革新的」が二三％、「革新的」が三％であった。この質問文と選択肢は、ＮＨＫによる二〇一〇年の「政治と社会に関する意識」調査のものを用いた。[3] 保守的は右派、革新的は左派とも称される。決定手続きの選好については、「今後、原子力発電をどうするかを決

図2　政治的立場や決定手続きの選好と原発態度との関係（2016年）

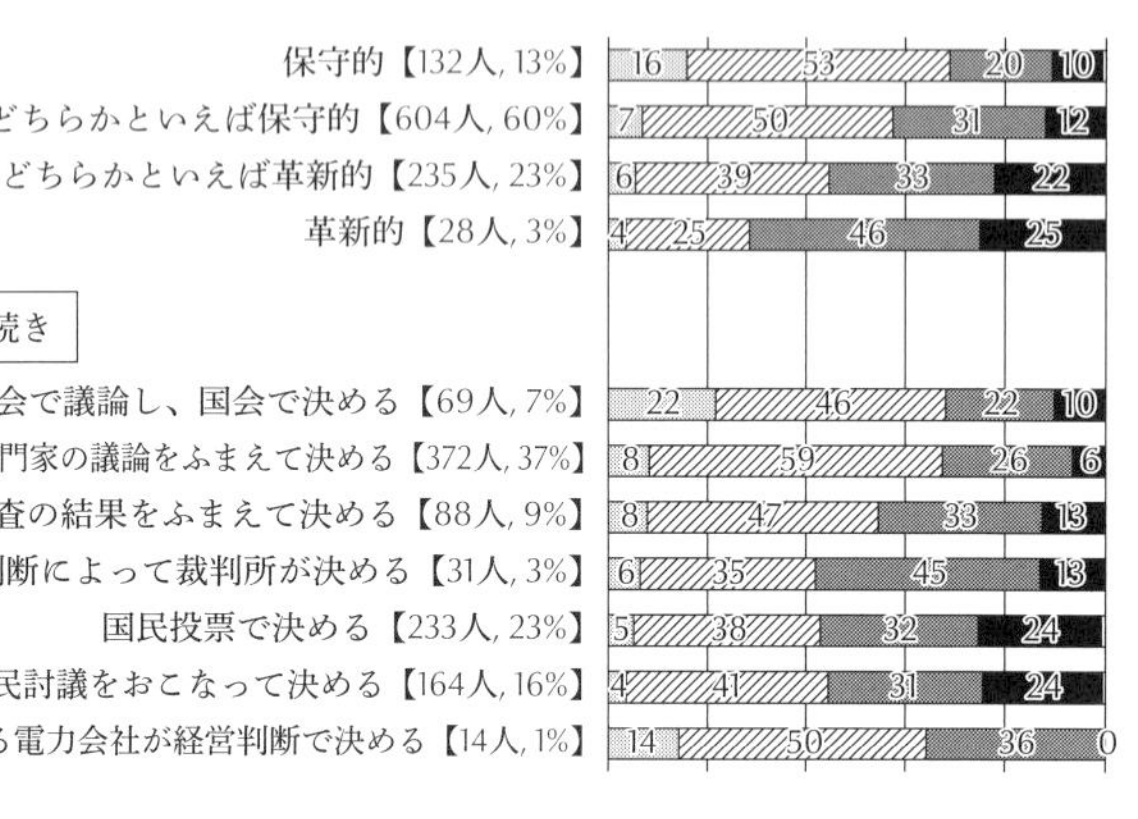

める方法として、最も適切だと思うもの」を選択肢のなかから一つ選ぶことを求めた。

図2に選択肢別に原子力発電の利用についての意見分布を示している。政治的立場が革新的な層ほど、原子力発電の利用に否定的な人の割合が高い。革新的な考え方が原子力発電の利用否定につながっているといえる。

望ましい決定手続きについては、「政府が審議会など専門家の議論をふまえて決める」という現行の方法が三七％で最も支持され、次いで、「国民投票で決める」が二三％、「市民も参加する国民討議をおこなって決める」が一六％で、参加型が支持されている。層別にみると、原子力発電の利用に否定的な人の割合は、「政府が審議会などをふまえて決める」を選好する層では三二％だが、参加型手続きを選好する層では五五〜五六％と高い。[4] 参加型決定手

表1　原発態度を従属変数とする順序回帰分析の結果（2016年）

		度数	β	標準誤差	p
性別	男性	484	-0.476	0.123	0.000
	女性	508			
年代5分類	20代以下	128	-0.622	0.206	0.002
	30代	170	-0.522	0.183	0.004
	40代	194	-0.469	0.175	0.007
	50代	165	-0.378	0.183	0.039
	60代以上	335			
学歴※1	短大卒以上	444	0.061	0.126	0.628
	中卒・高卒・専門学校卒	548			
政治的立場3分類※2	保守的	130	-1.099	0.211	0.000
	どちらかといえば保守的	599	-0.556	0.143	0.000
	どちらかといえば革新的＋革新的	263			
決定手続き参加型選好	参加型選好	385	0.909	0.127	0.000
	参加型非選好	607			
しきい値　原子力発電態度	利用するのがよい	77	-3.298	0.211	0.000
	利用もやむをえない	472	-0.426	0.175	0.015
	他の発電に頼る	301	1.276	0.181	0.000
	利用すべきでない	142			
	N		992		
	疑似 R^2 Cox と Snell		0.110		
	Nagelkerke		0.121		
	McFadden		0.049		

※1　学歴は年齢との相関が考えられるため4カテゴリーを2カテゴリーにまとめた。なお、INSS継続調査の学歴は、入学すれば卒業とみなして回答するように求めている。

※2　「革新的」は28人（3%）と少ないので、「どちらかといえば革新的」と合わせて1カテゴリーにした。

続きを重視する考え方が原子力発電の利用否定と関係しているといえる。

以上のような、原発態度と政治的立場や決定手続き参加型選好との関係が、人口統計的属性による疑似相関によるものではないことを確認しておく。表1は、原発態度を従属変数とし、性、年齢、学歴（短大卒以上か否か）、政治的立場、決定手続き参加型選好を独立変数として、順序回帰分析をおこなった結果である。学歴以外の変数はすべて有意である。しきい値の内容から原発態度が肯定的なほど負の大きな値をとっている。これに基づいてβ（偏回帰係数）の値を読み取ると、男性、年齢が低いほど、保守的なほど、参加型非選好において、原発態度が肯定的である。つまり、政治的立場も決定手続き参加型選好も、他の独立変数（性・年齢・学歴）の影響をとり除いても原発態度と有意な関係があること、そして、政治的立場が革新的な層や参加型決定手続きを選好する層は、原発態度が否定的な傾向にあることが確認できたといえる。

4　原発態度を規定する価値観に脱物質主義をあてはめる

前項までに述べた結果から、原子力発電に対する態度は、リスクとベネフィットという原子力発電についての直接評価のみによって規定されているのではなく、個人の環境意識や環境保護志向の強さ、ネガティブな科学文明観、革新的な政治意識、参加型決定手続きを選好するといった価値観が関係していること、そして、ここで列挙した方向の価値観が原子力発電の利用否定につながっていることが示された。これらの価値観の内容を総合すると、脱物質主義という概念におおむね合致すると考えられる。

ロナルド・イングルハート［一九九三］は、豊かな社会が実現することで、物質主義から脱物質主義へと人々の基本的な価値観が変化していくという考え方を唱えた。物質主義とは、経済的物質的安定および身体的安全を重要なものと考える価値観であり、脱物質主義とは、自己表現や生活の質を相対的に重要と考える価値観である。脱物質主義者は、社会的欲求、承認の欲求、自己実現の欲求といったマズローが提唱する欲求段階[5]における高次の欲求を指向し、金銭より理念を尊重し、言論の自由を擁護し、職場や政治における決定に幅広く参加するよう奨励する社会を支持する。政治的には左派を支持し、既存の制度や集団に反対する傾向があるとされる。

世界価値観調査（World Values Survey）では、物質主義⇕脱物質主義が測定項目となっている。物質主義は、「高度経済成長を維持していく」「強力な防衛力を確保する」「国内の秩序を維持する」「物価の上昇をくいとめる」「経済の安定につとめる」「いかなる犯罪とも戦っていく」ことを重視するかどうかによって測定される。脱物質主義は、「職場や地域社会でのものごとの決定に人々の声をもっと反映させる」「自分の住んでいる町やいなかをもっと美しくしようとする」「重要な政府の決定にもっと人々の声を反映させる」「言論の自由を守る」「人格を尊重するもっと人間的な社会へと前進する」「思想が金銭より重視される社会へと前進する」を重視するかどうかによって測定される。

イングルハートによれば、脱物質主義的価値観は、個人が社会化された時点に形成され、それ以降の影響を受けにくく、世代差として観察される。人口における高齢世代が若い世代に入れ替わっていくことによって、社会全体の緩やかな変化としてあらわれるとされる。

イングルハートは、脱物質主義と環境との関係については、「環境主義が経済成長に対立するものとして環境の質を問題にするとき、物質主義的価値と脱物質主義的価値は真向から対立するものになる」［イングルハート、一九九三、二二〇ページ］と述べている。また、脱物質主義と原子力発電との関連については、「原子力は、脱物質主義者が反対するすべての象徴になりつつある。」［二二一ページ］と述べている。一九七九年のヨーロッパ九カ国の国民とヨーロッパ議会候補者に対する意識調査データを用いて、物質主義的価値観をもつ層では脱物質主義的価値観をもつ層に比べてはるかに原子力発電開発への支持が高いことを示し、「原子力への賛成、反対は通常は実際のコストや利益、リスクを用いて議論されるが、対立の基本的要因は世界観の衝突」［二二三ページ］だとしている。世界観の対立は、具体的には次のように説明されている。

> 物質主義者にとって、経済成長および完全雇用と結びついていると思われる限り、核エネルギーの使用も望ましいものとみなされる。彼らにとって、高度に発達した科学と産業は進歩と繁栄を象徴している。脱物質主義者にとっては、潜在的危険性ばかりでなく、それが大企業、巨大な科学、

大きな政府に結びついていることからも、原子力は拒否されるようである。官僚組織が本質的に非人間的かつ階層的で、個人の自己表現や人間的な接触を極小化するため、彼らはそれをよいものとはみなさない。反核運動のイデオローグたちは、エネルギーを節約し、太陽エネルギーに象徴されるように自然から直接必要なものを得る、より単純でより人間的な社会への回帰を求めるのである。

［イングルハート、一九九三、二二二ページ］

日本でも、原子力発電推進側と反対側には、必要性とリスクという原子力発電についての直接的な認識の相違にとどまらない差異が存在すると指摘されている[6]。物質主義者は、経済成長の重要性を自明視しているのに対し、脱物質主義者は、経済的安定はあって当然のものとして高い優先順位を与えないと説明されている。したがって、脱物質主義者も、経済の安定が不要と考えているのではない。

イングルハートへの批判として、その世代が政治に参加し始めた頃の社会全般の豊かさや高い安全性から、脱物質主義を推測するのは難しく、それよりも現時点の状況からのほうがよく推測できるとして、脱物質主義はそれほど不動のものではないともいわれる。二〇一〇年の世界価値観調査の速報［東京大学・電通総研、二〇一一］では、時系列比較において、経済成長を重視する傾向がさらに強まる一方、参加によって社会の行方を決めたいという意欲が低下し、脱物質主義が低下しているのではないかと述

図3　リスクとベネフィットに価値観が加わった比較考量

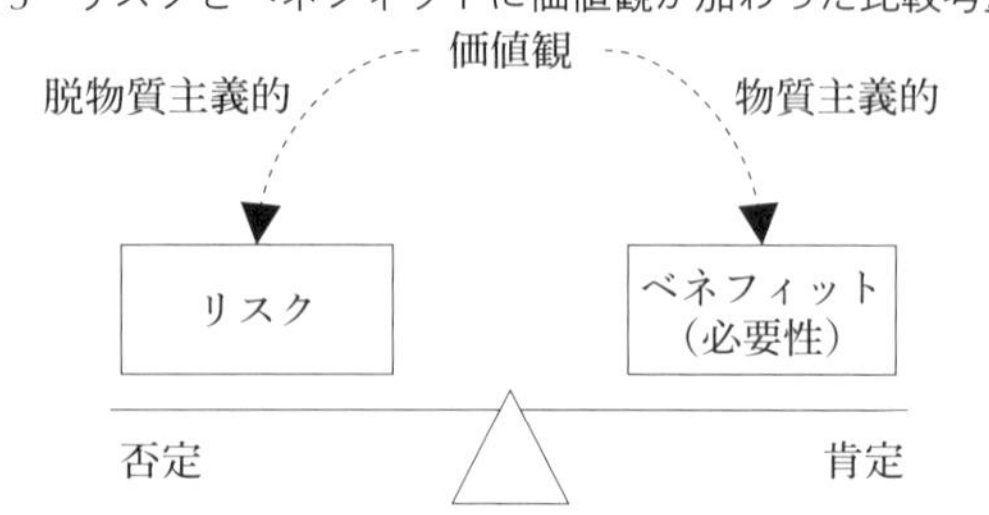

べられている。

5　個人の原発態度の決定モデル

イングルハートの「物質主義⇕脱物質主義」と原発態度の関係は、四〇年近く前の一九七九年のヨーロッパ諸国の意識調査データを用いて説明されている。しかし、第1項から第3項で示したＩＮＳＳ継続調査の結果は、それらの関係が基本的に失われていないことを示している。「物質主義⇕脱物質主義」という価値の軸は、この二〇年間を分析対象とする場合においても、価値観と原発態度の関係についての説明に有効であると考えられる。

単に「価値観」というだけでは、ゼロリスクを求めるのも、経済成長を重視するのも価値観である。モデルに組み入れるためには、価値の内容を特定する命名が必要である。本書で中心的に扱うＩＮＳＳ継続調査には、イングルハートの測定項目に対応する質問は少ないが、内容的に合致していると考えられるので、「物質主義⇕脱

図4　個人の原発態度の決定モデル

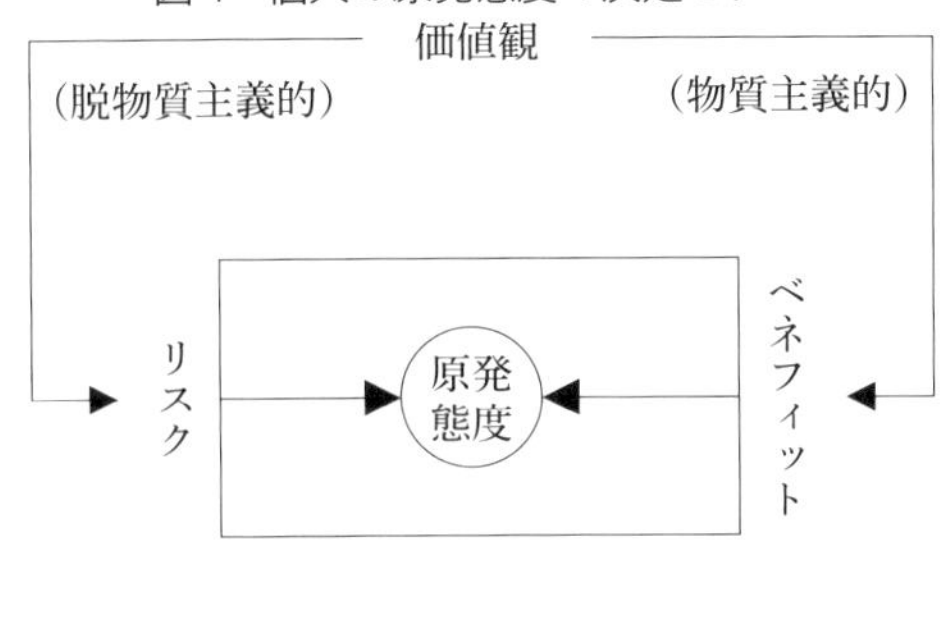

原発態度は、リスクとベネフィットから矢印の向きの力を受けて、長方形のなかを水平方向に動き、左に位置するほど肯定的であることを表す。
矢印の太さは力の強さを表す。
価値観は、リスクとベネフィットにウエイト付けを与える。

物質主義」という価値観を採用する。

　そこで、原発態度は、原子力発電についてのリスクとベネフィットという直接的な要素のみの比較考量（図1）によるのではなく、図3に示すような「物質主義⇕脱物質主義」という価値観が加わった比較考量によって決まるというモデルを考える。個人の価値観が物質主義的であれば、ベネフィットに大きな重みを与える判断になり、肯定に傾きやすくなり、脱物質主義的であれば、ベネフィットに与える重みが小さく、結果的にリスクに大きな重みを与える判断になり、否定に傾きやすくなることを表現している。

このような比較考量に基づく個人の原発態度の決定モデルを図4に示す。原発態度を規定する要素は、リスク、ベネフィット、価値観の三つである。リスクとベネフィットは原子力発電やエネルギーというテーマに関連する直接的な認識であるのに対し、価値観は、それら個別のテーマの枠を超える基本的な考え方や志向である。

原発態度は長方形のなかを水平方向に動くと想定し、右に位置するほど否定的、左に位置するほど肯定的であることを意味する。リスクとベネフィットから原発態度に引かれた矢印は太いほど力が強いことを示し、リスクは原発態度を右方向に押す力に、ベネフィットは左方向に押す力になる。二つの力のバランスによって原発態度の位置が決まる。価値観は、リスクとベネフィットの力がせめぎ合う枠組みの外で、リスクとベネフィットに重み付けを与えるもので、物質主義的であればベネフィットに大きな重みを与え、脱物質主義的であれば、リスクに大きな重みを与える。つまり、価値観は、判断におけるリスクとベネフィットの重み付けを規定していると考える。

なお、このような説明は決定プロセスの順を追った説明ではない。価値観は個人の感じ方や考え方といった基本的なものであり、まず、価値観が判断におけるリスクとベネフィットの重み付けを規定し、次に、重み付けられた枠のなかで、リスクとベネフィットが比較されるという二層の影響過程が想定される。ただし、外枠になる価値観で規定される重み付けが、原発態度の肯定・否定に支配的な影響をもつと想定しているのでもない。

第2節　原発世論の変動モデルに拡張する

次に、個人の態度決定という心理学的モデルから、世論の時間的変動を説明する社会学的モデルに拡張する。前項で原発態度の規定因をリスク、ベネフィット、価値観の三要素としたが、原発世論の変動の規定因は、三要素に相当するものとして、「リスク」「効率性」「脱物質主義」の三要素とする。

「リスク」は、原子力発電の本質的弱点である危険性についての評価である。リスクは、工学などの分野では「危害の程度とその発生確率の組合せ」という定義があるが、本書のモデルでは危険性という意味で用いる。原発世論に対しては、原子力発電の客観的安全性よりも、主観的な危険性認知が重みをもつと考えられる。リスクは感情の側面に強く作用し判断に影響すると考えられる。リスクをEmotional factorとして整理する。これについては、工学的安全性を含むすべての安全に関する問題を感情レベルに矮小化するという批判があるかもしれない。しかし、リスク認知にバイアスがあることはよく知られているところであり、特に原子力発電に関しては、科学的合理性のもとでリスク評価がなされても、人々がそのままに安全と受け止めるわけではなく、主観的リスクが重要性をもつ。リスクは感情の側面に強く作用し、原発世論に影響すると考えられる。

「効率性」は、電力確保という目的に照らした原子力発電の機能面の評価である。原子力発電のベネフィットは具体的には個々の特性の集合で表現することができるが、モデルでは、それらの共通性として、ベネフィットの評価基準と考えられる「効率性」という表現を用いる。効率性は、電力確保という原子力発電の機能面についての評価であることから、Functional factorとして整理できる。

「脱物質主義」は、原子力発電やエネルギーというテーマに限定されない、どのような社会の実現を目指すかに関わる基本的価値観である。前節の原発態度の決定の心理モデルでは価値観は、物質主義か脱物質主義かという表現を用いた。物質主義的になることは、脱物質主義が弱まると言いかえることができる。原発世論の変動モデルでは、シンプルにし、原発世論の肯定・否定の方向性も明瞭になるように「脱物質主義」と表現する。脱物質主義はBelief factorとして整理する。価値観の英訳は、“(one's) values”や、“one's sense of values”であるが（研究社『新和英中辞典』）、worthが知的・精神的・道徳的価値であるのに対し、valueは実際的な有用性・重要性からみた価値と説明されている（研究社『新英和中辞典』）。valueは、一語では「評価」や「価格」など多様な意味をもち、複数の単語の組み合わせによって価値観という意味になる。本モデルでは、他の要素の表現とのバランスから、一語で価値観をあらわす語が求められる。beliefは一語で「信念」「確信」という意味があり、精神的なものに限定される点でvalueより望ましいと考えられることから、beliefを採用した。

図5　原発世論の変動モデル

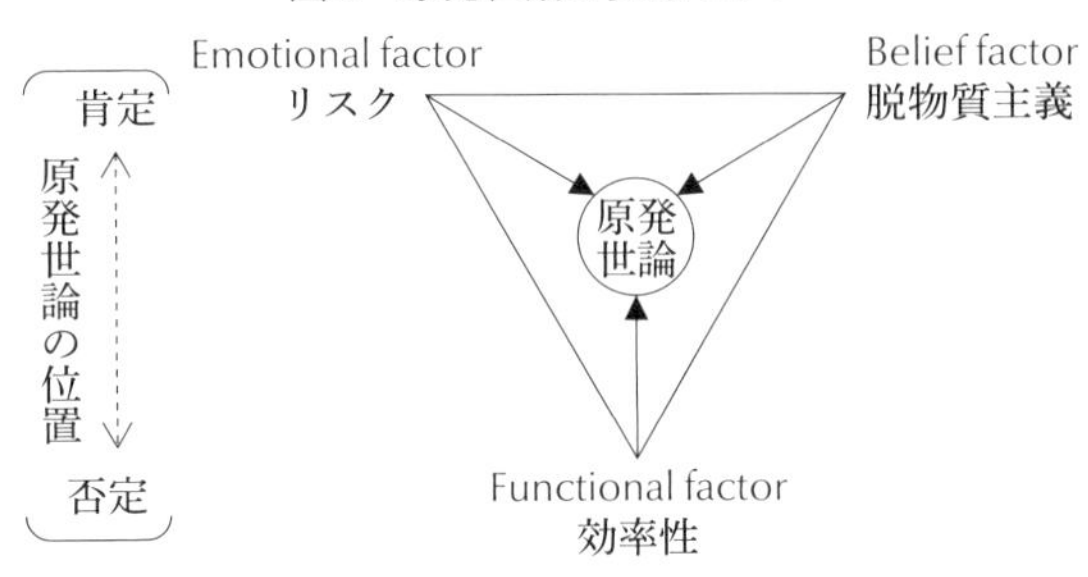

原発世論は、3要素から矢印の向きの力を受けて、逆三角形のなかを垂直方向に動く。矢印の太さは力の強さをあらわす。原発世論の位置は3つの力のバランスで決まり、上に位置するほど肯定的、下に位置するほど否定的であることをあらわす。

これら三要素によって原発世論の変動を説明するモデルを図5に示す。三要素は前段で整理したfactor名とともに表示している。これは三要素の概念のレベルを揃えるとともに、抽象度を高めて他の社会問題——たとえば、遺伝子組み換え食品の問題や、AI技術（人工知能）の問題など——についての世論にも適用しうることを想定しているためである。

第1節第5項の原発態度の決定モデルでは、価値観がリスクとベネフィットの重み付けを規定し、重み付けられた枠のなかで、リスクとベネフィットが比較されるというように、決定に至る心理プロセスを階層的に表現するモデルとしたが、原発世論の変動モデルは、シンプルな表現にするために、原発世論の肯定・否定の方向への変化に働く力として三要素を同等に扱うことにした。もちろん、原発世論に及ぼす三要素の影響力が同程度あると想定しているのではない。

図5で、原発世論は逆三角形のなかを垂直方向に動くと想定し、上に位置するほど肯定的、下に位置するほど否定的であることを意味する。各要素から原発世論へと引かれた矢印は、太いほど原発世論への影響力が強いことを示す。矢印が上向きになっている効率性は、原発世論を肯定方向に押す力に、矢印が下向き（斜め下向き）になっているリスクと脱物質主義は、原発世論を否定方向に押す力になる。三つの要素の力のバランスによって原発世論の垂直方向の位置が決まる。

矢印の太さが原発世論への影響力の強さをあらわすが、このモデルは計量的モデルではないので、たとえば、リスクの矢印の太さが、効率性の矢印の二倍の太さで描かれていたとしても、原発世論の規定力が二倍あるというような意味はまったくない。矢印の太さは、それぞれの要素ごとの経時的な変化の意味をもたせている。どの要素が原発世論への影響力を強めるかには、時代的な変化の潮流、その時点における経済・社会状況、原子力発電に関するトラブルや不祥事、大事故の発生などの出来事が直接的に関係する。どの要素に焦点が当たり優勢になるかには、マスメディアの影響――たとえば議題設定効果など――が関与していると考えることができる。また、熟議や討議などによっても、いずれかの要素の焦点化や活性化が生じ、三要素の力学バランスが変わることが考えられる。

第3節　三要素の決定要因

原発世論の変動モデルにおける三要素それぞれの決定要因を順に述べる。

1　リスク（Emotional factor）の決定要因

Emotional factorとしてのリスクは、第2章第2節から第7節までの「放射線への不安」「低線量放射線の健康影響」「反原発運動」「ベックのリスク論」「不信感」「放射性廃棄物」をキーワードとする内容が関連する。原子力発電の危険性・安全性に関わる評価である。リスクの要素の決定要因は、次のように整理できる。

① リスクの要素の根底にあるのは放射線被ばくの恐れであり、それには放射線の健康影響についての認知が関係する。特に、低線量放射線の確率的影響については、科学的に不確実性があり、専門家の間でも評価が異なる。どの考え方を受け入れるかによって、大事故の被害像、具体的には死者数の推定値や環境汚染の範囲、避難や移住による社会的影響などに大きく関わる。

② 原子力発電に関連する制度やシステム、組織、メンバーへの不信感である。一般の人々の多くは専

門的知識をもたず、技術的安全性を自ら評価することはできない。それらが適切に機能し、誠実に取り組んでいるという信頼によって、原子力発電が一定程度安全であると認識できると考えられる。情報隠しなどの不祥事は、内容が危険性に直結するものでなくても、安全性の認識を支えているそれらへの信頼を低下させることになり、原子力発電のリスクの要素を強める。

③原子力関連施設の軽微な事故やトラブルの発生である。不具合事象のレベルのものも事故とみなされ、「原子力発電の事故がしばしば起きている」と受け止められ、原子力発電の潜在的危険性の認知を高める。その内容が、放射性物質の漏えいをともなったり、海産物や農産物など食品の汚染を想起させたり、被ばくによる死傷者がでる場合は、リスクの要素がいっそう強まる。

④原子力発電所大事故の発生である。③との相違は、放射能汚染による深刻な被害が現実のものとなり、原子力発電の危険性が顕在化する。事故の収束処理や環境汚染の回復に長期を要するために、長期間にわたり進行中の問題として社会が直面し続ける。事故の態様は、原子力発電の危険性の象徴となる事故イメージを形成する。

⑤放射性廃棄物、特に高レベル放射性廃棄物の処分問題の困難さについての認知である。日本のみならず、世界でも最終処分地の決定は難航している。放射性廃棄物が貯まり続けることや、人間環境から一万年とも一〇万年ともされる超長期の隔離が必要とされ、未来世代にリスクを押し付けることになるとして倫理的な批判がある。この問題が解決不能と認識されるほど、原子力発電のリスク

の要素が強まる。

リスクの要素のうち②③④は突発的な事象の発生が契機となり、マスメディアで集中的に報道されて人々の関心が強まり、不安感や不信感などの感情面への反応が鋭敏にあらわれやすいと考えられる。

2　効率性（Functional factor）の決定要因

Functional factor としての効率性には、主として第2章第8節から第11節までの「生活水準の維持」「セキュリティ意識」「CO_2排出量削減」「代替エネルギーとしての再生可能エネルギー」をキーワードとする内容が関連する。生活や経済活動を支えるために必要な電力を確保するという機能面からの原子力発電の評価である。

エネルギー政策の基本的視点は3E＋Sとされ、3Eは、安定供給（Energy Security）、経済効率性の向上（Economic Efficiency）、環境への適合（Environment）を意味する。Sは安全性（Safety）を指す。電源ごとにそれぞれ強みと弱みがあり、あらゆる面で完璧な電源はないので、電源を組み合わせて構成する、すなわち電源ミックスによって3E＋Sをバランスよく実現するという考え方が示されている［経済産業省、日本のエネルギーのいま　政策の視座］。

３Ｅは政策決定側が高い優先順位を与えている合理的判断の視点である。一般の人々が同様の知識や情報などの判断材料をもつわけではないが、３Ｅの各視点に関わる実態や事実をどう認識しているか、各視点における原子力発電の貢献や位置づけをどう認識しているかは、効率性の要素の決定要因になる。効率性の要素の決定要因は次のように整理できる。

①　安定供給は、需要を満たす電力を安定的に供給できるかという問題であり、原子力発電が安定供給のために必要だとの認識が高まれば、効率性の要素は強まる。電気は貯蔵できないので、発電量を需要量に常時一致させなければ、周波数が乱れて電気の品質が低下したり、さらには発電や送配電設備の連鎖的な停止による大規模停電（ブラックアウト）に至るリスクがある。このため電力量は一定期間内に必要量を調達できればよいのではなく、どの瞬時においてもその時点の最大需要量が確実に供給できる体制を常に維持する必要がある。これには、需要面では、電力の消費者としての節電行動と電力消費量の削減についての認識が関わる。供給面では、発電設備の量的確保のみならず、燃料の自給率とその安定的確保、需要に応じた出力調整、送配電システムの維持まで多岐にわたる問題が存在する。安定供給を確実なものとするために必要な具体的な内容とその重要性が認識されるかどうかが関わる。

②　経済効率性は、一義的には電気料金の水準や変動の問題である。原子力発電が電気料金の抑制や電

気料金の安定のために必要だという認識が高まれば、効率性の要素は強まる。それには、建設から廃炉や放射性廃棄物の処分、事故対応費用までを含めたトータルコストでも他の電源より有利といえるのか、消費者として原子力発電と電気料金の関係が認識されるか、さらには電気料金がマクロ経済に影響を与えると認識されるかどうかが関わる。

③ 環境適合性は、大気汚染物質の削減もあるが、最大の課題は地球温暖化防止のためのCO_2排出量の削減である。CO_2排出量の削減は、経済活動の制約や負担にもなるが、国際的枠組みのもとで削減目標値を達成することが要請されている。国内および国際社会でCO_2削減圧力が強まったり、原子力発電はCO_2排出量が少ないという事実やCO_2削減における有効性の認識が高まれば、効率性の要素が強まる。

④ 上記の３Ｅに加えて、再生可能エネルギーの可能性についての認識も決定要因になる。再生可能エネルギーは、エネルギー自給率を高め、CO_2を排出しないという長所があり、原子力発電の代替電源としての期待が大きい。固定価格買取制度によって導入が増える一方、電気料金に上乗せされる賦課金も増えている。再生可能エネルギーが原子力発電を代替できる、主力電源になれると認識されれば、原子力発電の評価は相対的に低下し、原発世論への効率性の要素は弱まる。それには、再生可能エネルギーの実態と可能性、限界についての認識が関わる。

3　脱物質主義（Belief factor）の決定要因

Belief factorとしての価値観は、主として第2章第9節の「自然や環境意識」、第12節の「決定手続きへの異議」、加えてリスクの要素や効率性の要素と重複するが、第5節「ベックのリスク論」、第10節の「生活水準の維持」をキーワードとする内容が関連する。脱物質主義は、原子力発電やエネルギーというテーマの枠に限定されない基本的な価値観であり、原子力発電の利用に否定的な層に相対的に多い価値観である。脱物質主義の要素の決定要因は次のように整理できる。

①　原子力発電の導入と拡大は経済成長に不可欠な電力を確保するためのものであったこと、また、環境負荷の大きい放射性廃棄物を発生することから、経済や経済成長との比較において、自然や環境保護に高い優先順位を与える傾向が強まるほど、原発世論は否定的になる。ただし、この方向性は自明ではない。CO_2排出量の少ない原子力発電は地球温暖化対策として有効であるが、現状では、人々はCO_2削減策に再生可能エネルギーを望み、原子力発電はむしろ再生可能エネルギーの拡大を阻害するととらえる。仮に、将来的に環境問題が地球温暖化防止に焦点化され、CO_2削減につながる対策を総動員する必要があると認識されるようになれば、原発世論への影響が肯定方向に逆転する可能性もありうる。このモデルは当面の関係を想定したものである。

② 政策決定への市民参加や、地域社会におけるものごとの決定に人々の声を反映することを重視する傾向が強まるほど、原発世論は否定的になる。これは論理的な因果関係ではないが、政策決定側は中長期的視点で3E＋Sの多様な観点を考慮した合理的判断になるのに対し、一般の人々は身近な視点で安全や安心の問題を重視する判断になりやすいと考えられる。このような判断における視点の相違が結論の相違を生み、市民参加によって政策決定側のロジックや判断に対して否定的になる可能性が高いと考えられる。市民参加による合意形成は、その手続きや方法論が確立されていなければ、方法を試行錯誤しながら合意形成に取り組むことになり、決定までの道のりがさらに遠のくことも考えられる。

③ 科学技術に懐疑的な傾向が強まるほど、原発世論は否定的になる。事故の発生確率や有害物質の許容値などは、実験や疫学調査などのデータに依拠する。それらが限定された条件のもとでの推定で限界があるということを強調する考え方は、突き詰めれば、原子力発電の安全性評価や安全審査の科学的合理性を否定することにつながる。また、科学技術に対しては、科学技術そのものが危険を生産しているというベックの考え方もある。

注

1　無関心層は、エネルギー問題や環境問題や社会的な事柄に対する関心が低く、「どちらともいえない」を多く選択している――つまり明確な意見を表明しない・もっていない［北田・林、一九九九、一〇ページ］。また、松田のパネル調査の分析によれば、無関心層の回答は、賛否を表明している場合も時系列の安定性が乏しいとされる［松田、二〇〇一、二〇〇ページ］。

2　原子力発電利用態度の「変化」ではなく「動き」と表現されているのは、二時点間の意見の動きとして、「前回肯定→今回肯定」「前回否定→今回否定」「前回肯定→今回否定」「前回否定→今回肯定」というように、変化のない動きも含めて四カテゴリーに整理して分析に用いられているためだと考えられる。原子力事故の不安感など他の要因の動きについても同様である。

3　河野・関谷［二〇一一］によれば、二〇一〇年ＮＨＫ調査の政治的立場の質問では、「どちらかといえば」を含め、革新的は三八％である。二〇一六年ＩＮＳＳ継続調査の革新層は二六％であり、一二ポイントも少ない。二〇一〇年は、民主党への政権交代から一年後で、直前の参議院選挙で与党民主党は勢力を落としていたものの、政権交代が肯定的に評価されていた時期であった。参考までに、ＮＨＫの政治意識月例調査で革新政党（共産党、社民党、民主党（民進党））の合計支持率の変化をみると、二〇一〇年一〇月の三二・四％から、二〇一六年一〇月は一四・九％へと大きく減少している。ＩＮＳＳ継続調査で革新層が少ないのは、二〇一六年は、自民党政権である安倍内閣への支持率が高い状況であったことが影響していると考えられる。

4　この決定手続きの選好の質問はテーマを、社会問題一般ではなく、原子力発電に特定して判断を求めている。そのため、各決定手続きと、その手続きによって得られる結論（原子力発電の利用肯定・否定）の関係が独立とはいえず、自身が望む結論にとって有利かどうかを基準にして判断されたのではないかとの異論があるかもしれない。これに関して若干補足する。二〇一〇年ＮＨＫ調査の分析報告［河野・関谷、二〇一一、一八ページ］では、革新的な人に多かった回答として、「国会・政党・中央官庁を信頼していない」、「政治に民意はまったく反映されていない」、「政治は政治家まかせでよいとは思わない」があげられている。これらの内容は、参加型決定手続きの選好と整合的であり、原子力発電というテーマに限定しない場合でも、革新的な層は参加型決定手続きを選好することを示している。

5 マズロー（A. Maslow）による理論。人間の欲求を五段階のピラミッド状の階層で表現したもので、高次の欲求から順に、自己実現の欲求、承認（尊重）の欲求、社会的欲求/所属と愛の欲求、安全の欲求、生理的欲求となる。

6 たとえば、田中三彦は、「原発に異を唱えることは、今のライフスタイルの根底にある価値を問い直すこと」だと記している［一九九〇］。佐田務も、「原発の問題で根底的に問われているのは、私たちがめざそうとしている社会はどうあるべきかという、きわめて文明論的な視点からの議論の必要性ではないかと思う」と記している［佐田、二〇〇一、六五三ページ］。

第4章 ケーススタディ——脱原発を決定したドイツの世論

ドイツは福島原発事故を受け、世論の強い支持のもとで［柴田・友清、二〇一四、一六九〜一七〇ページ］、事故四カ月後に「二〇二二年までの脱原発」を法制化した。第3章で考案したモデルが原発世論の理解に有用かどうかをみるためにケーススタディとして、三要素からドイツの状況を考える。ドイツが脱原発に至った流れを示しておく。

一九七〇年代　原子力発電所建設への反対運動が高まる。建設予定地（ヴィール、ブロークドルフ）での占拠や抗議運動により、計画撤回や建設の一時停止に。

（一九七九年三月二八日　米国スリーマイル島原発事故発生）

（一九八六年四月二六日　旧ソ連チェルノブイリ原発事故発生）

一九九八年　緑の党が連立政権に参加
二〇〇二年　脱原子力法（新設禁止と既存原発の段階的廃止、平均運転期間三二年間）
二〇一〇年　原発運転期間延長の法改正（平均一二年延長）
（二〇一一年三月一一日　福島原発事故発生）
二〇一一年　脱原子力法（既存原発八基を即時停止、残りの原発も二〇二二年までに段階的に停止して廃止）

第1節　ドイツの原発世論

まず、ドイツの原発世論を日本と比較してとらえる。表2に、福島原発事故後の二〇一一年に実施された三つの国際比較調査から、ドイツと日本の結果を抜粋して示す。継続調査ではないので、「事故前」とは同一人に事故前の考え方はどうだったかを回想させたものである。変化についての自己評価であり、二時点の継続調査から変化量をとらえる場合に比べ、信憑性・正確性の点では劣るが、同一の方法で測定したドイツと日本を比較することには問題ない。

ギャラップ四七カ国調査は「世界における利用の賛否」であり、朝日新聞社七カ国調査は特に説明が

表2　ドイツと日本の原発世論の比較

調査実施時期	質問	選択肢		ドイツ	日本
ギャラップ47カ国調査※1 日：2011年4月5日～8日インターネット 独：2011年3月29日電話	世界のエネルギー供給源のひとつとして原子力発電の利用	事故前(回想)	反対	64%	28%
			賛成	34%	62%
		事故後	反対	72%	47%
			賛成	26%	39%
朝日新聞社7カ国調査※2 日：2011年5月21日～5月22日RDD 独：2011年5月10日～5月13日RDD	原子力発電の利用	事故前(回想)	反対	56%	18%
			賛成	32%	52%
		事故後	反対	81%	42%
			賛成	19%	34%
読売新聞社と英国BBCによる23カ国調査※3 日：2011年9月3日～9月4日面接法 独：2011年7～9月	・今ある原発をできるだけ早くすべて廃止すべき			52%	27%
	・今ある原発は利用すべきだが新たに建設すべきでない			38%	57%
	・新たに原発を建設すべき			7%	6%

出典
※1　日本リサーチセンター，2011，「東日本大震災が世界の原子力発電に対する考え方に与えた影響」
※2　朝日新聞2011年5月27日付の記事「フクシマ世界が注視　『脱原発』独が顕著」
※3　読売新聞2011年11月26日付の記事「『既存原発利用』日本57%　BBC読売共同世論調査」

ないので「自国を念頭においた利用の賛否」が問われている。この二つの調査における福島原発事故後の利用反対は、ドイツでは七二%と八一%であり、原発事故を経験して二～三カ月後の日本の四七%と四二%に比べて、圧倒的に多い。原発事故前の日本では、賛成が上まわっていたが、この時点で事故によって反対が二〇ポイント前後増え、賛否が逆転している。しかし、それでもなお、原発事故前のドイツの反対（六四%と五六%）の水準には及ばない。[1]

ＢＢＣ読売共同調査でも、「今ある原発をできるだけ早くすべて廃止すべき」は、ドイツでは五二％である。日本は二七％にとどまり、「今ある原発は利用すべきだが新たに建設すべきでない」が五七％で多数意見となっている。

つまり、ドイツの原発世論は、福島原発事故前の時点で福島原発事故後の日本より否定的であり、福島原発事故と関わりなく脱原発を強く支持していたのである。ドイツは福島原発事故の前年に脱原発の進捗を緩める法律を成立させていたが、福島原発事故の発生を受けて脱原発を加速させ、八基を即停止、残り九基も停止時期を法律で定めた。ドイツの脱原発にはそれを求める国民世論があったといえる。

第2節　ドイツの場合のリスク（Emotional factor）

表3で原子力発電のリスクの要素についての認識をドイツと日本で比較しておく。福島原発事故二カ月後の時点で、自国で原子力発電所の大事故が起こる不安を「大いに感じる」のは、ドイツは二九％で、日本の五二％より明らかに少ない。ドイツは「ある程度感じる」が多く、やはり、事故当事国の日本ほどに不安感は高まっていない。しかし、「今後原子力発電は、技術と管理次第では安全なものにできると思うか、それとも、人の手に負えない危険性があると思うか」という二択に対し、「人の手に負えない危険性がある」は七七％あり、日本の五六％より二〇ポイントも多い。原子力発電の安全性について

表3　ドイツと日本の原子力発電のリスクの要素の認識の比較

調査実施時期	質問	選択肢	ドイツ	日本
朝日新聞社7カ国調査※ 日：2011年5月21日～5月22日 RDD 独：2011年5月10日～5月13日 RDD	福島第一以外（独では自国）の原子力発電所で大きな事故が起きる不安をどの程度感じるか	・大いに感じる	29%	52%
		・ある程度感じる	43%	39%
		・あまり感じない	17%	7%
		・まったく感じない	11%	0%
	今後原子力発電は、技術と管理次第では安全なものにできると思うか、人の手に負えない危険性があると思うか（2択）	・人の手に負えない危険性がある	77%	56%
		・技術と管理次第では安全なものにできる	19%	36%

出典
※ 朝日新聞2011年5月27日付の記事「フクシマ世界が注視　『脱原発』独が顕著」

きわめて否定的な見方をしていることがわかる。

熊谷［二〇一一a、二〇一一b］の二つの報告から、福島原発事故後のドイツ社会の反応をみる。

熊谷によれば、福島原発事故発生直後、ドイツでは大衆紙の一面に「この世の終わり」「黙示録」「悪夢の原発」といった見出しでセンセーショナルに報道され、「福島の放射能はドイツにも来るか？」との記事や、日本からの食品の放射能汚染を懸念する記事が掲載され、テレビ番組ではインタビューされる識者のほとんどがグリンピースなど反原子力派の人々で、悲観的な見方を示していたとされる。また、放射線測定器やヨード剤を買い求める人が増えたという。外国で起きた災害のために、十分に裏づけされていない情報が垂れ流しになっていたと述べている。[2]

このような過剰反応の理由として、チェルノブイリ事故でドイツが放射能汚染を体験したことがあげられる。事故の放射性物質を含んだ空気がドイツ南部上空を通過中に降雨によって降下し、森林や農作物が汚染された。汚染の事実は事故後九日間も国民に知らされなかったとされる。熊谷は、福島原発事故でチェルノブイリの悪夢がよみがえったと記している。

メルケル首相は、原子力擁護派であったが、福島原発事故により原発否定へと考えを変え、原子力の専門家で構成される「原子炉安全委員会」と、「安全なエネルギー供給に関する倫理委員会（以下「倫理委員会」という）」の二つに意見を求めた。原子炉安全委員会の報告書は、ドイツの原子力発電所を基本的には安全とする結論をだしたが、倫理委員会の報告書［安全なエネルギー供給に関する倫理委員会、二〇一一］は、廃止すべきと提言した。政府は倫理委員会の提言をほぼ全面的に受け入れ、全廃を決定したとされる。

倫理委員会の報告書には、「原発のリスクは、実際に起こった事故の経験から導きだすことはできない。なぜなら、原子力事故は、最悪のケース（worst case）の場合にどんな結果になるかは未知であり、また、評価がもはやできないからである。その結果は、空間的にも時間的にも社会的にも限界づけることができない。」［一八ページ］と記されており、原子力発電の事故についての破局的なリスク像が示されている。ベックは倫理委員会のメンバーの一人であり、彼のリスク感があらわれているとみることができる。報告書には、日本のようなハイテク国家で発生したとの言及が二箇所あり、技術や管理体制が高水準であっても事故が回避不可能なものであるという文脈に用いられている。

このような原子力発電の安全性についての否定的な見方は、前述の世論調査にあらわれるドイツ国民の意識に一致する。倫理委員会が示す破局的な原子力事故像のもとでは、経済的リスクをはじめとする他のリスクと比較考量する余地はなく、原子力を利用すべきでないという結論が導かれるのは自然ともいえる。

報告書では、上記の全面否定派の考え方だけではなく、リスク比較衡量派の考え方があったことも記されている。リスク比較は初期条件と文脈条件に依存するが、現時点のドイツでは、リスクがより少ない方法での代替が可能であるとし、脱原発の結論に至ったと述べている。代替エネルギーの経済的なリスクは、原子力のリスクに比べると、見通すことができ、限界付きであるとし［一九ページ］、福島原発事故のような原子力事故の後始末のコストは、ドイツの原子力エネルギーからの離脱コストを上まわると記されているが［三二ページ］、コストなど細部に関する議論は紹介されていない。熊谷は、倫理委員会は原子力のリスクという大局について判断したと説明している。

第3節　ドイツの場合の効率性（Functional factor）

効率性の要素に関して、ドイツと日本の比較が可能な国際比較意識調査のデータは見当たらなかったので、客観的状況のみを把握しておく。

ドイツは国内に豊富な石炭資源があり、二〇一六年の石炭火力は発電電力量の四〇・一％を占め、再生可能エネルギーの増大にともない、輸入量より輸出量が上まわる電力輸出国になった。ドイツは再生可能エネルギーも二九・五％に拡大している［電気事業連合会、二〇一七］。ドイツ最大の電力会社エーオンは、再生可能エネルギーと送電網事業を残し、原子力発電と火力発電事業を分離する計画を二〇一四年に発表した。[3] これらを脱原発というエネルギー転換の勝利とする見方がある［熊谷、二〇一五］。エネルギー自給率の高さと代替エネルギーが存在するという点から、ドイツでは効率性の要素が原発世論を肯定に向かわせる力は日本より弱いといえる。

しかし、脱原発決定以降も、効率性の要素においてドイツで問題が生じていないのではない。ドイツでは太陽光発電と風力発電の急増により、自然次第で大きく変動する出力の調整や、大消費地までの送電線不足の問題が生じている。

ドイツは電力が全面自由化され、発送電も分離されており、電力市場において単価の安い電力から使用されるようになっている。金子［二〇一五］によれば、二〇一四年のドイツの状況は、固定価格買取制度のもとで再生可能エネルギーが優先的に全量投入されるなかで、価格の高い他の電源が締めだされることになり、結果的に、原子力とＣＯ$_2$排出量の多い安価な褐炭火力が稼働し、火力発電のなかでも相対的にＣＯ$_2$排出量が少ない最新鋭の天然ガス火力に稼働の機会がない事態になっているという。稼働率の低下により採算がとれず、発電会社は赤字に陥り疲弊しているとされる。

太陽光発電の設備容量が原子力発電○基分に達したという説明がされることがあるが、それは最大出力という能力ベースであり、太陽光や風力は季節・昼夜・天候などによって出力が大きく変動するため、電力需要が高まるピーク時に発電できる量ではない[4]。

電気は貯蔵できないので、安定供給のためには、太陽光や風力の出力が低下したときに、指令によってすぐに発電できるバックアップ電源を常に維持する必要がある。電力会社は、バックアップでしか稼働しないために発電量が減って採算が低下した火力発電所を、廃止したくても廃止できない。前述のドイツ電力会社エーオンの原子力発電と火力発電の本体からの分離について、小野［二〇一五］は、バックアップ電源維持のための負担を政府に求めるためのものだと述べている。再生可能エネルギーの大量導入には、太陽光や風力が発電しないときだけの出番のために稼働率が低く、採算がとれないバックアップ電源を維持管理するコストも必要になる。

ドイツの再生可能エネルギーは北部に多く、大消費地である南部への送電幹線が不足しているが、環境保護の観点から反対が強く建設は進んでいない。ヨーロッパで網の目のようにつながる送電線を用いて、周辺国との活発な電力取引によって融通しあうことで調整している。つまり、ドイツの安定供給は、自国のみで実現できているのではなく、欧州の送電網によって可能となっている。

脱原発にともなう消費者の負担増の問題もある。再生可能エネルギーの拡大にともない、固定価格買取制度による賦課金は、二〇一七年には総額二三九億八〇〇〇万ユーロ（一ユーロ一二五円で換算すると、約三兆円）になっている。[5] 標準家庭の負担は二〇一五年では月額三〇三〇円という推計もある［資源エネルギー庁、二〇一五d、一九一ページ］。産業用電力料金は経済政策の観点から抑制されているが、家庭用電気料金は二〇一〇年から二〇一四年の間に一五％上昇したとされる。国民の不満を受けて、二〇一四年には再生可能エネルギー法が改正された。しかし、電力料金の上昇を理由に、脱原発の見直しを求める世論はないといわれ、国民は脱原発にともなうコスト負担を受容しているとみることができる。

第４節　ドイツの場合の脱物質主義（Belief factor）

ドイツの緑の党は脱物質主義的政党である［イングルハート、一九九三、三三七ページ］。一九八〇年代の酸性雨による森林破壊を受けた自然環境保護意識の高まりのなかで、環境保護運動や市民団体の運動から誕生した。東西冷戦時に西ドイツへの核配備に対する反戦平和運動に関わり、核兵器反対と原子力発電反対が強く結びついたといわれる［柴田・友清、二〇一四、一六五〜一六六ページ］。

緑の党は、ゴアレーベン最終処分場の決定の阻止に大きな役割を果たしたとされる［佐藤（温）、二〇〇七］。新規建設禁止と既存の原子力発電所の二〇二二年頃までの段階的廃止を盛り込んだ脱原子力法

（二〇〇二年）の成立には、政権に参加した緑の党の存在が必須であったといわれる[6]［熊谷、二〇一五］。この法律をふまえて再生可能エネルギーの全量固定価格買取制度が導入されるなど、その後の脱原発への道を開くものとなった。

メルケル首相は、福島原発事故前は原子力擁護派であり、事故前年には原子力発電所の運転期間を延長する法律を成立させていた。それにもかかわらず、福島原発事故後、原子力否定に考えを変えたのは、事故直後の選挙で緑の党が大躍進したためだといわれる。二〇〇二年当時、緑の党が連立政権に参加できたのも、選挙で一定の政治勢力を与えられたからであり、それは、緑の党の考え方や主張、行動に対して、一定程度のドイツ国民の共感や支持があったからにほかならない。

日本には緑の党のような環境保護政党はない。日本でも福島原発事故後の二〇一二年に世界各地の緑の党をモデルとする緑の党（のちに「緑の党グリーンズジャパン」に改名）が結成され、脱原発を掲げて二〇一三年の国政選挙（第二三回参議院議員通常選挙）に独自候補を擁立して挑んだが、議席は得られなかった（Wikipedia）。環境保護政党に対する支持はドイツと日本では大きく異なっている。

壽福［二〇一三］は、ドイツの脱原発の経緯を討議民主主義の観点から分析し、米国のスリーマイル島原発事故を受けてドイツ議会に設けられた専門家調査委員会が、一九八〇年にだした提言に着目している。この委員会は、討議民主主義的過程による社会的・政治的合意形成を目標とし、市民社会や公共圏との意見交換も実施したうえで［二四九ページ］、四つの道を示し、そのうちの第四の道が原子力発電からの脱却であったという。そして、第四の道の修正版が、「二〇三〇年の運動と討議を経て、『エネルギー転換の道』としてその姿を現わすことになった」［二六七ページ］と述べている。

福島原発事故後、メルケル首相は、原子炉安全委員会ではなく、倫理委員会の提言を採用した。つまり、原子力技術の専門家ではなく、原子力とは関係のない知識人で構成された倫理委員会の提言を重視したのである。倫理委員会の報告書では、脱原発の影響として考慮しなければならない問題として、気候保護、安定供給、競争力など多数の項目を立てて言及されているが、具体的なデータなどの根拠は示されていない。そして、原子力の代替に関して、近隣国の原子力発電所で生産された電力を購入しない、化石燃料で代替しない、再生可能エネルギーを急激に拡充しない、さらに「簡単に」という修飾がつくものの、強制的合理化で節電しない、電気料金を上げないなど、相互にコンフリクトが生じうる目標を掲げて、脱原発で生じる問題の解決に安易な方法はとらないことを求めている。

熊谷は、理念や原則を重視するドイツ人の特徴だとも述べている。三好［二〇一七］も、ドイツの脱原発は、理念を先行させがちな国民性や、森に対する愛着を中心とした自然観、ナチズムの反省からものごとの認識において道徳的判断を重視する傾向など、ドイツ人の特性から理解する必要があると述べている。ドイツの脱原発には脱物質主義的価値観が関わっているとみることができる。

図6　脱原発を決定したドイツの世論

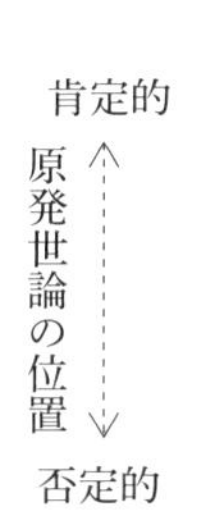

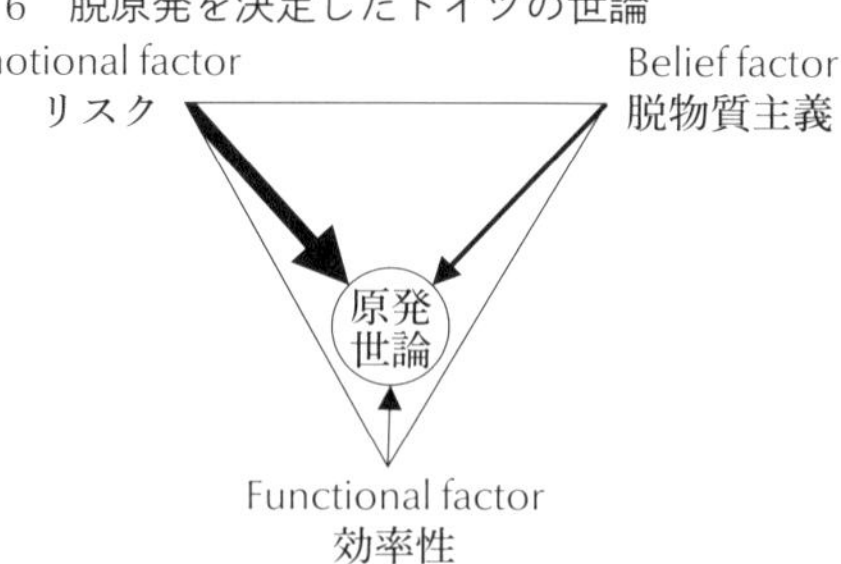

第5節　ドイツのケースをモデルであらわす

前節までに述べた世論調査データや客観的状況を総合し、ドイツの原発世論と三要素の状態を、日本との差異を念頭においてモデルで表現したのが図6である。リスクの要素と脱物質主義の要素が強く、効率性の要素が弱い。それらの力学的バランスによって、原発世論は否定的な状態にあると表現できる。

脱原発はリスクの要素についての認知や評価から説明されることが多いが、福島原発事故後に脱原発を確定させたドイツには、リスクの要素だけではなく、効率性や脱物質主義の要素においても、日本とはかなりの相違があることがわかる。三要素の違いをあわせてとらえなければ、ドイツの脱原発の的確な理解にはならない。この相違を無視してドイツを脱原発の手本とみることは、乗り越えなければならない諸問題への視点を欠落させる恐れがある。三要素モデルで考えることは、原発世論の状態を相対的にとらえる枠組みとして有用であることが示唆される。

第Ⅱ部では、三要素モデルを継続調査のデータに適用し、日本の原発世論とそれを規定する三要素について、二三年間の変動の実態を明らかにしていく。

注

1　ただし、日本はドイツより無回答が多いために、賛成の比率については、福島原発事故後の日本と、福島原発事故前のドイツに、それほど差はない。

2　熊谷は、ドイツの言論人の一部には自国の報道への批判があったとし、経済誌 *Wirtschaftswoche* のウェブサイト上にだされた編集長の次のような声明を紹介している。「ドイツの公共放送は黙示録のような恐怖感を煽っています。多くのジャーナリストが事実と憶測を区別せずに報道しており……同業者として恥ずかしく思います。」

3　しかし、原発の廃炉について最後まで責任をとる姿勢を明確にするために、原子力発電事業の分離計画を撤回している（二〇一五年九月一〇日付の日経新聞「独電力最大手エーオン、原発部門の分離を撤回」）。

4　小野［二〇一四、七八〇ページ］によれば、変動電源の出力のうちピーク需要時に期待できる出力の割合は、太陽光で最大出力の〇～五％、EUの風力の場合で五～一〇％と評価されており、これらの電源の場合には、ピーク需要にほぼ相当する既存のバックアップ電源を維持する必要があるとされる。

5　日経新聞二〇一六年一〇月一五日付の記事「ドイツの再生エネ賦課金、一七年は八・五％増　過去最高を更新」

6　ただし、段階的廃止は、三二年間の運転期間が保障されるという意味をもつ［壽福、二〇一三、二六五ページ］。すべての原子力発電所が運転期間を保障されたため、原子力業界が勝者のようにみえる点もあった［佐藤（温）、二〇〇七、二〇一ページ］。反対運動によって原子力事業が計画どおりに進まず、閉塞状況にあった電力会社が妥協したという側面もある。

II　計量データでとらえる日本の原発世論

第Ⅰ部では、原発世論の規定因を考察し、原発世論の変動を説明するモデル、具体的にいえば、原発世論は「リスク」「効率性」「脱物質主義」という三つの要素の力学的バランスの変化によって肯定・否定に変化するという概念的モデルを導きだした。第Ⅱ部では、そのモデルを原子力発電に関するＩＮＳＳ継続調査のデータに適用し、原発世論と三要素について、それぞれの変動と原子力に関する出来事との関連性を読み解き、安定性、振れ幅、変化の時間軸など、原発世論と三要素の変動の特徴をみいだす。それらをふまえて、ＩＮＳＳ継続調査がカバーする二三年間で特徴的なポイントとなる時点を特定し、時点間の原発世論の違いを三要素モデルで端的に表現する。これらによって、原発世論がどのような要因の力学で動いているのか、福島原発事故の前と後ではどう異なるのかなどを明らかにする。また、モデルで考える応用例として、高レベル放射性廃棄物の処分問題に関する日本学術会議の提言と、原発世論におけるマスメディアの影響という二つのトピックを取り上げ、モデルを用いた解釈を試みる。最終章では、まとめをおこなって今後の原発世論を展望する。

第5章　データ分析のまえに

第1節　日本における原子力の時代区分

データ分析に入る前に、調査データがカバーする期間は、日本の原子力発電にとってどのような時代であったかを押さえておきたい。

原子力発電の歴史的経緯をまとめたものとしては、『新版 原子力の社会史』〔吉岡、二〇一一〕がある。

主として技術開発や商業利用の面から、推進のための制度や政策、その過程で生じたさまざまな問題

（トラブル・事故・不祥事）の経緯と、それに対応した制度や政策の変遷についての事実関係が詳細に記述されており、史料的価値の高い著作として評価されている。

この本で吉岡は、日本における原子力開発利用の社会史を六つの時代に区分している。第一期は戦時研究から禁止・休眠の時代（一九三九年〜五三年）、第Ⅱ期は制度化と試行錯誤の時代（一九五四年〜六五年）、第Ⅲ期はテイクオフと諸問題噴出の時代（一九六六年〜七九年）、第Ⅳ期は安定成長と民営化の時代（一九八〇年〜九四年）、第Ⅴ期は事故・事件の続発と開発利用低迷の時代（一九九五年〜二〇一〇年）、第Ⅵ期は原子力開発利用斜陽化の時代（二〇一一年〜）と命名している。一九九三年から始まったＩＮＳＳ継続調査は、第Ⅴ期以降にほぼ重なる。つまり、「事故・事件の続発と開発利用低迷の時代」と、福島原発事故以降の「原子力開発利用斜陽化の時代」における原子力世論という意味をもつ。

『新版　原子力の社会史』のまえがきでは、原子力開発利用の歴史的鳥瞰図を「批判的な歴史家の視点」から描くと明記され、批判的とは、「敵対的」ではなく「非共感的」な立場であると説明されている。このためか、原子力開発利用の全体像を大きな視点から描いたものが存在しないことが執筆の動機と説明されていながら、原子力利用が日本の電力供給や経済成長の面で果たした役割については言及されていない。チェルノブイリ事故の死者数の推定値の扱いにも、原子力に対する非共感的立場がうかがえる。ガン死者数の推定値として一二万五〇〇〇人や、三二万五〇〇〇人という推定値とともに、推定値を減らすために後日専門家たちの国際的企みがおこなわれると予想する専門家の見解が紹介されている［二二四

〜二二五ページ]。また、「晩発性の悪性腫瘍による死亡も含めて事故の死者は数万人以上に達する」とまとめられている[三七九ページ]。その一方、あとがきでは一九九九年に出版された旧版の記述についても加筆修正をおこなったとあるが、事故から二〇年を経過した二〇〇六年に世界保健機関(WHO)がだした九〇〇〇人という推定値は取り上げられていない。原子力開発利用の光と影のうち、非共感的な立場から影の部分に大きな力点を置いて描きだされた原子力史という特徴をもつと理解できる。

本書の主題である、原子力発電に対する世論の変動を分析するうえでは、変動の主要な要因となりうる事故や事件と関連付けた解釈が不可欠であり、影の部分に焦点を当てた吉岡の時代区分や時代理解(命名)が適していると思われる。以下の分析ではこれを用いることとする。

第2節　分析に用いるデータ

1　調査実施概要

ＩＮＳＳ継続調査は、関西地域の一八歳から七九歳を対象に無作為抽出し、留置法により実施している。調査時期と回収標本数を表４に示す。

表4　INSS継続調査の実施時期とサンプル数

調査時期	種類	サンプリング方法	設計標本数	回収標本数
1993年1月	定期	住基台帳法（現地積上法で補完）	1500	1138
1996年2月	もんじゅ事故2カ月後※1	〃	750	562
1997年5月	アスファルト固化施設事故2カ月後※1	〃	750	533
1998年7月	定期	〃	1500	1054
1999年12月	JCO事故2カ月後	〃	750	532
2000年10月	JCO事故1年後	〃	1500	1056
2002年11月	定期（東電トラブル隠し2カ月後）	〃	1500	1061
2003年9月	首都圏電力不足問題後	〃	1500	1065
2004年10月	美浜3号機事故2カ月後	〃	1500	1060
2005年10月	美浜3号機事故1年2カ月後	〃	1500	1052
2007年10月	定期（柏崎地震トラブル2カ月後）	現地積上法※2	−	1010
2010年10月	定期	現地積上法※3	−	1042
2011年7月	福島原発事故4カ月後	現地積上法	−	528
2011年12月	福島原発事故9カ月後	〃	−	529
2012年10月	福島原発事故1年7カ月後	〃	−	1222※4
2013年10月	福島原発事故2年7カ月後	〃	−	1023
2014年10月	福島原発事故3年7カ月後	〃	−	1020
2015年10月	福島原発事故4年7カ月後	〃	−	1022
2016年10月	福島原発事故5年7カ月後	〃	−	1008※5

※1　質問が3分の1程度の簡略版調査票で実施

※2　別に地図DB法による調査も実施（回収標本1133）

※3　別に住基台帳法による調査も実施（計画標本1800、回収標本1012）

※4　大部分の質問は共通で一部の質問のみ異なる2種類の調査票で実施。調査票A（回収標本610）、調査票B（回収標本612）

※5　大部分の質問は共通で一部の質問のみ異なる2種類の調査票で実施。調査票A（回収標本499）、調査票B（回収標本509）

※6　このほか、1998年は全国（関西の352人を加えて回収標本2104人）でも実施。1997年（回収標本511）、1999年（回収標本526）、2003年（回収標本1066）、2004年（回収標本1063）は関東でも実施。1997年は別に1993年調査の回答者に対するパネル調査を実施（回収標本694人）。1999年は別に1998年調査の回答者に対するパネル調査を実施（回収標本745人）。

2　調査時期と関連する出来事

継続調査は一般的に年一回など等間隔で実施されるものが多いが、ＩＮＳＳでは定期的に実施するものと原子力発電関連の事故や事件などの事象発生二カ月後にスポット的に実施するものを組み合わせてきた。事故や事件の影響が一時的なものにとどまる場合は、変化の大きさは、事象そのもののインパクトの大きさに、事象発生から調査実施時期までの時間経過の要因が加わったものになると考えられる。ＩＮＳＳのスポット調査は発生から二カ月後に統一されていることにより、他の継続調査に比べ、時間経過の要因が統制される分、「事故・事件の続発」とされる時代の事象の影響を感度よくとらえていると考えられる。

スポット調査の事故・事件の概略を表５に示す。各調査時期の社会状況を知る参考として、原子力発電に関する出来事や社会の動きを年表として表６に示す。

表5　事故・事件の概略

	内容	死傷者	放射線放射能漏えい	環境汚染
もんじゅ事故（高速増殖炉もんじゅナトリウム漏れ事故）	1995年12月8日、動燃の高速増殖炉もんじゅで、二次冷却系からナトリウムが漏えいし、空気中の水分や酸素と反応して激しく燃焼した。事故現場を撮影したビデオからナトリウム漏えい部分を削除して公表していたことが判明し、隠ぺい工作として批判された。社内調査を担当していた総務部次長の自殺に至った。（国際原子力事象評価尺度　1）	–	–	–
アス固化事故（アスファルト固化処理施設火災・爆発事故）	1997年3月11日、動燃の東海再処理工場アスファルト固化処理施設で、低レベル放射性廃液をアスファルトで固化したドラム缶が発火し、火災・爆発した。消化活動についての報告の誤りを訂正せず虚偽報告として批判を浴びた。もんじゅ事故で失われた信頼をさらに低下させ、動燃は核燃料サイクル開発機構に改組された。（国際原子力事象評価尺度　3）	–	きわめて少量	–
JCO事故（JCOウラン加工工場臨界事故）	1999年9月30日、（株）JCO東海事業所の転換試験棟で高速実験炉常陽の燃料の加工中に、正規のマニュアルと異なる工程を用いたために、臨界状態が20時間にわたって続いた。現場から350m圏内の住民に避難勧告が、10km圏内の住民に屋内退避が求められるなど、市民生活に大きな影響を与えた。3人の作業員が放射線を大量に被ばくし、うち2人が死亡した。（国際原子力事象評価尺度　4）	3人（被ばくに起因）※1	あり	ほぼなし※2
トラブル隠し	2002年8月、東京電力が長年にわたり原子力発電所の自主点検記録を虚偽記載し、シュラウドのひび割れなどを報告していなかったことが判明し、同社のトップが辞任した。原子力安全・保安院への内部告発が適切に処理			

(東電トラブル隠し)	されていなかったことが批判された。立地県である福島県と新潟県は定期検査後の原子力発電所の運転再開を了承せず、2003 年 4 月に東京電力の全原子力発電所が停止するに至った。	–	–	–
2003 年夏季電力不足	トラブル隠しにより、東京電力の原子力発電所が運転を停止したことにより、供給エリアである首都圏で電力需要の高まる夏季に電力供給力不足が懸念される事態となった。	–	–	–
美浜 3 号機事故 (美浜 3 号機配管破断蒸気噴出事故)	2004 年 8 月 9 日、関西電力の美浜原子力発電所 3 号機の二次系配管が経年劣化により破断し、噴出した蒸気を浴びた11人が死傷した(うち 5 人が死亡)。当該配管は、点検台帳への登録漏れにより一度も点検されていなかった。 (国際原子力事象評価尺度　1)	11人(熱傷に起因)	–	–
柏崎地震トラブル (柏崎刈羽原子力発電所地震被災)	2007 年 7 月16 日、新潟県中越沖地震により、東京電力の柏崎刈羽原子力発電所で使用済み燃料プールの水の一部の漏えいと変圧器火災が発生した。原子炉建屋の揺れが設計時の想定を大幅に上まわり、その影響の調査・評価のために長期停止することになった。 (国際原子力事象評価尺度　0マイナス)	–	ごく微量	–
福島原発事故 (福島第一原子力発電所事故)	2011年 3 月11日、東北地方太平洋沖地震と津波により、東京電力の福島第一原子力発電所で、全電源喪失により冷却機能が失われ、複数基で炉心溶融(メルトダウン)に至った。原子炉格納容器の損傷や水素爆発による原子炉建屋の大破などによって、大量の放射性物質を放出し、広範囲が汚染された。10 万人規模の住民が避難し、5 年後も帰還はあまり進んでいない。事故炉の処理作業は困難をきわめている。 (国際原子力事象評価尺度　7)	未確定※3	大規模	大規模

※1、※2　臨界終息作業に従事した関係者、消防隊員、周辺住民の放射線被ばくあり。いずれも 50 ミリシーベルト未満。水道水、大気塵埃、土壌、河川水のウラン分析および施設周辺の地表面や人家の汚染検査の結果、いずれも平常のレベルであったとされる［原子力百科事典 ATOMICA、2003］

※3　大熊町で入院中の認知症患者21人が避難のための搬送中や搬送後に死亡するなど、避難の影響によって死亡する「原発関連死」が起きている。放射線被ばくの確定的影響による死傷者はいない。被ばく量はきわめて少なく直ちに影響のでる量ではないとされるが、LNT仮説のもとでは確率的影響による発がん率が上昇するとされる。

表6　主な出来事の年表

年月日	原子力関係の出来事 （◆は調査実施期）	世の中の動き （災害や社会問題、トピック）
1986年4月26日	ソ連チェルノブイリ原子力発電所事故発生	
1991年2月9日	関西電力美浜原発2号機蒸気発生器細管破断事故	
1993年1月	◆定期調査	
1995年1月17日		阪神・淡路大震災が起こる
1995年3月20日		東京・地下鉄サリン事件
1995年12月8日	高速増殖炉もんじゅナトリウム漏れ事故発生	
1996年2月	◆もんじゅ事故2カ月後調査	
1996年11月		国民生活白書が年功序列などの雇用システムの変化が避けられないと報告
1997年3月11日	アスファルト固化処理施設火災・爆発事故発生	
1997年5月	◆アスファルト固化施設事故2カ月後調査	
1997年6月10日	スウェーデンバーセベック原子力発電所の廃止決定	
1997年12月11日		COP3で京都議定書採択
1998年2月2日	フランス高速増殖炉スーパーフェニックスの廃止決定	
1998年3月		金融不安を背景に銀行に公的資金が初めて注入される 完全失業率がはじめて4%に突入する
1998年7月	◆定期調査	
1998年10月	ドイツで緑の党が連立に加わり脱原子力政策をとる政権が発足する	
1999年7月12日	日本原子力発電敦賀原発2号機で一次冷却水漏れ	
1999年9月30日	JCOウラン加工工場で臨界事故発生	
1999年12月	◆JCO事故2カ月後調査	

2000年3月1日		電力の小売部分自由化が始まる
2000年9月	◆JCO事故1年後調査	
2001年1月		米国カリフォルニア州で電力危機が起こる
2001年9月11日		米国で同時多発テロが起こる
2001年10月7日		アフガニスタン戦争が始まる
2002年4月		定期預金がペイオフの対象となる
2002年8月29日	東京電力の原子力発電所でトラブル隠し発覚	
2002年11月	◆定期調査	
2003年3月20日		イラク戦争が始まる
2003年7月	東京電力の原子力発電所の停止により、夏季に首都圏電力不足の懸念	
2003年8月14日		北米カナダで大停電発生
2003年9月	◆首都圏電力不足問題後調査	
2004年8月9日	関西電力美浜原発3号機配管破断蒸気噴出事故発生	
2004年10月	◆美浜3号機事故2カ月後調査	
2005年10月	◆美浜3号機事故1年2カ月後調査	
2007年3月15日	北陸電力志賀原発で過去に臨界事故が発生していたことが判明。他の電力会社でもデータ改ざんや事故・トラブルが公表されていなかったことが判明	
2007年7月16日	東京電力柏崎刈羽原発が新潟県中越沖地震で被災。定期検査中の3基をのぞく4基すべてが自動停止	
2007年7月	東京電力の原子力発電所の停止により、夏季に首都圏電力不足の懸念	
2007年10月	◆定期調査	
2008年9月15日		リーマンショック
2009年9月16日		民主党に政権交代
2009年9月22日		鳩山由紀夫首相が国連で温室効果ガスを2020年に1990年比25%削減するとの目標を表明

2009年11月		クライメートゲート事件（気候研究ユニット・メール流出事件）
2009年12月		COP15 コペンハーゲンで、CO_2削減の国際合意できず
2010年2月16日	米国オバマ大統領が原子力発電所の必要性を訴え、新設計画のための融資保証を発表（1月28日の一般教書演説で原子力発電の新設に言及）	
2010年6月18日	エネルギー基本計画で「2030年までに原子力プラント14基の新増設」を見込む。政府の新成長戦略のパッケージ型インフラ輸出の柱に原子力発電	
2010年8月		中国の第二四半期のGDPが日本を抜いて世界2位に
2010年10月	**◆定期調査**	
2011年3月11日	東日本大震災、東京電力福島第一原発事故発生	
2011年5月6日	菅直人首相が中部電力浜岡原発に運転停止を要請（5月9日に停止）	
2011年6月6日	ドイツ政府、2022年までに脱原発を完了する法案を閣議決定（7月8日法律成立）	
2011年6月13日	イタリアが、国民投票で「原発再開の計画」を否決	
2011年7月6日	菅直人首相が衆院予算委員会でストレステストの実施を表明	
〃	衆院予算委員会で九州電力の「やらせメール」に関する質問がでる	
2011年7月9日	牛肉から基準値を超える放射性セシウム検出	
2011年7月13日	菅直人首相が「脱原発依存社会」目指すと表明	
2011年7月20日	政府が関西電力管内に10%以上の自主節電要請	
2011年7月	**◆福島原発事故4カ月後調査**	
2011年12月	**◆福島原発事故9カ月後調査**	

2012年5月5日	北海道電力泊原発３号機が定期検査に入り、国内の稼働原発ゼロになる	
2012年7月1日		再生可能エネルギー固定価格買取制度開始
2012年7月1日	関西電力大飯原発３号機がストレステストを経て再稼働[1]（４号機は７月18日）	
2012年8月10日		消費税増税法成立
2012年8月22日	全国で脱原発デモの盛り上がりを受け、野田佳彦首相が市民団体代表と面会	
2012年9月14日	エネルギー・環境会議が、国民的議論をふまえて「2030年代に原発稼働ゼロを目指す」との革新的エネルギー・環境戦略を決定	
2012年9月19日	民主党政権が、上記戦略をふまえるとの方針を閣議決定	
2012年10月	◆福島原発事故１年７カ月後調査	
2012年12月16日		原発ゼロを掲げなかった自民党が衆議院議員選挙で大勝。自民党に政権交代（12月26日）
2013年5月1日		関西電力が電気料金を値上げ（9.75％）
2013年7月8日	新規制基準が施行。安全審査始まる	
2013年9月3日	福島第一原発で相次ぐ汚染水漏れを受け、政府が汚染性対策の基本方針決定	
2013年9月15日	大飯原発４号機が定期検査に入り、国内の稼働原発ゼロになる	
2013年10月	◆福島原発事故２年７カ月後調査	
2014年4月11日	原子力を「重要なベースロード電源」と位置付け、安全が確認できた原子力発電所から再稼働させると明記したエネルギー基本計画を閣議決定	
2014年5月	漫画『美味しんぼ』の、福島での放射線健康被害の過大表現に、地元自治体などが抗議	
2014年5月21日	福井地裁で大飯原発に運転差し止め判決（2018年７月４日控訴審で判決が	

	取り消される）	
2014年9月24日		九州電力が再生可能エネルギー発電設備に対する接続申込み回答保留を発表。北海道他3電力会社も発表（9月30日）
2014年10月	◆福島原発事故3年7カ月後調査	
2015年4月14日	福井地裁で関西電力高浜原発への運転差し止め仮処分決定	
2015年4月30日		温室効果ガス削減目標を2030年までに13年比26％とする政府案公表
2015年6月1日		関西電力が電気料金を再値上げ（8.36％、9月まで軽減措置で4.62％）
2015年7月16日	2030年度の原子力比率を20％～22％とする「長期エネルギー需給見通し」を決定	
2015年8月11日	九州電力川内原発1号機が新規制基準のもとで初めて再稼働	
2015年10月	◆福島原発事故4年7カ月後調査	
2015年12月12日		COP21でパリ協定採択
2015年12月24日	福井地裁で高浜原発への運転差し止め仮処分が取り消される	
2016年1月29日	高浜原発3号機が再稼働	
2016年3月9日	大津地裁で高浜原発への運転差し止め仮処分決定。それを受け、3月10日に高浜原発3号機停止	
2016年8月12日	四国電力伊方原発3号機が再稼働	
2016年4月1日		電力の小売全面自由化が始まる
2016年10月6日		COPパリ協定が2016年11月4日に発効と国連発表
2016年10月	◆福島原発事故5年7カ月後調査	

3　サンプリング方法の変遷

継続調査における変化の検出精度には、回収標本の大きさのみならず、調査方法や調査内容の一貫性がどの程度確保されているかが関わる。このため、ＩＮＳＳ継続調査では調査の全般にわたって方法を変更しないよう極力努めてきた。調査対象者は、閲覧が許可された地点では住民基本台帳を抽出枠として無作為抽出（以下「住基台帳法」と略す）してきた。しかし、二〇〇六年の住民基本台帳法の改正により、公的機関や報道機関以外には住民基本台帳の閲覧が厳しく制限されるようになった。ＩＮＳＳのような民間企業では住民基本台帳を閲覧することが実質的に不可能になったために、二〇〇七年調査から、エリアサンプリングの一種である現地積上法に切り替えた。[2]

現地積上法は、「調査員が、定められた調査地点に出向いて等間隔で世帯を訪問し、年齢適格者の人数を聞いて、世帯の枠を外して、調査地点ごとに訪問世帯順かつ世帯内は年齢順に調査対象者の人数を積み上げながら、等間隔で個人を抽出する」方法である。サンプリング方法の変更にあたっては、二〇〇七年調査を現地積上法と電子住宅地図データベースから世帯を抽出する方法（以下「地図ＤＢ法」と略す）の二種類で実施して比較検討した。その結果、現地積上法は回収標本の人口統計的属性に歪みがなく、過去の調査結果との連続性も良いことを確認した［北田、二〇一一 a］。また、二〇一〇年調査では、大学の協力を得て住基台帳法による調査を同時に同一仕様で実施して比較検討し、現地積上法と住基台帳法の調査結果に統計的に有意な差がないことを確認した〔北田、二〇一一b〕。

4 調査項目

長期にわたる継続調査は同じ質問を繰り返して変化を検出することに大きな価値があるが、原子力発電は時事問題の側面をもち、新たな視点を加える必要が生じる。主として定期調査（一九九八年、二〇〇二年、二〇一〇年）で見直しをおこない、継続性を重視しながら、質問の追加・変更をおこなってきた。

スポット調査の調査票は、一九九六年のもんじゅ事故二カ月後と一九九七年のアス固化事故二カ月後の二回は、調査項目が大きく異なり、原子力発電に関する質問も少ない簡略版であったが、一九九九年以降はできるだけ直前の定期調査と同一のものとしている。当該事象については、調査票の最後で「覚えているか」を質問する程度にしている。スポット調査は、事象の印象や、事象に対する意見を把握するのが目的ではなく、事象が原子力発電に対する意識に及ぼした影響を測定することを目的としている。そのため、調査対象者に当該事象を特に意識させずに回答してもらうことを基本にしてきた。

しかし、福島原発事故については、事故の規模が甚大であり、影響が長期にわたると予想されることから、事故四カ月後と、事故九カ月後に調査を実施し、その後も毎年一回実施している。調査内容も福島原発事故の状況についての認識やその影響についての認識など直接的な質問を加えた。それにともない、質問総量の制約から、必要性が相対的に低い継続質問を削除するなど、見直しをおこなった。調査票は、情報接触、科学文明観、環境意識、電力需給と電源選択、福島原発事故、原子力発電、再生可能エネルギー、一般的意識（人に対する信頼、迷信など）についての質問によって構成されている。

ＩＮＳＳ継続調査では、原子力発電に対する意識の要因として、脱物質主義的価値観を当初から想定していなかったため、イングルハートの脱物質主義の測定項目は含まれておらず、相当するような継続質問もわずかしかない。以下の章では、リスクの要素と効率性の要素に比べて、脱物質主義については少ないデータで論じることになる。

5　分析方法

回答比率（パーセント）の比較は、有意水準を五％とし、互いに独立したパーセントの差の検定式を用いた。式における※印は、地点を抽出し、その地点で個人を抽出するという二段抽出をしているために、杉山［一九九二、一六二ページ］、鈴木・高橋［一九九八、一八二ページ］により、サンプリングによる誤差を単純ランダムサンプリングの場合のルート二倍としていることをあらわしている。

$$|p_1-p_2|>1.96\sqrt{2^*P(100-P)\frac{n_1+n_2}{n_1n_2}}$$

$$P=\frac{n_1p_1+n_2p_2}{n_1+n_2}$$

サンプルの大きさ：　n_1, n_2

サンプルでの回答比率：　p_1, p_2

6　第Ⅱ部のベースとなる研究のリスト

第Ⅱ部ではＩＮＳＳ継続調査のデータに三要素モデルを適用して解釈するが、それは、これまで筆者がおこなってきた原発世論の分析や意識調査の方法に関する研究によって得られた知見を再整理することである。以下の章の内容は、筆者のこれまでの文献がベースとなる。当該箇所で引用文献として表記したり、必要に応じ、注で具体的な調査結果を記述したりするが、巻末に筆者の単独執筆または筆者が筆頭著者の文献を年表形式で整理して示しておく。学会発表の抄録は原則含めないが、論文や本にしていない内容で、本書で言及する四件を含めている。

注

1　原子炉を起動した日。臨界に達し発電を開始したのは七月五日。後者を再稼働した日とする場合もある。

2　本書は二〇一六年調査までのデータであるが、その後については、熟練調査員の減少などの状況をふまえ、二〇一七年調査を現地積上法と割当法の二種類で実施して結果を比較し、統計的に有意な差がないことを確認したうえで、二〇一八年調査から割当法に切り替えている。

第6章 原発世論のデータ

一九八六年に発生したチェルノブイリ事故は、第I部で述べたように、原子力発電のリスクの大きさを顕在化させ、反原発運動を高め、いくつかの国を脱原発へと向かわせた。ＩＮＳＳ継続調査は一九九三年に開始されたので、チェルノブイリ事故前後の日本の原発世論の変化はとらえていない。チェルノブイリ事故と福島原発事故の二つの事故のみが、国際原子力事象評価尺度において最も深刻とされるレベル７と評価されている。福島原発事故の影響の大きさを評価するうえで、チェルノブイリ事故が日本の原発世論にどの程度の影響を与えたかを把握しておく必要がある。

日本では過去には複数の調査主体が、原子力発電に関する継続調査、あるいは継続して実施される世論調査のなかで原子力発電に関する継続質問をおこなっていたが、多くは中止となっている。一つの継続調査によって、チェルノブイリ事故から現在に至る期間の世論の変動を測定しているものは、公開されている範囲では、見当たらない。調査モード[1]やサンプリング方法、調査票の質問構成、質問文や選択肢が異なれば、回答比率に差異が生じることがあるため、継続性のない調査の回答比率を単純に比較するのは適切でない。そこで、第1節では、複数の調査結果を集約し、全体の傾向を把握する。この内容の詳細は北田［二〇一三a］、Kitada［二〇一六］を参照されたい。次に、第2節でＩＮＳＳ継続調査の結果を示していく。

第1節　ＩＮＳＳ継続調査以外の調査における原発世論

1　複数の調査でとらえるチェルノブイリ事故前からの長期変動

図7は、さまざまな調査主体が実施した調査から、原子力発電の利用に関する質問を収集し、「減らす・廃止・止める・やめる」を合わせた比率――つまり「新増設・推進する・増やす・現状維持・どちらともいえない・わからない」以外の、明確な否定的意見の比率――の推移である。朝日新聞と内閣府については、途中で質問選択肢が変更されているので、ＡとＢをつけて区別して示している。各調査に

は質問文と選択肢の違いに加えて、自記式調査（郵送法や留置法）では「どちらともいえない」「わからない」があらかじめ選択肢に含まれているが、他記式調査（個別面接聴取法や電話調査）では含まれていないなど、回答比率に影響する種々の相違点がある。そのため、回答比率の水準はかなり異なっている。しかし、否定的意見は、推進の賛否を質問している朝日新聞Aをのぞけば、二割から三割台で推移しており、チェルノブイリ事故後やJCO事故後も四〇％を超えていない。

朝日新聞Aの比率のみが四〇％台を超えているのは、利用ではなく推進についての賛否を問う二択になっているためだと考えられる。「推進に反対」には、推進に賛成ではない現状維持の人も含まれるために、他の調査より否定的意見が多くなっていると推察される。

チェルノブイリ事故の前と後のデータがあるのは、朝日新聞AとNHKである。

朝日新聞Aは、一九八四年の三二％が、チェルノブイリ事故四年後の一九九〇年には五三％になり、二一ポイント増えている。その次の調査は一九九六年二月に実施されており、もんじゅ事故二カ月後であるにもかかわらず、四四％に減少している。つまり、チェルノブイリ事故の影響が一定程度戻ったとみることができる。

NHKの比率は、「積極的に進めるべきだ・慎重に進めるべきだ・これ以上進めるべきでない・やめるべきだ」という四択のうち「これ以上進めるべきでない・やめるべきだ」の合計比率である。NHKの一九八六年は三月、つまりチェルノブイリ事故直前に実施されている。一九八六年の一九％が、一九九〇年には一七ポイント増えて三六％になり、それをピークに、一九九一年には二八％に減っている。吉岡［二〇一一、二二六〜二二八ページ］によれば、チェルノブイリ事故後半年で影響は沈静化しつつあったが、輸入食品の放射能汚染問題を契機に、主婦層を中心とする一般市民の反対運動が高まり、一九八八年に事故二周年全国集会が大規模な参加者を集めたのを最高潮に、一九九〇年代に入って沈静化したとされる。ＮＨＫの調査結果はその状況と整合している。

一九九〇年から一九九六年の間については、社会経済生産性本部やエネルギー情報工学研究会議の比率にも大きな変動はない。

これらを総合すると、チェルノブイリ事故は原子力発電の利用についての否定的意見を最大に見積もって二割弱増やしたが、数年後をピークとしてその後減少している。チェルノブイリ事故が日本の原発世論に与えた影響は、限定的であったといえる。

2　報道機関の調査でとらえる福島原発事故後一年間の変動

次に、福島原発事故後の一年間を分析する。図８は報道機関の世論調査における利用についての否定的意見（「減らす＋すべて廃止」または「反対」）の半月単位の推移である。質問文や質問導入文、選択肢の文言などに違いがあり、各社の数値には最大一〇ポイント程度の差があるが、事故前（図７）と比

図７　福島原発事故までの長期的な原子力発電否定意見の推移

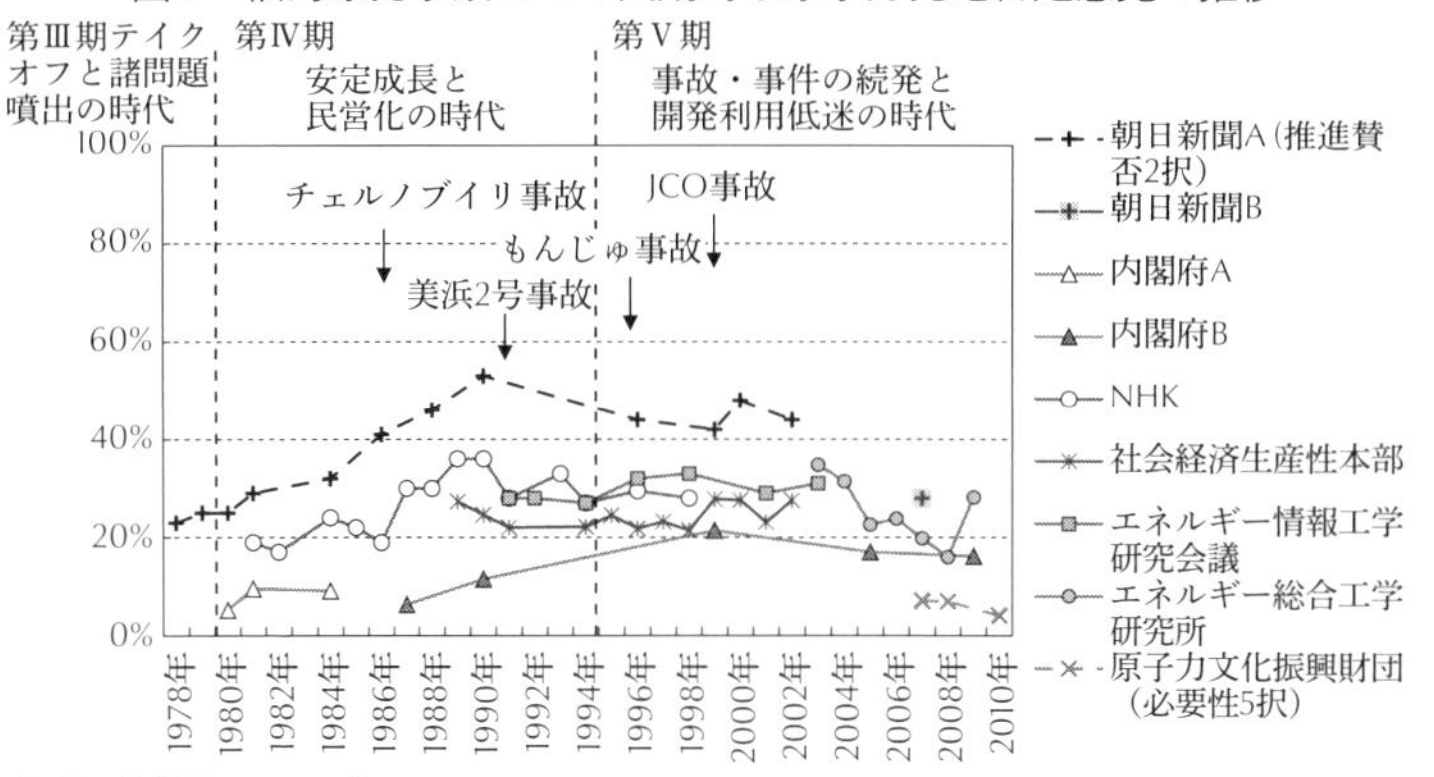

出典：［北田，2013a］

図８　福島原発事故以降の原子力発電否定意見の推移

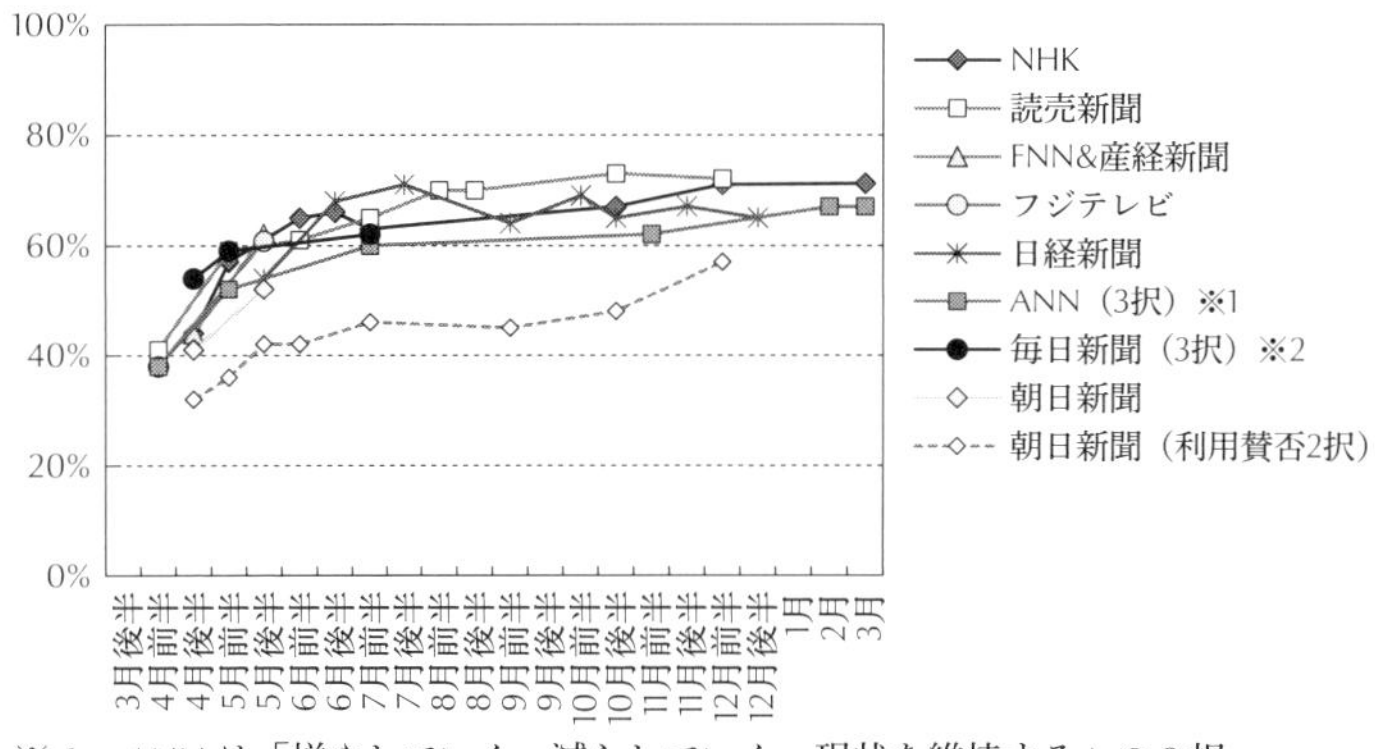

※１　ANNは「増やしていく・減らしていく・現状を維持する」の３択

※２　毎日新聞は「やむを得ない・減らすべき・すべて廃止すべき」の３択

※３　NHK（６月まで）、読売新聞（８月まで）、FNN＆産経新聞、日経新聞、毎日新聞は、質問文で「電力の３割を原子力でまかなってきた」と言及している。

出典：［北田，2013a］

べると、各社の水準は近く、傾向も一致している。これは、大部分が定例の内閣支持率調査のなかでおこなわれており、調査方法や質問構成、質問選択肢の類似度が高いからだと考えられる。

ＮＨＫ、ＦＮＮ＆産経新聞、朝日新聞のいずれも、四月後半は四一～四四％である。図7において、選択肢がほぼ同じである朝日新聞Bが事故前の二〇〇七年に二八％であったことを考慮すると、福島原発事故発生後の一カ月間で否定方向に一〇ポイント以上変化したと推定できる。

五月前半にかけて否定的意見は、五七～六〇％となり、短期間で大きく増加している。これには、五月六日に当時の菅直人首相が「三〇年以内にマグニチュード八程度の想定東海地震が発生する可能性は八七％と極めて切迫している」との理由で浜岡原子力発電所の全原子炉の停止を要請し、三日後に中部電力が停止を決定したことが影響していると推察される。

七月後半にかけて否定的意見はさらに増加し、七〇％前後になり、その後安定している。否定的意見のうち「すべて廃止」は二〇～三〇％を占め、大部分が「減らす」である。事故発生から七月までの四カ月間で大きく動いたことがわかる。

以上のように、原子力発電に関する複数の世論調査結果を総合することによって、原子力発電の利用を減らす、やめると明確に否定する意見は、福島原発事故までの三〇年間にわたり、一貫して少数意見であったこと、チェルノブイリ事故は日本の原発世論を大きく変えるほどの影響を与えなかったこと、それに比べて、福島原発事故はきわめて大きな影響を与えたことがデータで確認できた。さらに、福島原発事故後一年間に各報道機関がほぼ毎月実施した世論調査結果を総合することによって、原発世論は事故二カ月後から四カ月後にかけて一気に否定的に動いたことが確認できた。

チェルノブイリ事故と福島原発事故の影響が大きく異なるのは、当事者としての経験の有無が最も大きいと考えられる。福島原発事故の場合は、東日本大震災の被災状況を伝えるために、各テレビ局は通常番組もCMも取りやめて特別報道番組一色となり、人々は強い関心をもってマスメディアの情報に注目していた。相次いで冷却不能となった原子炉の状態や、福島第一原発敷地内の放射線量の上昇、水素爆発によって建屋が損壊する瞬間、消防や自衛隊によって決死的に試みられた給水などが刻々と伝えられた。多くの日本人は固唾をのんで危機的状況の進行を見守り続けた。事故現場から二〇〇キロメートル離れた首都圏を含め、広範囲で放射線量測定値が上昇し、放射線被ばくや水や食品の放射能汚染が日常生活における主要関心事になった。

チェルノブイリ事故は社会主義体制下で情報が乏しい遠い国の出来事であったのに対し、福島原発事故は映像をともなうリアルタイムの情報によって、国民が原子力発電所大事故の危機を目撃し、日常生活に接続する問題として経験したという点で、質的に異なる影響をもたらしたと考えられる。

第2節　ＩＮＳＳ継続調査における原発世論

1　利用についての意見の質問選択肢

本節以降は、ＩＮＳＳ継続調査のデータを示していく。

原子力発電の利用についての意見は四つの選択肢――「1　安全性には配慮する必要があるが、原子力発電を利用するのがよい」「2　安全性には多少不安があるが、現実的には原子力発電を利用するのもやむをえない」「3　どんなにコストが高く、また環境破壊がともなうにしても、原子力発電よりも安全な発電に頼るほうがよい」「4　不便な生活に甘んじても、原子力発電は利用すべきではない」で回答を求めている。

本書では、以下では簡略表記として、それぞれ「1　利用するのがよい」「2　利用もやむをえない」「3　他の発電に頼るほうがよい」「4　利用すべきでない」を用いる。そして、「利用するのがよい」と「利用もやむをえない」を合わせて「利用肯定」とし、「他の発電に頼るほうがよい」と「利用すべきでない」を合わせて「利用否定」と呼ぶ。

この質問は、第一回調査から使用しており、原発世論の核心と位置付けているものである。特徴のある選択肢なので、少し説明しておきたい。

一つはワーディングの問題である。第三の選択肢の「どんなにコストが高く、また環境破壊がともなうにしても」という前提が強すぎる、あるいは、第二の選択肢の「やむをえない」というワーディングによって回答が誘導されるといった指摘もあると思われる。これについては二〇〇二年調査のプリテストにおいて、「どんなに…」の表現を変更して弱めた選択肢を用いて比較した。また、「安全使用基準内で農薬を使うこと」や「国際社会に協力して自衛隊を海外に派遣すること」など五テーマについての賛否を「やむをえない」という選択肢を含めて質問し、原子力発電の利用についてやむをえないという判断との関係を分析した。その結果、この質問においてワーディングは回答に大きな影響を与えていないことが確認された［北田、二〇〇四b、六八～七三ページ］。

福島原発事故後に各電源のコストの再検証がおこなわれ、コストについての評価が分かれるようになった状況をふまえ、二〇一二年調査では、「どんなにコストが高く、また環境破壊がともなうにしても」の部分を「高いコストや環境破壊がともなうとしても」に変更した場合を比較し、有意な差が生じないことを確認した。それを受けて、二〇一三年と二〇一四年は「高いコストや環境破壊がともなうとしても」に変更し、さらに、二〇一五年以降は、「環境破壊」を「環境への悪影響」に変更している。

もう一つは、選択肢が前半と後半の二文で構成されている問題である。後半は利用賛否であり、前半は選択肢によって安全や環境や電力消費という異なる観点が組み合わされている。二つの論点を含むことからダブルバーレルだとの指摘もあると思われる。ダブルバーレルは質問文作成の基本では避けるべきとされる。一九九三年の第一回調査でこの質問を作成した林知己夫は、その意図として、「原子力発電に賛成か、反対かという発想では、日本人の現実的な心をとらえることができない。こういう見方で、多くの人が考えているわけではないからである」と述べている［林・守川、一九九四、一〇ページ―］。賛成か反対かという原則論としての意見をとらえることは当然必要だが、そのような意見分布は報道機関などの調査によって報告されている。ＩＮＳＳ継続調査では、原子力発電を利用しているという現状を前提に、現状が支持されているのか、それとも安全性が問われる電源だとして方向転換することが望まれているのかをとらえようとしている。利用している現状が前提になるので、利用しない場合の選択肢には、代替の視点を入れ、コストや環境、電力消費の面での負担への言及を含んだものとなっている。

この四つの選択肢セットの妥当性に関連しては、一九九七年調査を担当した松田は、①林・守川［一九九四］によって原子力発電に対する態度の一次元スケール上に四つの選択肢がほぼ偏りなく乗ることが示されているので尺度として代用できること、②国民の中間的意見層が選択肢の二番目にある消極的肯定意見にちょうど対応していること　を採用理由と説明している［松田、一九九八、五ページ］。

2　利用についての意見の変動

利用についての意見の推移を図９に示す。一九九三年から二〇〇〇年頃までは、「利用するのがよい」

は一〇％前後で、「利用もやむをえない」という消極的受容を中心に、利用肯定が七〇％台と高い水準で推移している。調査年を追いながら詳しくみていく。

一九九六年のもんじゅ事故後、一九九七年のアスファルト固化施設事故後（以下「アス固化事故」と略す）に利用肯定が減少している。ただし、これを変化とみなすには留保すべき点がある。この二回の調査は、事故の発生によって不安感と利用態度に変化があるかどうかをみる目的で、質問量が三分の一程度の簡略版調査票で実施されている。この二回以外の調査票には、原子力発電の有用性や重要性、事故の不安感、エネルギー問題、原子力の安全性や信頼に関わる質問があり、それらの質問に回答する過程で、多様な観点を視野に入れた判断が促進されていると考えられる。一方、簡略版調査票ではもともと意識にのぼりやすい原子力への不安に注意が向いた判断になりやすいと考えられる。利用肯定の減少には調査票の違いが影響している可能性がある。

一九九八年は一九九三年と比較すると、この間にもんじゅ事故とアス固化事故を経験したにもかかわらず、「利用もやむをえない」が七ポイント有意に増えている。一九九三年と一九九八年については、利用についての質問単独だけでなく、原子力関連の複数の質問から合成した総合的態度も比較している。具体的には、原子力発電の重要度、有用度、事故不安、今後主力とすべき発電方法の選択、安全だという話や記事への共感度、原子力発電の上手な利用の可能性などの質問群を用いて数量化Ⅲ類をおこなって原子力発電に対する態度の総合指標を求めている。その総合指標に基づいて個人の態度を分類し、構成比率を比較した結果、一九九八年は一九九三年に比べて肯定的な人がやや増えていることが確認されている［北田・林、一九九九］。

もんじゅ事故とアス固化事故後は調査票が簡略版であったために、これらの事故でどの程度の変化があったかは明確ではないが、少なくとも、この二件の事故は原発世論に否定的な影響を残さなかったと考えられる。

一九九九年のＪＣＯ事故では、「利用するのがよい」という積極的支持が四ポイント減少しているが、有意差には至らない。ＪＣＯ事故は、国際原子力事象評価尺度でレベル４という当時としては国内最悪の事故であった。作業員三人が大量の放射線を被ばくし、一〇キロメートル圏内に屋内退避が要請され、終日鉄道が運休し、学校や事業所が休業になり、商店が閉店し、市民生活に直接影響を与えた。一九九八年との比較分析では、原子力の事故不安やリスク感の高まりと、安全性の説明全般に対する安心感の低下といった主として原子力の危険性に関わる感情面での反応と、原子力発電所労働者のイメージや電力会社に社員教育を求めるなど同事故で指摘された問題点に対応する内容の有意な変化がみられた。しかし、利用についての意見は「利用するのがよい」が四ポイント減少したが、統計的に有意ではなかった。ＪＣＯ事故は、市民生活に影響が及んだが、冷静に受け止められたと評価できる［北田・林、二〇〇〇］。

二〇〇二年には「利用するのがよい」という積極的支持が四ポイント増え、ＪＣＯ事故後の減少を戻している。二〇〇二年調査は定期調査としているが、二カ月前に原子力プラントの自主点検で発見されたシュラウドのひび割れを東京電力が報告していないことが公表されたのを端緒とし、配管のひびなどの損傷や、定期検査における格納容器漏洩率検査の不正などが明らかになり、原子力発電所のトラブル隠しとして社会から厳しく批判されている時期であった。しかし、二〇〇〇年との比較分析では、原子力の事故不安やリスク感、原子力発電に関わる組織へのイメージや信頼感、さらに複数の質問に基づく原子力発電に対する態度の総合指標など、いずれにおいても否定的な変化はなかったことが確認されている［北田、二〇〇三］。

二〇〇三年頃から二〇一〇年にかけては、利用肯定が緩やかに増加する傾向にあり、二〇一〇年には八七％に達している。この間には、二〇〇四年に美浜三号機事故、二〇〇七年に柏崎刈羽原子力発電所で新潟県中越沖地震によるトラブルが発生しているが、利用についての意見は、それらのタイミングで否定的になることもなく、むしろ利用肯定が漸増している点が注目される。

二〇〇四年の美浜三号機事故は、二次系配管の破断による蒸気を浴びて作業員一一人が死傷した事故である。蒸気には放射性物質は含まれておらず、被ばくによるものではないが、運転中の商業用原子力発電所における初めての死亡事故であった。事故原因は配管の点検漏れであり、電力会社の安全管理体制が厳しく問われた。二〇〇三年との比較分析では、原子力の事故不安やリスク感がやや高まり、原子力発電所運営組織の安全風土に対する信頼がやや低下していた。「故障の早期発見・事故未然防止」という管理面からの安全性の説明に対する安心感だけがやや低下したが、工学的仕組みなど他の観点からの安全性の説明全般には波及しておらず、原子力発電についての評価や態度にネガティブな変化はなかったことが確認されている［北田、二〇〇五］。

このように事故・トラブルが続くにもかかわらず、二〇一〇年にかけて利用肯定が漸増した背景には、①二〇〇四年以降原油価格が上昇を続け、二〇〇八年には三倍程度にまで高騰していたこと［石油連盟、二〇一八、六ページ］、②二〇〇八年九月のリーマンショック後の金融不安による世界経済の冷え込みや、円高ドル安による輸出産業の不振から、日本の景気が後退していたこと、③二〇〇〇年代に入り米国やイギリスで原子力発電所の新規建設計画が進むなど、「原子力ルネサンス」とも呼ばれる原子力発電を再評価する動きがみられていたこと、④日本でも二〇一〇年には民主党政権が成長戦略の一つにインフラ輸出を掲げ、海外からの原子力発電の受注を支援していた[2]ことなどが背景にあると考えられる。実際二〇一〇年調査では、人々は原子力発電が世界的に増えていくと認識し、それについて「望ましくない」という抵抗感はなく、日本の原子力発電技術の海外での活躍に七割が期待できると回答していた。[3]二〇一〇年調査は前回二〇〇七年からのインターバルが三年とやや大きいために、これらのトレンドの変化が集積されて大きくあらわれていると考えられる。

二〇一一年七月は、福島原発事故後初めての調査であり、事故から4カ月後である。「利用するのがよい」が六％、「利用もやむをえない」が五一％、「他の発電に頼るほうがよい」が二九％、「利用すべ

図9　原子力発電の利用についての意見

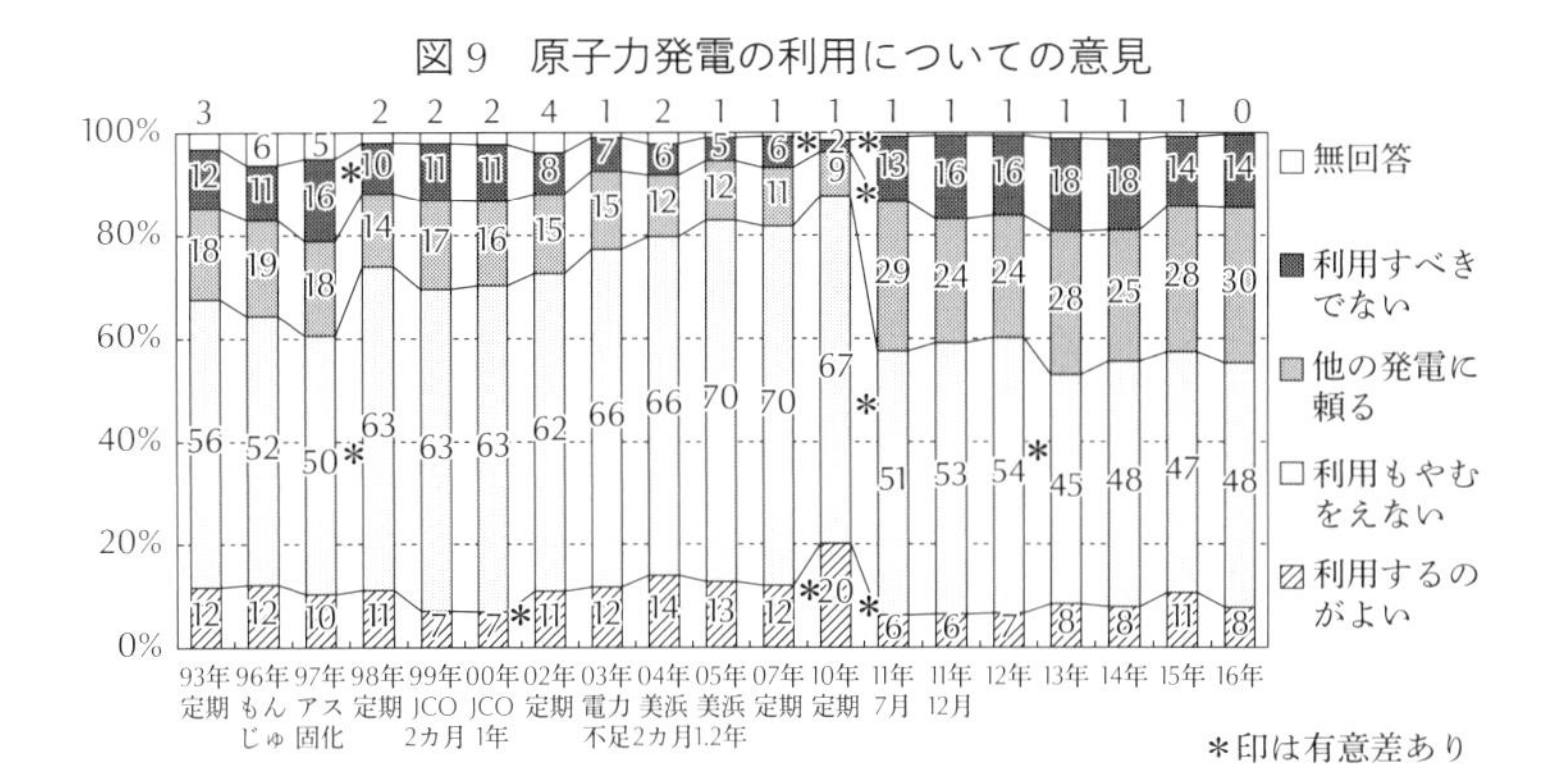

きでない」が一三%となっている。利用肯定は「利用するのがよい」「利用もやむをえない」のどちらも有意に減少し、利用否定は「他の発電に頼るほうがよい」「利用すべきでない」のどちらも有意に増加している。利用肯定は二〇一〇年から三〇ポイント減少して五七%になり、これ以降二〇一六年まで六割弱で推移している。

二〇一三年は、「利用もやむをえない」が九ポイント減り、利用肯定が五三%になっている。調査時点はオリンピック招致に関連して福島第一原発の汚染水問題が注目されるなか、タンクからの汚染水漏れや、汚染水の海への流出が判明するなど、増え続ける汚染水を制御できていない状況が露わになっていた。福島原発事故の今後の懸念を問う質問では、「台風や機器設備の劣化によって今より危険な状態になる」ことについて「大いに心配だ」という回答が増え、そう思う層では、対策による安全性向上の可能性を否定する人の割合が高まっていた。また、安全性向上が可能と思うか否かの考え方と、原子力発電の利用肯定か否定かの態度には、強い関連が認められた。これらのデータから、二〇一三年に利用肯定がやや減少したのは、汚染水漏れをはじめとする福島第一原発の不安定な状況が影響していることが強く示唆される［北田、二〇一四a］。

二〇一四年以降も、国内の原子力発電所の停止が続き、電気料金の上昇やCO_2排出量の増加などの問題が生じていた。また、二〇一四年四月には、東日本大震災と福島原発事故をふまえた新たなエネルギー基本計画が策定され、原子力発電は「安全性の確保を大前提に、エネルギー需給構造の安定性に寄与する重要なベースロード電源」と位置付けられた［資源エネルギー庁、二〇一四、二一ページ］。二〇一五年七月には、長期エネルギー需給見通しにおいて、二〇三〇年の原子力依存度を二〇〜二二％程度にすることが示された［経済産業省、二〇一五、七ページ］。しかし、そのようななかでも利用についての意見に変化はみられない［北田、二〇一五］。

3　報道機関の調査結果との整合性

福島原発事故後の原発世論をみてきたが、報道機関の世論調査における変化（第1節第2項）とＩＮＳＳ継続調査における変化（第2項）は、否定的意見が三割程度増えたという点ではおおむね整合している。しかし、否定的意見の水準は、前者が六〜七割であるのに対し、後者は四割台で大きな差がある。

この理由の一つとして、報道機関の質問は今後の利用の方向性を問うものであるが、ＩＮＳＳ継続調査の利用についての意見の選択肢は、現在に視点が置かれているために、肯定的意見が多くなっていると考えられる。ＩＮＳＳ継続調査では、将来の方向性については、原子力発電所の建設の賛否とリプレースの賛否という形で別に質問している。リプレースについては、「今後、寿命を迎える原子力発電所が出てきます。廃止すれば、原子力による発電能力はその分低下していきます。これを補うために建て替える（リプレースする）こと」と説明し、現状の発電能力を維持するという位置づけを明確にした質問文となっている。

表7で回答分布を比較すると、二〇一〇年は、今後の建設（＝新規建設）についての賛成は二七％だが、リプレースについての賛成は四九％で多数意見である。つまり、事故前は新規建設とリプレースでは判断が異なり、「原子力発電を増やすのは賛成できないが、現状維持はよい」と考えられていた。事故後は、新規建設への賛成は一一％、リプレースへの賛成は一六％になり、両者の差がほぼ消失している。リプレースについては、賛成が三四ポイント減少し、反対が三七ポイント増えて多数意見が逆転し、「現状の発電量を維持する」という考え方を支持しない方向に大きく変化している。この質問では「どちらともいえない」が三七％あり、中間回答の選択肢が設けられていなければ、この三七％の回答者は賛成か反対かのいずれかを選択することになる。仮に、半々に分かれるとすれば、リプレースへの反対

表7　今後の建設賛否とリプレースの賛否の変化量

	今後の建設			リプレース		
	事故前 2010年	事故後 2011年7月	変化量	事故前 2010年	事故後 2011年7月	変化量
・賛成，どちらかといえば賛成	26.7%	10.6%	－16	49.2%	15.7%	－34
・どちらともいえない	46.0%	30.3%	－16	39.6%	36.9%	－3
・反対，どちらかといえば反対	26.9%	58.9%	＋32	10.2%	47.0%	＋37
・無回答	0.5%	0.2%	0	1.0%	0.4%	－1

※参考として、今後の建設の賛否は図10に、リプレースの賛否は図11に、時系列グラフを示す。

表8　報道機関の調査における原子力発電の今後についての意見の変化量

	a. 事故前 2007年	b. 事故後 2011年5月		c. 事故後 2011年7月	参考の 変化量
	朝日新聞	朝日新聞	NHK	NHK	c－a
・増やすほうがよい（増やすべきだ）	13%	4%	3%	2%	－11
・現状程度にとどめる（現状を維持すべきだ）	53%	41%	32%	25%	－28
・減らすほうがよい（減らすべきだ）	21%	36%	43%	42%	＋21
・やめるべきだ（すべて廃止すべきだ）	7%	16%	14%	21%	＋14
・無回答	6%	3%	8%	10%	＋4

※カッコ内はNHKの選択肢

※この質問については、2011年5月以降の朝日新聞のデータがなかったため、NHKのデータで比較する。2011年5月は福島原発事故後の変化の過渡期であり、朝日新聞とNHKの違いをみるために参考として示している。

図10　今後の建設の賛否

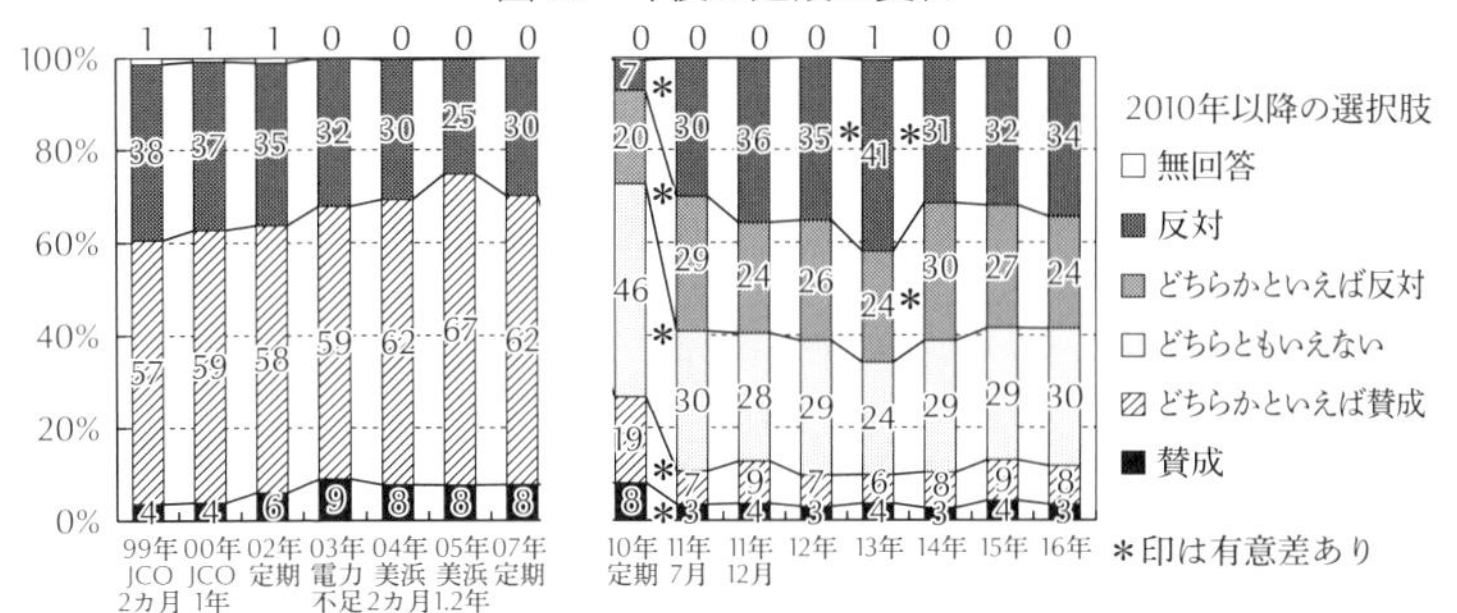

※2007年までは、「賛成」「賛成ではないがやむをえない」「反対」の3つの選択肢

図11　リプレースの賛否

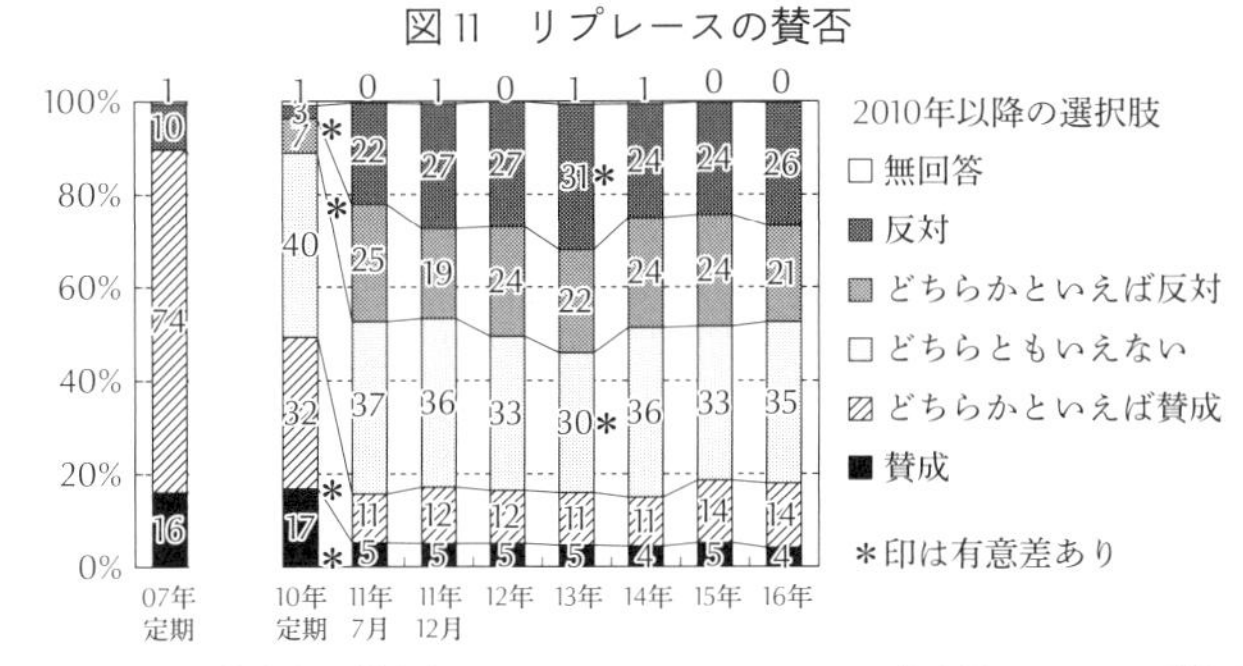

※2007年は、「賛成」「賛成ではないがやむをえない」「反対」の3つの選択肢

は六五・五（四七＋三七／二＝六五・五）％となり、報道機関の否定意見の水準と同等になる。

報道機関の調査結果のなかから、今後の利用に関する質問を表8に示している。調査主体が異なり、選択肢の表現も同一でないために厳密な比較はできないが、二〇〇七年の朝日新聞と二〇一一年七月のNHKを比べると、多数意見は、事故前の「現状維持」から、事故後は「減らす」に移っている。変化量が大きいのは、「現状維持」の二八ポイント減と、「減らす」の二一ポイント増である。原子力発電の今後の方向性として、現状を維持するという考え方への支持が失われたという点で、前段で述べたＩＮＳＳ継続調査のリプレースの結果と整合的である。

利用についての意見と建設やリプレースについての賛否を総合すると、原子力発電の今後の方向性に関しては、ＩＮＳＳ継続調査においても報道機関の調査と同様に、福島原発事故後は「現状維持」を支持しない人が六割を超えていると推定できる。福島原発事故を経験したことによって、「利用することはやむをえないが、事故前と同じではいけない。原子力発電を減らしていくべきだ」と考えるのは、むしろ自然な反応ともいえる。

しかし同時に、表８のとおり、二〇一一年七月のＮＨＫ調査で「すべて廃止すべきだ」という意見は二一％である。その後の調査でも三〇％程度である（たとえば、二〇一四年一〇月のＮＨＫ調査では「減らすべきだ」が三七％、「すべて廃止すべきだ」が三〇％）。つまり、多くの人々は性急な転換を求めているわけではない。「減らす」は、直ちにやめるのではなく、ゼロにするまでの間は利用することが前提であり、どのくらいの期間をかけてどの量にまで減らすのか、その内容次第では単純な利用否定とは言い切れない幅をもつ意見である。原子力発電からの完全脱却を目標設定とすることは、多数意見として固まっているのではない。

第3節　まとめ——原発世論の変動

第6章のデータに基づけば、原発世論の変動の実態と特徴を次のようにまとめることができる。

①　原発世論は「利用もやむをえない」という消極的容認が中心である。

②　消極的容認を中心とする利用肯定は、一九九〇年代は七割を超えていた。福島原発事故までの二〇年近くの間は、「事故・事件の続発と開発利用低迷の時代〔吉岡、二〇一一〕といわれ、事故や不祥事が起きたが、原発世論には個々の出来事に対応する変動はほとんどなかった。

③　二〇〇〇年代後半は、原子力ルネサンスやリーマンショック後の経済低迷のなかで原発の活用に前向きな社会状況があり、利用肯定は漸増傾向であった。

④　日本の原発世論はチェルノブイリ事故では大きな影響を受けなかったが、福島原発事故では利用肯定が大きく減少し、数年後も戻っていない。

⑤　福島原発事故後の変化は、事故後四カ月までの短期間に起こり、その内容は「現状維持」から「減らす」への移行である。

◆変動の特徴

原発世論は、基本的に事故・事件では変動しにくく、安定性がある。ただし、過酷事故では短期間で大きく変化して定着する。

第４節　三要素の変動の分析にあたっての具体的な問い

本章では一九九三年から二〇一六年までの原発世論の変動の実態を把握した。次の第７章から第９章では、原発世論にそのような変動を生じさせている三つの要素を順に取り上げ、それぞれの変動の実態と特徴を明らかにする。どのような点に着目してデータをみていくのかを具体的な問いの形で示しておく。

リスクの要素についての問い

・一九九三年から福島原発事故まで原発世論は安定していたが、「事故・事件の続発と開発利用低迷の時代」［吉岡、二〇一一］といわれる。ＪＣＯ事故やトラブル隠しなどの出来事によってリスクの要素に変化はあったのか。

・それらの変化は累積したのか。累積していなかったならば、それはなぜか。

・福島原発事故では原発世論は否定方向に大きく変化した。リスクの要素の変化は、それ以前の変化とどう異なるのか。

効率性の要素についての問い

・エネルギー政策では3E（安定供給、経済効率性の向上、環境への適合（CO_2削減））の視点が重要とされるが、人々は原子力発電をどの観点で最も評価しているのか。

・この二三年間では、原子力発電所の運転停止による電力不足が二〇〇三年、二〇〇七年、福島原発事故後の三回あった。これらの電力不足は電力消費についての意識や行動（節電行動）、供給力についての認識に変化をもたらしたのか。

・人々は原子力発電の経済性についてどう認識しているのか。福島原発事故後の原子力発電所の長期停止によって電気料金が大幅に上昇したが、個人レベルの影響やマクロ経済への影響は認識されているのか。電気料金の上昇は原子力発電の経済性についての認識を変化させたのか。

・原子力発電は地球温暖化対策として有効と認識されているのか。有効と認識されていないならば、それはなぜか。福島原発事故後の原子力発電所の長期停止によってCO_2排出量が増加したが、それらの認識に変化はあったのか。

脱物質主義についての問い

・脱物質主義は人口における世代交代によって緩やかな変化としてあらわれるとされる［イングルハート、一九九三］。この二三年間を通して脱物質主義は強まっているのか。出生年で分類した世代による違いは観察されるのか。

・脱物質主義（経済より環境優先意識）と原発世論の関係は、この二三年間を通して安定しているのか。

・福島原発事故によって原発世論は否定方向に大きく変化したが、脱物質主義が強まるという価値観の変化をともなっているのか。

注

1　実査の方法のことであり、世論調査で用いられる方法としては、個別面接聴取法、留置法、郵送法、電話調査法がある。

2　参考までに、原発の輸出に関連する報道量のめやすとして、Ｇサーチデータベースを用い、朝日新聞、読売新聞、毎日新聞、産経新聞の記事およびＮＨＫのニュース原稿を対象に、見出しか本文に、「(原発ＯＲ原子力) ＡＮＤ輸出」という語句を含むものを検索した。二〇〇二年から二〇一〇年まで各年の件数推移は、一八三件→二三一件→二六〇件→二三二件→三六九件→二五〇件→三〇〇件→一八二件→五一七件であり、二〇一〇年の増加が確認できる。機関別内訳は次のとおり。なお、二〇一一年以降さらに件数が増大していたが、原発事故の放射能汚染による食品・農水産物などの輸出関連の内容が含まれる。比較に適さないので示していない。

	02年	03年	04年	05年	06年	07年	08年	09年	10年
NHK	4	8	11	6	21	16	19	5	21
朝日	52	40	78	64	70	59	74	50	152
読売	46	61	45	55	68	62	76	38	107
毎日	39	59	43	52	62	45	77	37	102
産経	42	63	83	55	148	68	54	52	135

3

二〇一〇年のＩＮＳＳ調査では、世界全体で今後原子力発電が「少し＋どんどん増えていく」が五六％、「変わらない」が二九％、「少し＋どんどん減っていく」が一四％であった。なお、福島原発事故後の二〇一一年七月調査では、前から順に、一七％、一八％、六五％と完全に逆転した。増えていくと思う人のうち、それを「望ましい」は一二％、「どちらとも思わない」は六〇％、「望ましくない」は二三％であった。また、日本に強みのある技術として海外での活躍が期待できるかという質問では、原子力発電については、「大いに期待できる」が二〇％、「少し期待できる」が四九％、「期待できない」が一〇％、「わからない」が二〇％であった。期待は、太陽光発電や高速鉄道より低かったが、農業より高かった。人々は安全性については不安を示す一方で、海外にだせる技術だということは否定していなかった。

第7章 リスクの要素に関するデータ

本章ではリスクの要素の決定要因として、原子力発電への不安やリスク感の変動を、事故やトラブルなどの事象の発生との関連から分析し、原子力に対する不安の特徴と変動のメカニズムについて考える。放射線の健康影響についての認識や、放射性廃棄物についての認識、原子力発電に関わる組織に対する信頼（不信）を取り上げる。

第1節　事故のリスク

1　原子力施設事故への不安感

原子力発電のリスクの要素として、まず事故への不安感を取り上げる。原子力施設の事故に不安を感じる程度を「非常に感じる」「かなり感じる」「少しは感じる」「まったく感じない」「その他」の五選択肢で質問している。この質問は、原子力施設事故だけでなく、道路交通事故や大型航空機事故、エイズ、地球規模の環境破壊なども並べて、それぞれについて評価を求めている。福島原発事故前の二〇一〇年までは、事故関連の項目とエイズについては、過去一〇年間の累積死者数を参考データとして示していた。しかし、福島原発事故による死者数、特に確率的影響による死者数についてのコンセンサスは今後得られにくくなると予想されるため、二〇一一年七月調査以降は、他の事故などを含めて累積死者数を示さない質問に変更している。

原子力施設事故の不安感は（図12）、福島原発事故までは、「非常に不安」と「かなり不安」がそれぞれ三割前後、合わせて五～六割程度の水準にある。もんじゅ事故、ＪＣＯ事故、美浜三号機事故、柏崎地震トラブルのそれぞれ発生二カ月後に実施された調査では統計的に有意な変化があり、不安が増加し、その翌年には有意に減少している。不安感の変化量は、作業員が大量の放射線を被ばくし、広い地域で

図12　原子力施設事故の不安

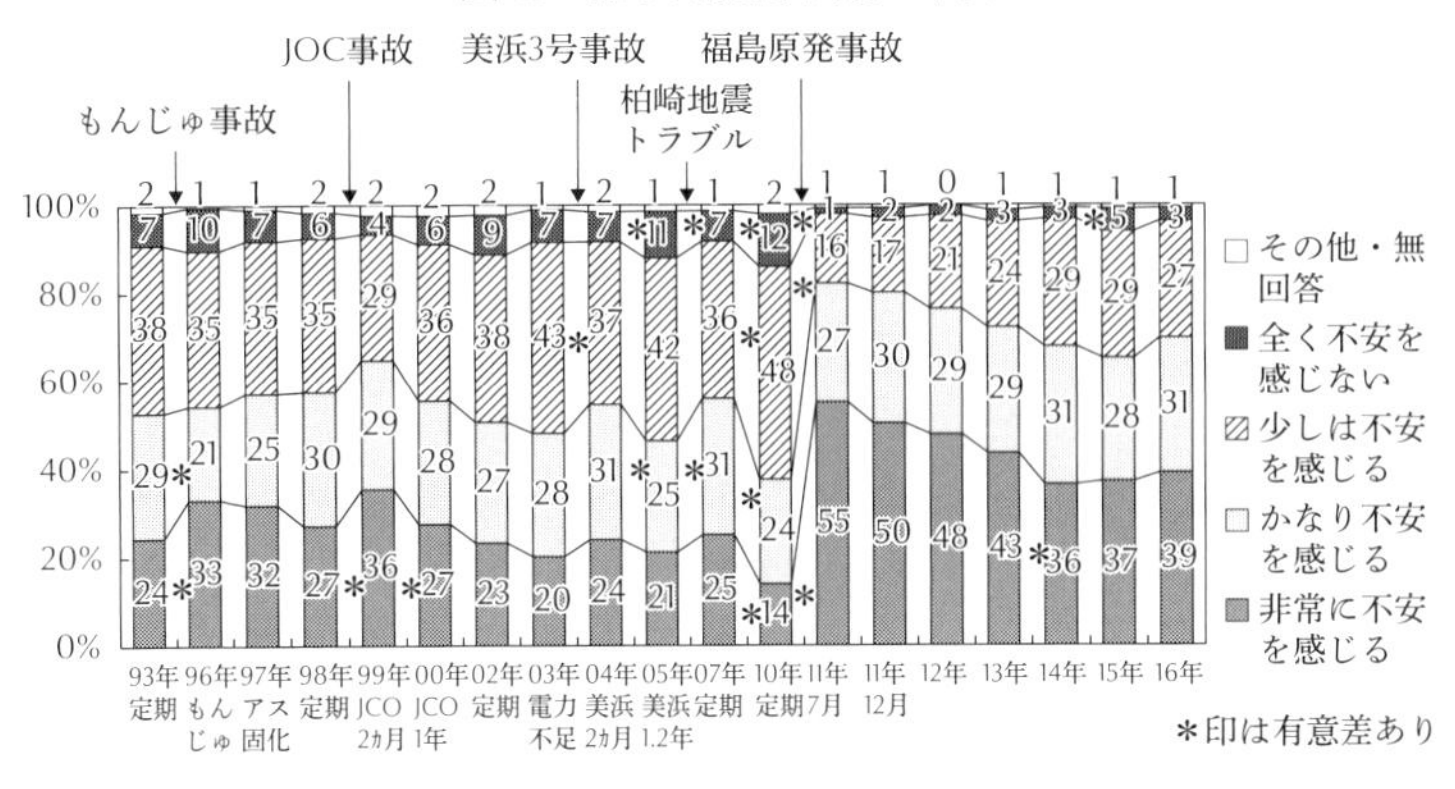

被ばくが懸念される事態になったＪＣＯ事故において最も大きい。不安感は、事故内容のインパクトに応じて敏感に反応すること、しかしその変化は一時的であったことがわかる。

一時的な影響が含まれる事故二カ月後のデータを除いて、「非常に不安」と「かなり不安」の合計比率の時系列変化を追うと、一九九三年五三％→一九九八年五七％→二〇〇〇年五五％→二〇〇二年五〇％→二〇〇三年四八％→二〇〇五年四六％→二〇一〇年三八％であり、二〇〇〇年以降は緩やかな減少傾向にあるようにみえる。

福島原発事故後については、四カ月後の二〇一一年七月には、「非常に不安」が四一ポイント増え、「かなり不安」を合わせた合計比率は八二％と過去にない水準に高まっている。二〇一五年は六五％であり、不安感の水準は福島原発事故前に比べると依然高いが、事故後の二〇一一年七月以降の四年間は時間経過にともなって確実に減少し続けている。しかし、二〇一六年は七〇%となり、不安感は下げ止まっている。

2 原子力への不安の特徴

原子力事故への不安は、質問が選択肢形式（closed question）の場合と自由回答形式（open question）の場合で異なることに特徴がある［林・守川、一九九四、九六〜九七ページ］。open question では回答者が自由に思い浮かべたものを記述するので、ふだん回答者の意識のなかにあるものをとらえることができる。少し古いが一九九八年調査のデータを用いて説明する［北田、二〇〇二］。

ＩＮＳＳ継続調査には前項の質問以外にも、同じ closed question で、「時々、自分自身のことや家族のことで不安になることがあると思います。あなたは、次のような危険について不安を感じることがありますか。」として、重い病気、交通事故、失業、戦争、原子力施設の事故のそれぞれについて、前項の原子力施設の事故の不安と同じ選択肢セットで質問していた。また、open question の質問もあり、「私たちが社会生活を送っていくうえで、いろいろ「危険なこと」が考えられます。次のような危険といったら何を思い浮かべますか。」として、自然災害、人為的災害、人為的危険についてそれぞれ記述した後に、それらのなかで一番危険だと感じているものを一つ記述するように求めている。

表9　原子力への不安に関する open question と closed question の結果

タイプ	質問および選択肢	交通事故	原子力関係	回答総数
open question	人為的災害	650個	43個	1452個
	人為的危険	299個	6個	755個
	一番の危険	328個	13個	822個
closed question	非常に不安を感じる	36.0%	23.3%	-
	かなり不安を感じる	36.7%	24.6%	-

※回収サンプル数は1054人
出典：[北田，2002，334ページ]

結果を比較すると（表9）、交通事故の場合には、open question では、人為的災害として六五〇個、人為的危険として二九九個が記述されている。一番の危険としての記述は三二八個（＝人）あり、全回答者一〇五四人の三一％に相当する。交通事故の危険性は問われてすぐに思い浮かぶほど日常的に意識されている。一方、closed question でとらえた交通事故の不安は、「非常に感じる」が三六・〇％、「かなり感じる」が三六・七％である。open question でも closed question でも危険や不安を感じていることがわかる。

原子力の場合には、open question では、人為的災害、人為的危険のいずれもきわめて少ない。一番の危険としての記述は一三個（人）で、全回答者の一・二％しかない。人々は原子力の危険性を日常的に意識しているわけではないし、常に不安を感じているのではなさそうである。一方、closed question では、「非常に感じる」が二三・三％、「かなり感じる」が二四・六％となり、半数近くが「かなり」以上の不安を感じると回答している。原子力への不安は、質問形式の違いによって結果に大きな違いがある。交通事故の不安とは質的に異なることが示唆される。

原子力への不安は、ふだん意識されているわけではないが、不安かと問われてあらためてそれについて考えたときに出てくる不安だと解釈できる。林知己夫は、原子力発電の事故は身近な体験や身近な人々の体験からではなくマスコミによる情報に基づくものであることや、原子力発電事故の大きいものの事例はあるし、その事故の被害の絶大なことは承知しているため、ふだんは感じていないが、事柄が提出されれば、不安をかなりあるいは強く感じるのだろうと考察している［林・守川、一九九四、九七ページ］。

第1項で述べた原子力施設事故への不安感が事故の発生により一時的に高まるのは、ふだん意識されていない不安が、事故に関連する報道などからの情報によって意識されやすくなるためだと考えられる。なぜ、不安感の上昇は一時的であり、早期に低下するのだろうか。これにヒントを与えるデータが図13である。

INSS継続調査では、事故や不祥事の認知度を、「よく覚えている」「少し覚えている」「聞いたことがあるような気がする」「覚えていない」の四択でたずねている。「よく覚えている」と回答した比率は、チェルノブイリ事故を除けば、いずれも時間の経過で急激に減少している。JCO事故は二カ月後の八四％が五年後に三七％に、美浜三号機事故は二カ月後の六八％が一年後に三八％に、柏崎地震トラブルは二カ月後の六六％が一年後には二七％に減少している。原子力施設事故の不安感の高まりが大き

図13　事故や事件の認知度

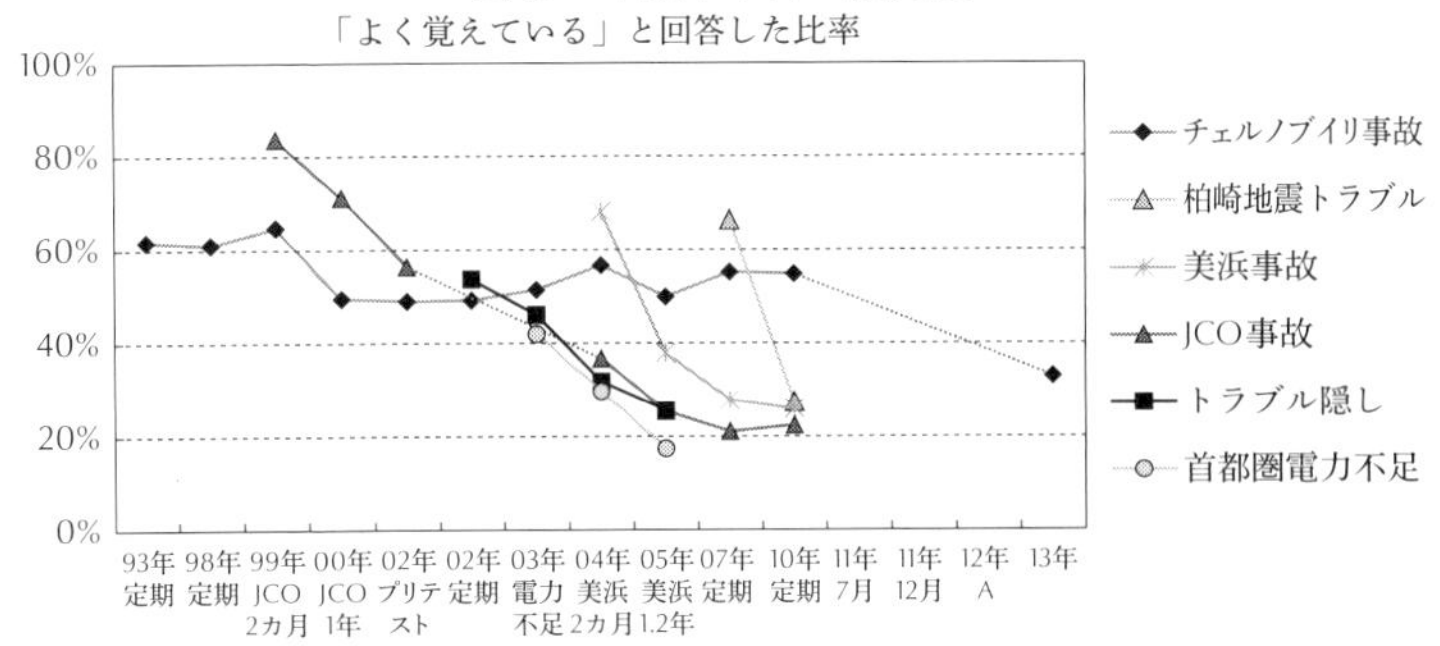

かった事故ほど、認知度が高く、その減少過程は緩やかになる傾向がみられる。しかし、いずれも時間経過にともなって確実に低下している。

このような事故の記憶の急速な低下は、事故後の不安の高まりが一時的なものにとどまる要因と考えられる。単純化して述べるならば、事故が刺激となって不安感が高まるが、時間が経過し当該事故の記憶が減衰することによって、高まった不安感が戻るというプロセスが想定できる。

一方、チェルノブイリ事故は、一九九三年の時点で既に事故から七年経過しているが、それ以降も二〇一〇年までほとんど減少していない。むしろ、JCO事故、美浜三号機事故、柏崎地震トラブルの後は、これらの事故に反応するかのように一時的に数ポイント増えている。目前の出来事によって過去の事故が背景に沈むのではなく、原子力事故の象徴として思い返され、参照されるためではないかと推察される。しかし、福島原発事故後の二〇一三年調査では、チェルノブイリ事故を「よく覚えている」は三三%であり、事故前

図14　リスク感の比較

日本で起こる可能性について「起こりそうだ」と回答した比率

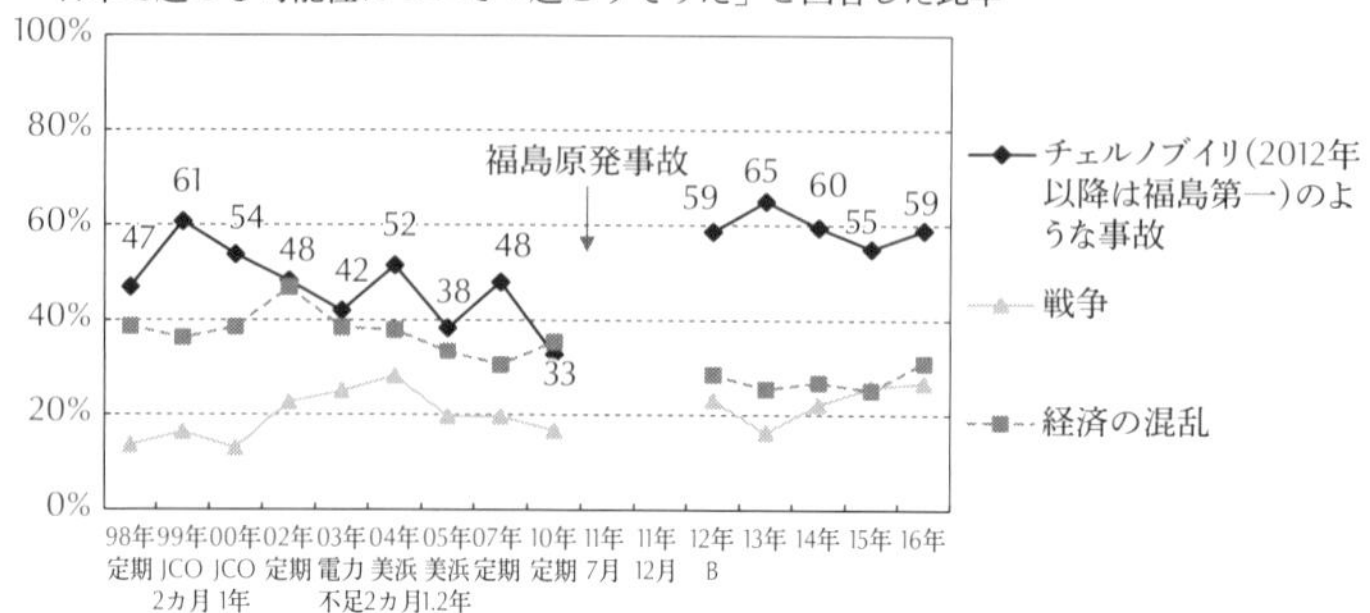

の二〇一〇年からわずか三年間で二二ポイントも減少している。これは、福島原発事故の鮮明な記憶との対比効果によって、回答者が「よく覚えている」とする判断基準が上がったためだと解釈できる。

以上からは、日本人にとっての原子力発電の大事故の象徴は、チェルノブイリ事故から福島原発事故に置き換わったとみることができる。

3　原子力施設で危機的な大事故が起こるというリスク感

日本でも起こりうるというリスク感を、「起こらない」「起こりそうだ」「どちらともいえない」の三択で質問している。原子力発電所の大事故だけではなく、「預貯金が無価値になるような経済の混乱」と「戦争」についても並べて質問している（図14）。

原子力発電所の大事故については、二〇一〇年までは「チェルノブイリ原子力発電所のような大事故」とし、福島原発事故以降は「福島第一原子力発電所のような大事故」としている。まず、この質問文における例示の変更による影響について補足しておく。この調査では福島原発事故の深刻さについて、チェルノブイリ事故との比較で質問している。二〇一一年七月調査では、「チェルノブイリ事故より深刻」が三三%、「チェルノブイリ事故と同じくらい」が四四%で、「チェルノブイリ事故ほど深刻ではない」が二三%であった。二〇一三年まで継続して質問しているが、変化はなかった。日本人にとって福島原発事故とチェルノブイリ事故では、事故の被害――とりわけ突然生活の場を奪われた人々の姿や無人となった町、地域社会の崩壊など――のリアリティは異なると思われるが、事故の深刻さはチェルノブイリ事故と同等と評価されていた。これをふまえると、大事故の例示をチェルノブイリ事故から福島原発事故に変更しても、連続性があるとみなして時系列比較に用いることに、大きな問題はないと考えられる。

図14に戻ると、「起こりそうだ」は、原子力発電所大事故についてが最も多く、経済の混乱や戦争よりも可能性が高いと受け止められている。ＪＣＯ事故、美浜三号機事故、柏崎地震トラブル後には一〇ポイント程度増えており、事故やトラブルの発生がリスク感を高めることがわかる。

他のリスクについてみると、「経済の混乱」は、定期預金のペイオフが解禁された二〇〇二年に高まっているし、「戦争」は、イラク戦争が開戦に向かう時期から高くなっている。[2] つまり、これらの変動は、当時の出来事や社会状況との関連から解釈できるものであり、それらの影響が調査で的確にとらえられているとみることができる。

原子力発電所大事故のリスク感は、一九九八年から二〇一〇年までは、事故後の一時的な上昇を除け

図15　日本でチェルノブイリ・福島第一のような大事故が起こると思うか

10年まではチェルノブイリのような大事故
12年以降は福島第一のような大事故

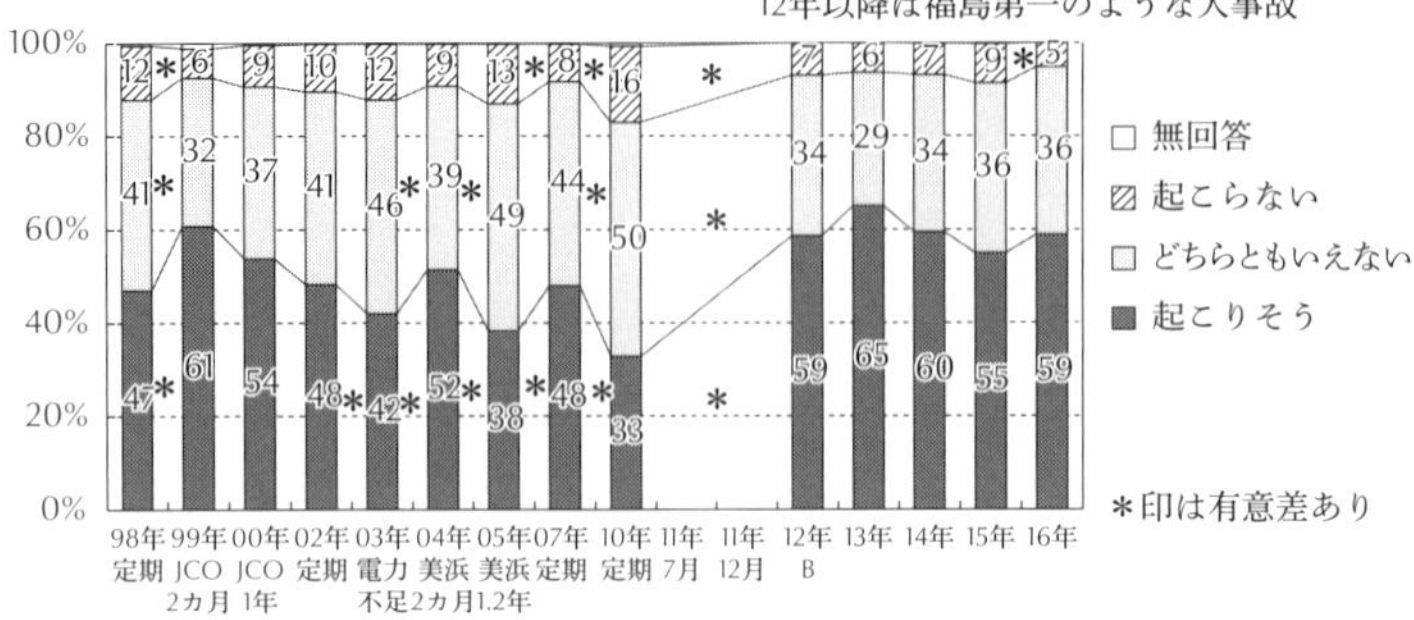

ば、緩やかな減少傾向がみられる。第1項で述べた事故の不安感の特徴と共通する。事故の不安感は、大事故が起こりうるという認識とともに動いているといえる。

原子力発電所大事故のリスク感の回答分布を詳しくみると（図15）、「起こらない」は、最も多い二〇一〇年でも一六％であり、福島原発事故以前も一貫して一〇％前後で推移している。福島原発事故以降もほとんど変わらない。「起こりそうだ」は、二〇一三年に六五％をピークに高まり、その後時間経過にともなってやや減少し、二〇一六年は五九％である。依然として高いが、ＪＣＯ事故や美浜三号機事故の二カ月後とは大きく変わらない水準である。

つまり、福島原発事故が起こるまで、原子力広報などにおいて日本ではチェルノブイリのような大事故は起こらないと説明されていたが、人々はそれを言葉どおりに受け止めていたとはいえないし、福島原発事故を経験したことによって日本でも大事故が起こりうることに人々が初めて気付いたというのも当らない。少なくとも調査票に示された回答からは、人々はチェルノブイリ級の大事故が起こるリスクがゼロだと思って原子力発電の利用を容認してきたのではないといえる。

災害・リスク心理学を専門とする広瀬弘忠は、自ら実施した世論調査において、福島原発事故と同程度の事故が「起こる」「たぶん起こる」という回答を合わせると7割を超えたことから、[3]「(民意は、現状での) 再稼働を認めることはないだろう」との分析結果を発表している［浜田、二〇一五］。しかし、前段で述べたように、福島原発事故以前も大事故は起こらないという認識は少なかった事実をふまえると、「大事故は起こらないと思えるようにならなければ、再稼働を認めない」というように、人々がロジカルに判断していると想定することはできないと思われる。

4　社会の記憶となっているチェルノブイリ事故

チェルノブイリ事故の認知度は、事故から二四年後の福島原発事故前まで、ほとんど低下していなかった。調査回答者にはチェルノブイリ事故当時は生まれていなかったり、幼少期であったために直接見聞きした経験のない人が含まれるようになってきている。事故の記憶が継承されているかどうかについてコーホート分析を試みる。(コーホートとは、同じ時期に生まれた集団のことである。)

生年コーホートは、第一回一九九三年の時点の年齢で二〇歳代以下、三〇歳代、四〇歳代、五〇歳代、六〇歳代、七〇歳代に対応する出生年によって、カテゴリー化した。なお、二〇一一年七月調査と二〇

図16　生年別　チェルノブイリ事故の認知度の経年変化

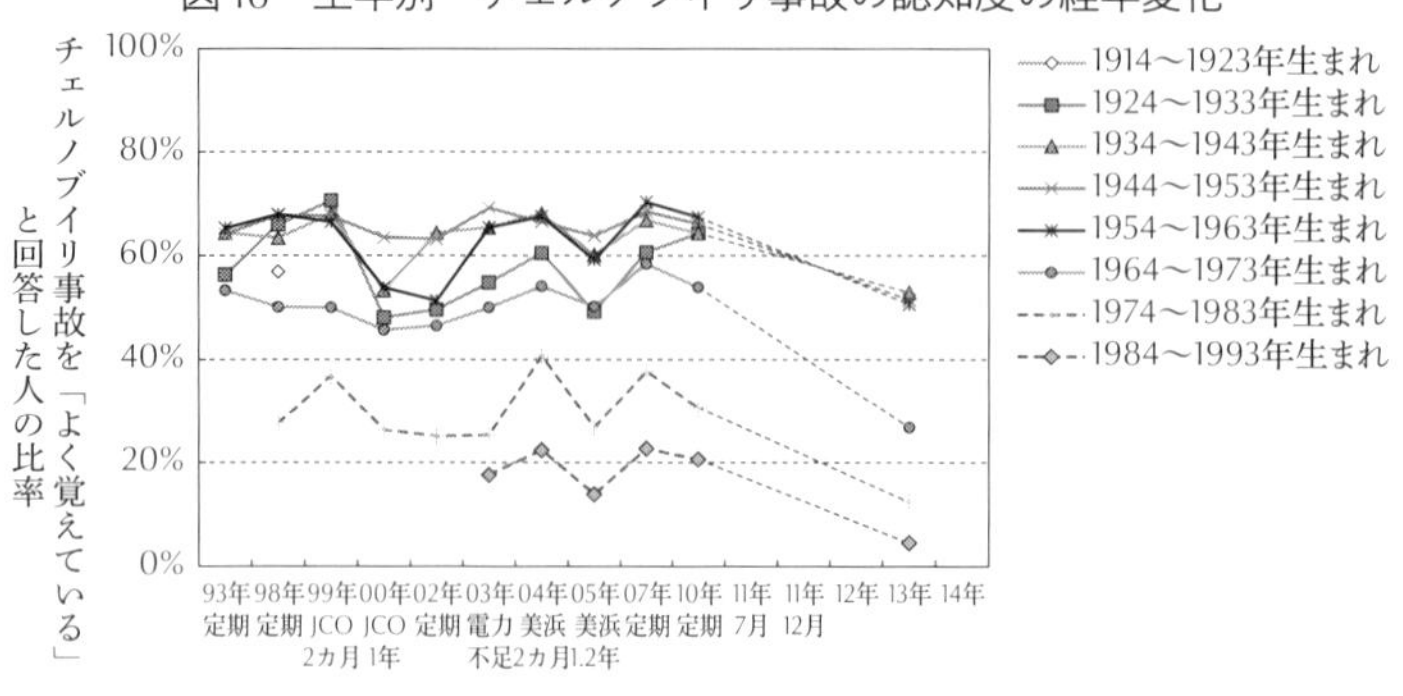

一一年一二月調査のデータは合算して二〇一一年のデータとした。コーホート分析では、サンプル数の確保を優先し、時系列変化では調査地域やサンプリング方法が異なるために用いなかったデータ、具体的には、関西地域以外のデータやサンプリング方法の検討用に実施した比較調査のデータも合わせて分析データとしている。各調査時点でサンプル数が五〇人未満となる生年コーホートの集計値は、相対的に誤差が大きいと考えられるのでグラフのプロットから除外している。各生年コーホートの調査年別サンプル数は表10のとおりである。

生年コーホート別にチェルノブイリ事故を「よく覚えている」と回答した比率の経年変化をみると(図16)、一九九三年から二〇一〇年までの一七年間には、JCO事故、美浜三号機事故、柏崎地震トラブル後の一時的な増減はみられるが、一九七三年以

表10　生年ごとの調査年別サンプル数

生年＼調査年	1993年	1998年	1999年	2000年	2002年	2003年	2004年	2005年	2007年	2010年	2011年	2012年	2013年	2014年	2015年	2016年
1914〜1923年	31	72	22	6	6	0	0	0	0	0	0	0	0	0	0	0
1924〜1933年	128	359	136	77	119	168	177	63	137	56	15	8	0	0	0	0
1934〜1943年	188	530	225	212	163	318	326	158	401	280	151	176	121	98	104	97
1944〜1953年	284	602	195	222	212	422	382	229	454	372	190	247	198	174	198	208
1954〜1963年	242	508	188	169	158	382	354	169	370	359	209	212	172	194	189	154
1964〜1973年	227	449	156	210	200	408	388	201	409	447	211	209	205	201	184	186
1974〜1983年	38	286	136	160	175	359	398	153	231	307	138	197	193	184	198	194
1984〜1993年	0	0	0	0	28	74	98	79	141	233	143	158	110	123	100	116
1994〜2003年	0	0	0	0	0	0	0	0	0	0	0	15	24	46	49	53
計	1138	2806 ※1	1058 ※2	1056	1061	2131 ※3	2123 ※4	1052	2143 ※5	2054 ※6	1057	1222	1023	1020	1022	1008

下記のデータを含む
※1 関西以外1752人　※2 関東526人　※3 関東1066人　※4 関東1063人
※5 地図DB法1133人　※6 住基台帳法1012人

前に出生している、つまり事故当時一三歳以上であったコーホートは、いずれも事故七年後（一九九三年）と二四年後（二〇一〇年）はほぼ同じであり、認知度は低下していない。

事故当時一二歳以下であった「一九七四年〜一九八三年生まれ」や、乳幼児や生まれていなかった「一九八四年〜一九九三年生まれ」のコーホートでも、「よく覚えている」が二〇%から四〇%ある。事故が発生した時代に進行形で見聞きした個人レベルの記憶ではなく、歴史的事実としてよく覚えているという意味で回答していると考えられる。

チェルノブイリ事故は、教科書でも取り上げられている。また、事故収束から長期を経過しても、発生した大量の高濃度放射性物質の処理はできず、環境から隔離する石棺の更新など、その処理の困難さを伝えるニュースがあったり、事故の被ばくによる甲状腺がんの手術を受けた被害者のドキュメンタリーがあったり、原子力発電に対する反対活動や批判的意見を伝えるなかで「チェルノブイリ事故」に言及されたりしている。つまり、自らは事故当時の見聞経験がない世代にも、学校教育やマスメディアの情報を通じて、チェルノブイリという過酷事故の経験が継承されていると考えられる。チェルノブイリ事故は、日本社会の構成員が体験を共有したものではないが、社会的機能によって個人レベルの記憶となり、それに支えられる集合的記憶になっているとみることができる。

筆者は、ＩＮＳＳ継続調査とは別に、確率的なリスクの受容についての調査を過去におこなっている。原子力発電や火力発電、自動車など、死亡リスクのある数種類の科学技術について、「一億分の一」～「一〇〇〇分の一」まで、一〇倍きざみで六水準の死亡確率を示し、当該科学技術を利用すると判断する確率の水準を調べた。その結果、科学技術の種類によって許容する死亡確率が異なり、原子力発電にはきわめて低い死亡確率を求めること、その第一理由は、「確率は低くても、いったん起こると多くの死者がでる」というイメージであることがわかった［北田・松田、二〇〇七］。このほか、松井［二〇〇三］は、放射線についてのイメージを調査し、原子力発電所の放射線への不安が、医療で受ける放射線への不安より高いとの結果を得て、その理由として、人々が「原子力発電所の放射線」という言葉から非常に高線量の被ばくをともなう事態を想起するからだと考察している。

これらの結果は、大規模な被害や、高線量の被ばくといった破局的な要素が、原子力発電に関するリスク認知を特徴づけていることを示している。破局的なイメージの形成には、日本では原爆とともにチェルノブイリ事故が寄与していると考えられる。チェルノブイリ事故の放射線による健康被害の実態については、社会のコンセンサスがあるとはいえず、同事故による死者数の大部分を占める発癌率の増加による死者数の推計値には大きな幅がある。二〇一六年一〇月五日時点のWikipediaの「チェルノブイリ原発事故の影響」のページでは、チェルノブイリ事故の死者数の推計値の最大のものでは、「一九八六年から二〇〇四年までに約一〇〇万人が死亡した」という報告書が紹介されている。

第2章第3節で詳しく述べたように、チェルノブイリ事故の死者数は推計値である。推計値のほぼすべては、原爆被爆者の追跡調査では統計的に有意な発癌の増加がみられない被ばく線量（一〇〇ミリシーベルト以下）であるが、被ばく線量に比例して発癌率が高まるとみなすＬＮＴ仮説を適用することによって、死亡すると推計されるものである。発癌率の増加による推計死者数は、統計値である「自動車事故で〇〇人が死亡した」「化学工場の爆発事故で〇〇人が死亡した」というのとは異なる。それは、たとえば「喫煙によって〇〇人が死亡した」「運動不足によって〇〇人が死亡した」「野菜の摂取不足によって〇〇人が死亡した」というのに類する。運動不足や高塩分食品などは二〇〇～五〇〇ミリシーベルトの被ばくと同程度、野菜不足や受動喫煙（非喫煙女性）は一〇〇～二〇〇ミリシーベルトの被ばくと同程度の発がんリスクがあると推定されている〔環境省放射線健康管理担当参事官室・放射線医学総合研究所、二〇一六、一一七ページ〕。

ただし、このような放射線被ばくとは性質を異にするリスクと比較することは、ほとんど受け入れられないとされ、リスク比較を行う場合のガイドラインでは五段階の最下位に位置づけられている［木下、二〇一六、一〇八ページ］。人々は、数値の積算根拠や計算過程に関心はなく、推計死者数の大きさは、チェルノブイリ事故の被害の甚大さを物語る事実と受け止められて、「いったん起こるとたくさんの死者がでる」という事故の破局的なイメージの形成につながっていると考えられる。

第2節　放射線への恐れ

1　反対理由の核にあるもの

原子力発電についての反対理由のなかから納得できるものを複数選択してもらった結果を図17に示す。この質問は、一九九三年の選択肢は一〇個であったが、一九九八年に六個に減らし、二〇〇二年に一一個に増やすなど変遷がある。複数回答ではあるが、時系列推移には選択肢の個数の大きな増減の影響が含まれていると考えられるので、比較には少し慎重を要する。

選択率の上位は一貫して同じ項目が占めている。二〇一六年の数値でいえば、「大事故の被害が大き

図17　原子力発電の反対理由で納得できるもの（複数回答）

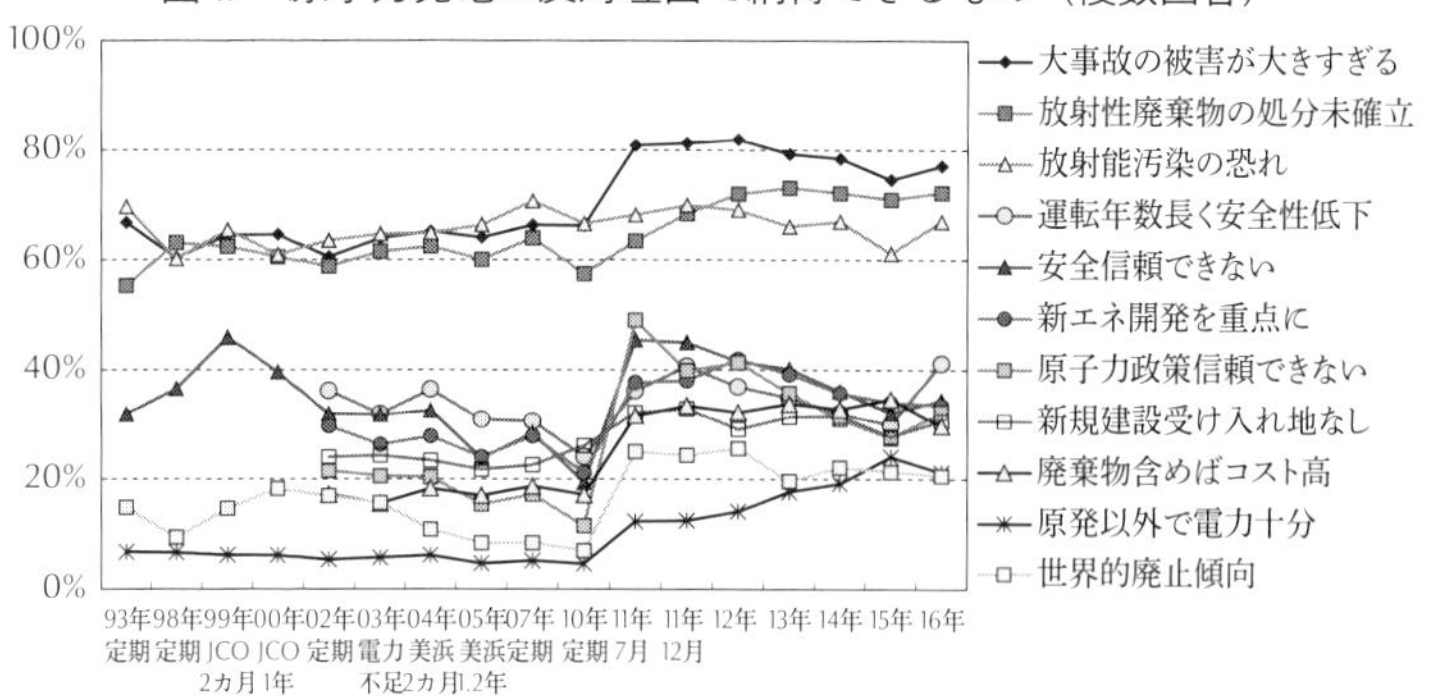

※　「運転年数長く安全性低下」は、2002年は「老朽化した原発が増えているので安全性低下」と表現していた。

※　2016年は選択肢の文章表現を短縮するなど変更を加えた。比率の増減に影響している可能性がある。

すぎる」が七七％、「放射性廃棄物の処分未確立」が七二％、「放射能汚染の恐れ」が六七％である。これら三大反対理由は、原発世論の肯定が緩やかに増加していた二〇〇〇年代後半も減少していない。つまり、原子力発電の危険性についての基本的な認識は変わらないまま、利用肯定が増えていたといえる。

三大反対理由のうち、「大事故の被害が大きすぎる」は福島原発事故後の二〇一一年七月に一気に一五ポイント増えたが、その後数ポイントを戻している。一方、「放射性廃棄物の処分未確立」は二〇一一年七月から二〇一二年にかけて徐々に一五ポイント増え、その後も維持している。「放射能汚染の恐れ」には福島原発事故による変化はない。これは、福島原発事故では放射能汚染が「恐れ」ではなく「現実」のものとなったために、増加要因にはならなかったと推察される。

この質問では、複数回答で選択した項目から、さらに一つに絞り込む質問を二〇一〇年以降加えている。二〇一六年は「大事故の被害が大きすぎる」が三五％、「放射性廃棄物の処分未確立」が一八％、「放射能汚染の恐れ」が一一％で、やはり、複数回答と同じ項目が上位にあり、この三項目で六割を占める。

つまり、「大事故の被害が大きすぎる」、「放射性廃棄物の処分未確立」、「放射能汚染の恐れ」の三つは、多くの人が納得する反対理由であり、かつ、人々が優先順位（重要性）が高いと考える反対理由である。大事故の被害が甚大なのは、具体的には、放射性物質による環境汚染や被ばくによる健康被害のためである。これらの三大反対理由は、放射線や放射性物質に直接起因する点が共通する。そこにあるのは放射線被ばくへの恐れである。

図17に戻り、原子力発電の利用肯定が漸増していた二〇〇〇年代後半から二〇一〇年に着目すると、三大反対理由に減少傾向はなく、原子力発電の危険性についての基本的認識には変化がない一方、「運転年数長く安全性低下している」「安全信頼できない」「原子力政策信頼できない」「世界的廃止傾向」は減少している。美浜三号機事故後の二〇〇四年と柏崎地震トラブルと臨界事故隠しのあった二〇〇七年の一時的増加をのぞけば、期間を通して減少傾向がみられ、原子力発電の安全性についての否定的な見方や不信感がやや低下傾向であったと考えられる。

この理由を考察する。まず、この間の事故・トラブルや不祥事は、原子力発電の安全性や信頼にネガティブな影響を残さなかった。つまり、インパクトはなかったといえる。

一方、この間に安全性や信頼を直接高めるような出来事や要因は見当たらないが、この時期は原子力ルネサンスといわれた時期である。原油価格は二〇〇四年以降上昇を続け、二〇〇八年には約三倍にまで高騰していた。二〇一〇年のエネルギー基本計画では、二〇三〇年に向け、少なくとも一四基以上の原子力発電所の新増設や原子力産業の国際展開を積極的に進める方針が示され［資源エネルギー庁、二〇一〇、二七ページ］、二〇三〇年の原子力比率は五割という高水準を想定し［資源エネルギー庁、二〇一一、一五ページ］、政府が原発輸出を後押ししていた。第8章第1節第6項で後述するように、この時期は、原子力発電についての賛成理由への納得が高まっていた。

これらを総合すると、二〇〇〇年代後半から二〇一〇年まで原子力発電の安全性についての否定的な見方や不信感がやや低下傾向であった理由は、原子力発電の危険性についての基本的な認識は変わらないが、政府の推進姿勢など原子力発電の利用に前向きな社会状況を受けて、人々がもつ原子力発電に対する抵抗感が和らいでいたためではないかと推察される。

2　低線量放射線の健康影響についての認識

放射線の健康影響についての質問は、福島原発事故前の二〇一〇年から続けている（図18）。きわめて微量な放射線を身体に受けた場合について、二〇一〇年は、「どんなに微量でも悪い影響がある」が二八％、「どんなに微量でも悪い影響がないとは言い切れない」が五三％で、「きわめて微量なら悪い影響はない」は一二％であった。「きわめて微量なら悪い影響はない」は、福島原発事故以降二〇一一年七月に二八％、一二月に三二％にまで増えたが、それ以降減少傾向で二〇一四年には二四％に減っている。低線量放射線の健康影響について福島原発事故後に生じた認識の変化の一部は回帰したといえる。

放射線被ばくの確定的影響は閾値（しきいち）以下では生じないが、確率的影響については、「被ばく線量と発がん率増加の間には閾値がなく直線的な関係が成り立つ」とするＬＮＴ仮説が採用されている。この質問の選択肢についても、正確には、「きわめて微量なら悪い影響はない」ではなく、「直ちに悪い影響はない」や「悪い影響は無視できる」とすべきかもしれない。しかし、このような表現は、背景となるＬＮＴ仮説の知識をもたない人には、含意が伝わりにくい。「影響は、直ちにはでないが、時間をおいてでる」といった解釈や「無視できるかできないかは受け手が判断すること」といった違和感がもたれると思われる。そのため、実質的に影響がないという趣旨で「悪い影響はない」という表現にしている。

福島原発事故後は、大気中の放射線量の上昇や、水道水や農作物に含まれる放射性物質の規制値や、校庭の土壌の放射線量の規制値などが強い関心を集め、健康影響への不安が大きく高まった。政府や自治体、マスメディア、放射線の専門家、さまざまな団体や個人が、健康影響が「ある」と「ない」の両方向から、科学的信頼性のレベルもさまざまな情報を、テレビや新聞・雑誌、インターネット上で発信していた。

一方、情報の受け手となる一般の人々は、放射線の健康影響に強い関心をもっていた。ＩＮＳＳ継続調査の対象である関西地域は、福島原発事故現場から遠く離れているが、放射能汚染を他人事だとは受け止めていなかった。この調査では、「野菜や海産物、食品を購入したり、食べたりするときに、その産地が福島原発事故の影響の及びそうな地域かどうか気にしているか」を質問している。福島原発事故四カ月後の二〇一一年七月は、「非常に＋かなり気にしている」が三一％、「少し気にしている」が四九％、「気にしていない」は二〇％であった。

この時期は、放射線の健康影響に関する情報が社会にあふれ、人々は回避行動をとるか否かに関心をもっており、情報と動機づけが揃った状況であったといえる。「きわめて微量なら悪い影響はない」は二〇一一年一二月までは減少しており、人々は放射線の健康影響に関する情報を得て理解が進み、ごく微量の放射線に対する過剰な不安がやや低下したと考えることができる。そのような理解はさらに進むか、少なくとも維持されると予想されたが、既に述べたように、その後、一部は元の認識に回帰した。

この理由についてはいろいろと推察できる。たとえば、福島原発事故後の微量な放射性物質の検出や

図18　きわめて微量な放射線の健康影響

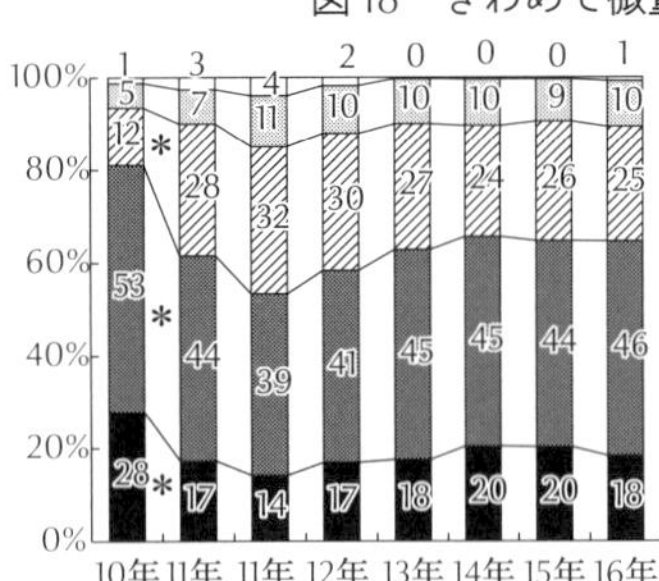

放射線量の上昇が続いていた時期には、放射性物質を自らの生活から完全に排除できないと思い、共存せざるをえず、「悪い影響がない」という情報を信じることによって、回避行動をとらない自らの行動と放射線の影響についての認識を、整合させていたという説明がありうる。あるいは、福島原発事故後は空間線量の上昇や食品などから基準値を超える放射性物質が検出された都度、政府から健康に影響のない量であると繰り返し説明されていたが、検出事例がなくなるにともない、そのような情報がだされなくなったことが影響しているという説明もありうる。

過去から、放射能が漏れたか漏れていないかは、新聞報道において文字数が限定される見出しに含められるほど、報道する際の重要なポイントである。原子力発電所でトラブルが発生したと伝えられると、人々は放射能漏れがなくても、放射能が漏れたと誤解しやすいという調査結果もある［上田、二〇〇七、四六ページ］。人々は一貫して放射能漏れを懸念している。

筆者は、福島原発事故以前にＩＮＳＳ継続調査とは別に、微量な放射能漏れに対する不安と放射線・放射能に関する知識を調査している［北田・酒井、二〇一〇］。この調査結果では、人々は放射線・放射能に関する知識情報に接したことがないわけではないが、自然界にも存在し、食べ物や呼吸によって放射線を受けていること、身体に受ける放射線の量が同じなら影響が同じだというような科学的事実に属する事柄についてさえ、「本当だと思っていた」という人は二〜三割しかなかった。放射線・放射能に関する内容は、人々にとってそのままには受け入れにくいものであることが示唆される。また、「ふだんの食品で（すでに）放射性物質を摂取している」ということが、「放射性物質がきわめて微量なら悪い影響はない」という認識に結びついていないなど、人々の放射線のイメージは断片的で、相互に関連付けられていなかった。人々は、きわめて少ない放射線・放射能も有害（悪い影響がある）との確信はないが、無害だとは言い切れないと思っていた。そして、きわめて少ない放射線・放射能を無害だと思うか有害だと思うかの違いが、微量な放射能漏れトラブルの危険性の認知や、自らのリスク回避行動に関わっていることがわかった。

福島原発事故によって、多くの人々は自然放射線が存在するなどの基礎的知識情報に接したはずであるが、ＩＮＳＳ継続調査のデータでは、きわめて微量な放射線に対する過剰な不安はそれほど低減されていなかった。人々の放射線・放射能の健康影響についての認識は修正されにくく、頑健であるといえる。前段で述べた放射線・放射能についての人々の認識は、福島原発事故以前の調査結果であるが、大きくは変化していない可能性が高い。このような認識は、福島原発事故から五年以上を経ても福島県産農産物の風評被害が解消されない状況を生んでいると考えられる。

第3節　原子力発電に関わる組織への信頼

ＩＮＳＳ継続調査には、原子力発電関連組織への信頼について、意図への信頼として「透明性（本当のことを公表していると思うか）」と「安全優先の姿勢」の二問、能力への信頼として、電力会社と原子力規制機関についての二問、納得できる反対理由の質問における二項目がある。具体的な内容は表11に示す。項目ごとに不信感をあらわす選択肢の合計比率を算出し、時系列推移を示したのが図19である。

不信感の六項目の変動は、参考に示している事故の不安感の動きと似ている。ＪＣＯ事故後、美浜三号機事故後、二〇〇七年に、それぞれ一時的に高まっている項目がある。たとえば、ＪＣＯ事故後は反対理由の「安全信頼できない」が増え、美浜三号機事故後には「安全最優先ではない」という不信が増えている。

二〇〇七年には本当のことが公表されていないという不信が増えている。二〇〇七年は、点検記録の虚偽記載や過去のトラブルを報告していなかったことなどが多数報告されていた。この関係を端的にとらえているのが図20である。付問として、本当のことが公表されていないと思う理由を複数回答でたず

表11　原子力発電関連組織の信頼に関する質問と選択肢

分類	質問文または複数回答の選択肢（簡略）	不信感の比率とする選択肢	・それ以外の選択肢
意図への不信 ・透明性	原子力発電の安全性について国や電力会社は本当のことを公表していない」という意見について	・非常にそう思う ・ややそう思う	・どちらともいえない ・あまりそう思わない ・まったくそう思わない
・安全優先の姿勢	原子力発電所の職場では、安全に運転することが最も優先される目標となっていると思うか	・そうだとは思わない	・そうだと思う
能力への不信	電力会社には、原子力発電所を安全に運転し、管理する能力があると思うか	・ない ・まったくない	・十分ある ・ある
	原子力規制委員会と原子力規制庁に原子力発電の安全を確保する能力があると思うか	・ない ・まったくない	・十分ある ・ある
納得できる反対理由（図17の一部）	原子力発電の安全システムや国、企業などの安全確保に信頼がおけない	・選択している	–
	国の原子力政策を信頼できない	・選択している	–

ねた結果である。二〇〇七年は「これまでに情報隠しなどの不祥事があった」と「マスコミなどで追及されてから情報が出されることが多い」が前後より一〇数ポイント高くなっており、内容が対応する項目に変化があらわれている。

このように、図19の原子力発電に関連する組織に対する不信感の変動は、各時点に発生した事故・事件の内容に関連する項目が一時的に高まっている点、一時的な高まりを除けば二〇〇〇年代後半は緩やかに低下傾向にある点、福島原発事故後に大きく高まり、その後時間経過にともなって緩やかな

図19　原子力発電に関連する組織への不信感

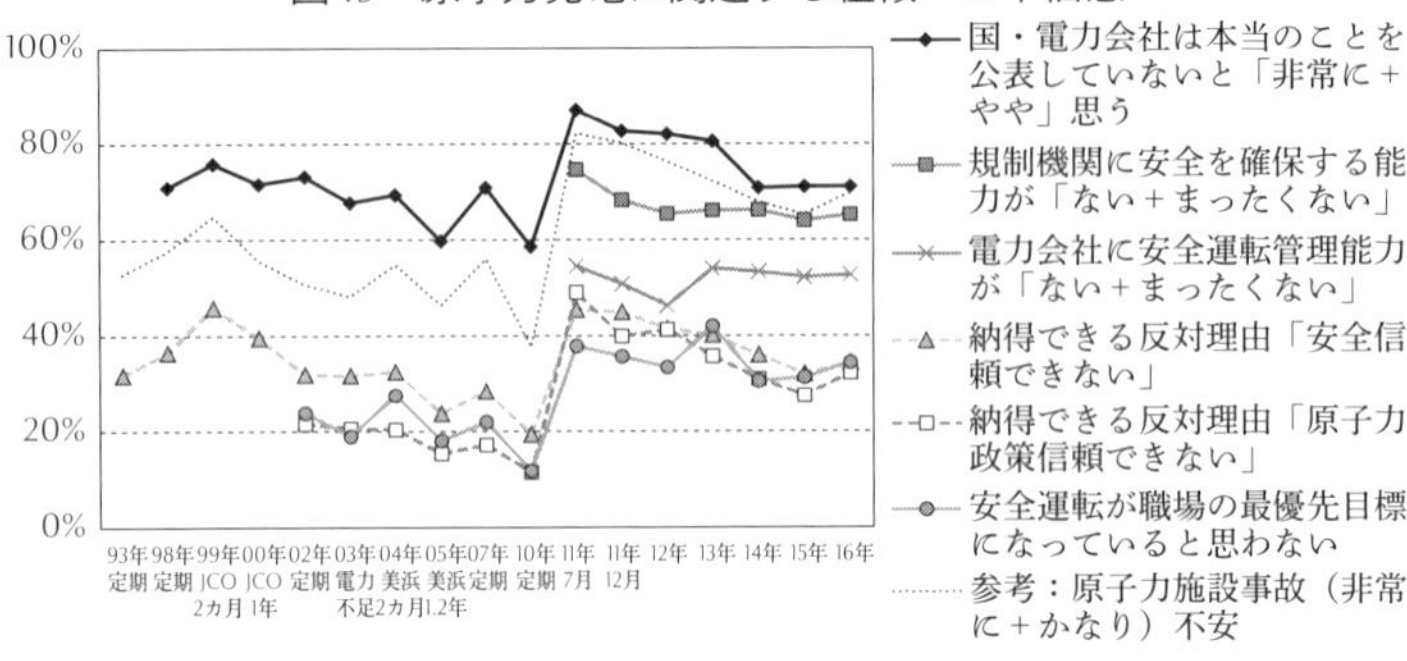

低下傾向にある点で、参考値として示している事故の不安感の変動とよく似ている。つまり、これらの不信感も、事故の不安感と同様に、事故や事件の記憶の薄れによって低下していると考えられる。これは裏返せば、事故や不祥事などで損なわれた信頼は、それらの記憶が薄れることによって一定程度戻ることを意味する。

なお、図19では、福島原発事故以降、不信に関する多くの項目が低下するなかでも、「電力会社に安全運転管理能力がない」という能力に対する不信は、時間経過にともなう低下がみられない。福島原発事故によって損なわれたのは、組織の透明性についての信頼よりも、安全にとってより本質的な問題である、電力会社の能力や安全優先の姿勢に対する信頼であることが示唆される。

筆者は、ＩＮＳＳ継続調査とは別に、微量な放射能漏れの受け止め方についての調査を過去におこなっている。この調査では、「微量な放射能が漏れたトラブルを公表していなかったが、発覚した」という文脈で伝えられると、事業者への信頼が顕著に低下するだけでなく、当該トラブルの危険性の認知も高まることがわかった［北

図20　付問　国・電力会社が本当のことを公表していないと思う理由

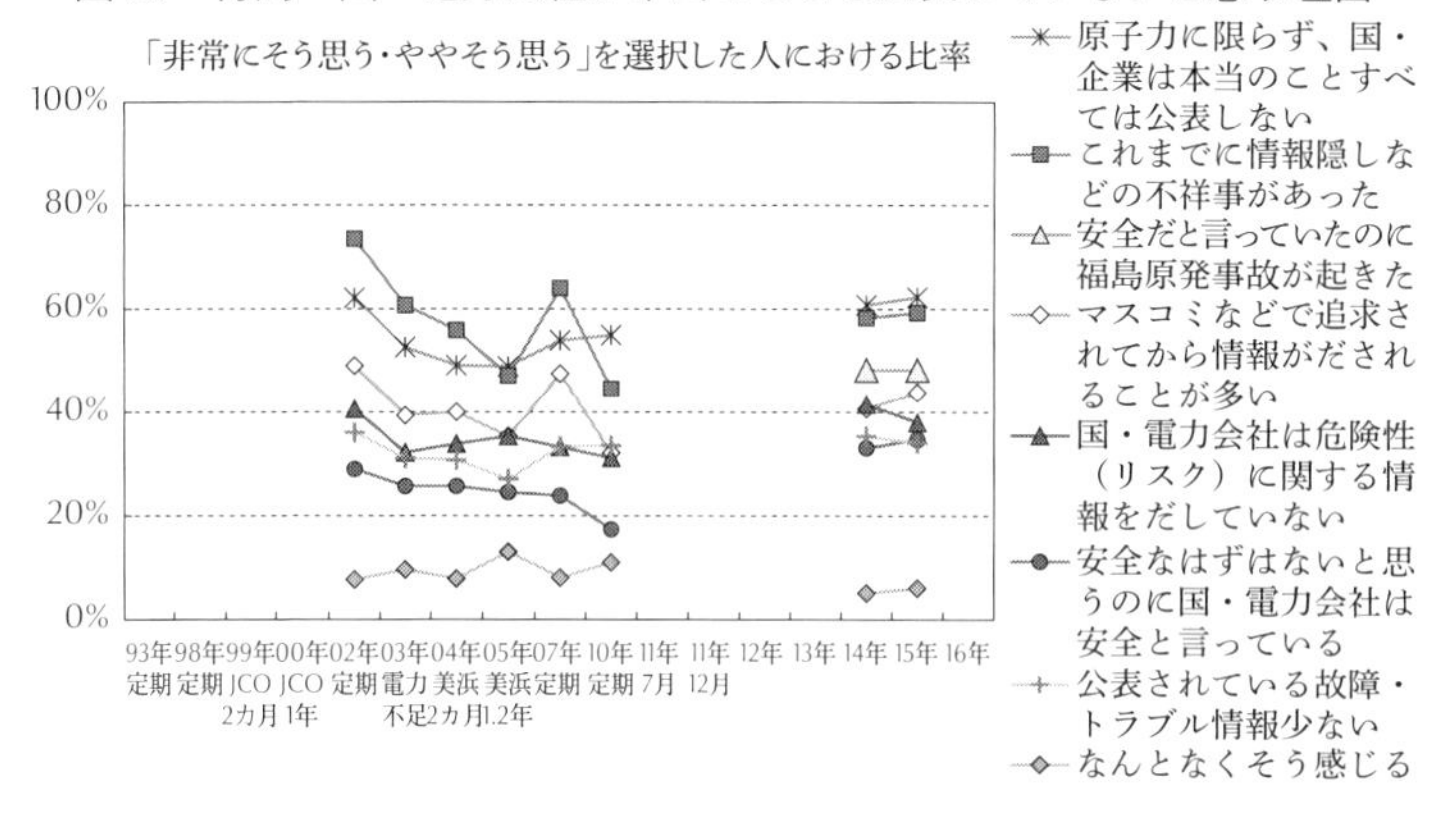

田・酒井、二〇一〇]。発生した事実を隠していた――つまり誠実ではなかった――ことが判明した場合、「発生した事実は隠していたが、漏れた量については真実を発表している」と信用する根拠がない。「漏れた量は微量だから心配ない」という説明によって安心できるには、漏れた量を正しく把握することは原理的に可能である、実際に正しく把握できている、漏れた量を偽っていない、「微量なら影響がない」は科学的真実であるなど、これらのことが満たされて、正確にいえば、疑念のない状態であることが必要と考えられる。隠していたという事実は、組織の姿勢や誠実さへの不信を生じさせ、組織が発信する情報全般への信頼を低下させるために、微量であることが考慮されなくなると解釈できる。

国や原子力安全規制に関わる組織、原子力発電事業者である電力会社への信頼は、対人関係における信頼とは異なり、個人的接触におけるコミュニケーションや対象の振る舞いの観察を通じて形成されたものではない。それらの組織と接点のない人々が触れている情報の多くは、マスメディアを経由したものである。マスメディアが伝えるのは、ニュースバリューのある情報であり、原子力発電に関しては、社会の関心が高い事故や事件に関連するネガティブ情報が必然的に多くなる一方、安全対策の内容といったポジティブ方向に作用する情報は少なくなる。信頼が低下した組織が人々にポジティブ情報を届ける回路がないために、ネガティブ情報で低下した信頼を、ポジティブ情報で更新することによって信頼を回復させるという戦略は、正攻法にみえるが、現実的には機能しにくいと考えられる。

第4節　放射性廃棄物への不安

ＩＮＳＳ継続調査には、放射性廃棄物に関する質問は、処分方法の技術的見通し、不安を感じる程度、納得できる反対理由における二項目（処分技術と処分コスト）がある。項目ごとにネガティブまたは否定的な選択肢の合計比率を算出し、時系列推移を示したのが図21である。具体的な内容は表12に示す。参考値として、第1節第1項で示した原子力施設事故の不安感を点線で示している。

放射性廃棄物に関する認識は、不安を除くと、すでに述べた事故不安（第1節第1項）や信頼感（第

表12　放射性廃棄物に関する認識の質問と選択肢

分類	質問文または複数回答の選択肢（簡略）	ネガティブ・否定的な選択肢	それ以外の選択肢
技術的見通し	放射性廃棄物の安全な処理方法（永久処分技術）は25年以内に実現するか	・実現しない ・実現する可能性は低い	・たぶん実現する ・その他
不安感	放射性廃棄物の処理・処分	・非常に不安 ・かなり不安	・少しは不安 ・まったく不安を感じない ・その他
納得できる反対理由（図17の一部） ・処分技術 ・処分コスト	放射性廃棄物の完全な処分方法は確立していない	・選択している	－
	放射性廃棄物の処理・処分費用まで含めれば発電コストは安くない	・選択している	－

3節）に比べて変動が少ない。ただし、放射性廃棄物に関しても不安は、参考に示している原子力施設事故の不安の変動とほぼ一致している。前節でも述べたように、原子力施設事故の不安の変動は、事故やトラブルの発生に対応している（第1節第1項）。それらの事故やトラブルの内容は、放射性廃棄物に関連するものではなく、放射性廃棄物がクローズアップされたわけでもない。このように連動しているのは、放射性廃棄物への不安が、放射線被ばくという原子力特有の危険性に対する不安と一体になっているためだと考えられる。事故やトラブルの発生によって、日頃念頭にない原子力発電の危険性が意識されやすくなると考えられる。

図21の他の項目、具体的には、処分方法の技術的見通し、処分技術と処分コストの面からの反対理由の納得については、福島原発事故以前の変動は少な

図21　放射性廃棄物に関する認識

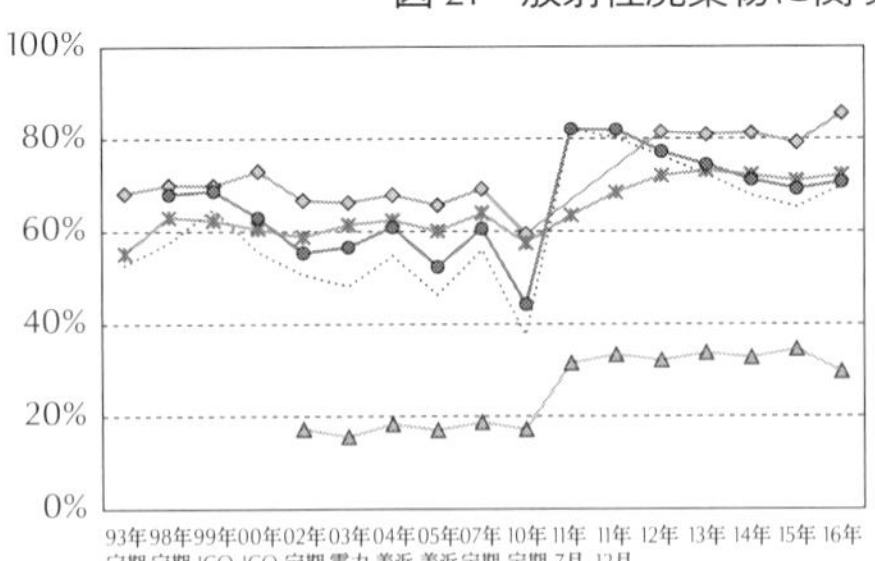

く安定しており、前段の不安感の動きとはやや異なっている。そして、福島原発事故以前においても、放射性廃棄物処分の実現可能性に否定的な人は七割、「廃棄物処分が未確立」を原子力発電反対理由にあげる人は六割と、水準が高いのも特徴である。

反対理由としての「廃棄物処分が未確立」は、福島原発事故後から二〇一二年にかけて、時間遅れでじわじわ増えている。廃棄物問題は、福島原発事故以前は、使用済み燃料の処理処分の問題であったが、事故以降は、福島第一原発の事故処理や広範囲の除染で発生した放射性廃棄物の処分問題へと広がっている。福島第一原発の敷地では、処理済み汚染水の貯蔵タンクが約一〇〇〇基林立している。除染によって発生した焼却灰や汚泥、草木類などの廃棄物は放射線量は低いが、二〇一六年時点でも、梱包して住宅地や学校などの現場付近の屋外で一時保管されていた。大量の放射性廃棄物が山積みになった光景は、人々に放射性廃棄物の処分の難しさを突きつけるものであった。

以上をまとめると、放射性廃棄物に関する認識に変動は少なく、その処理処分が原子力発電にとって解決の難しい問題であることは、福島原発事故以前から人々の共通認識であったが、福島原発事故によってさらに少し強まったといえる。

ただし、放射性廃棄物の処理処分に多額のコストを要することを原子力発電への反対理由とする人は、福島原発事故後に一〇数ポイント増えたが、それでも三割台の低い水準にある。第8章第2節第2項で後述するように、経済性は電源選択の観点としてそもそも重視されていない。そのため、放射性廃棄物の処理処分に関しても、コスト面からではなく、実現可能性の面から問題だととらえられている。

第5節 まとめ——リスクの要素

第7章のデータに基づいて、リスクの要素の変動の実態と特徴については、次のようにまとめることができる。

① 原子力発電への主な反対理由は、「大事故の被害の大きさ」「放射性廃棄物」「放射能汚染の恐れ」であり、被ばくへの恐れに起因する。福島原発事故以前も、人々はチェルノブイリ級事故の発生リスクがゼロだとは思っていなかった。ゼロだと信じて利用を容認していたのではない。

② 原子力発電に対する不安はふだん意識されていない。福島原発事故以前の事故や事件では、不安感やリスク感、関連組織への不信感は、出来事のインパクトに応じて高まったが短期で低下し、変化は一時的であった。これらの事故や事件の認知度は、高い水準を維持するチェルノブイリ事故の認知度を急速に下回っていることから、変化が累積しなかったのは、この間の出来事が、人々が既にもつ原子力発電のリスク像を超えるものではなかったためだと考えられる。

③ 原発世論の利用肯定が漸増していた二〇〇〇年台後半は、事故や事件の発生年を除くと、原子力発電に対する不安感やリスク感、不信感は漸減傾向であった。原子力発電の主な反対理由は低下していないことから、原子力発電の危険性についての基本認識が変化したのではない。原子力ルネサンスなど原子力発電の利用に前向きな社会状況の影響で、ネガティブな側面が日常意識から遠のき、原子力発電に対する抵抗感が和らいでいたのではないかと考えられる。

④ 福島原発事故では、原子力発電に対する不安感やリスク感、不信感が大きく高まった。その後の数年間で一定程度低下したが、事故前より高い水準で止まっている。

⑤ チェルノブイリ事故の認知度は長期にわたって低下せず、社会の記憶としてその後の世代にも継承されていたが、福島原発事故後に大きく低下した。日本人の原子力発電のリスク像は、歴史的出来事であるチェルノブイリ事故から、リアリティのある福島原発事故に置き換わったと考えられる。

⑥ 福島原発事故後、人々は日常生活に接続する問題として放射線に関する情報に接し、どんなに微量でも有害性を否定できないという認識は少し低減された。しかし、時間経過によって一部は回帰しており、放射線の健康影響に関する認識は修正されにくいことを示している。

◆まとめ
リスクの要素は、事故や事件に敏感に反応して不安感や不信感が高まるが、時間経過による当該事象の認知度の低下にともない、短期で復元する傾向がある。ただし、福島原発事故では、チェルノブイリに象徴される原子力リスク像がリアリティのある過酷事故に置き換わり、リスク認識が更新された。

リスクの要素は、事故や事件など突発的な出来事の発生による振れ幅は大きいが、多くは一時的で、変化の時間軸が短い傾向がある。

注

1 この質問は、福島原発事故後の調査票の見直しにより、二〇一一年七月調査以降は質問していない。
2 米国ブッシュ大統領は二〇〇二年一月の一般教書演説でイラクを大量破壊兵器を保有するテロ支援国家であるとし、イラクに対し政府関連施設などの査察を繰り返し要求した。同年一一月八日にイラクに武装解除遵守の「最後の機会」を与えるとする国際連合安全保障理事会決議が採択された。イラクの対応が不十分であるとして二〇〇三年三月に米国によるイラク攻撃が開始された。日本はイラク特措法を成立させ（二〇〇三年七月二六日）、二〇〇三年一二月から自衛隊創設以来初めて、「非戦闘地域」とされるが戦闘地域ではないかとの論議のある地区に陸上部隊を派遣した。

3　二〇一五年三月に、全国の一五～七九歳の一二〇〇人に留置法、オムニバス調査（乗合形式調査）で実施された。福島原発事故と同程度の事故が起こる可能性について「起こる」が二二・〇%、「たぶん起こる」が五一・八%、「たぶん起こらない」が二四・一%、「起こらない」が一・三%。

第8章 効率性の要素に関するデータ

本章では効率性の要素の決定要因として、3E、具体的には、安定供給（Energy Security）、経済効率性の向上（Economic Efficiency）、環境への適合（Environment）を順に取り上げる。効率性の要素に関しては、各観点に関わる実態が人々にどう認識されているかと、各観点において原子力発電の効用が人々に評価されているかという二つの側面から検討する。なお、再生可能エネルギーへの期待は、効率性の要素の決定要因の一つにあげたが（第3章第3節第2項）、脱物質主義の環境優先志向とも深く関連するので、第9章の脱物質主義の要素で取り上げる。

第1節　安定供給

1　電力不足の発生状況

電力の安定供給のためには需要と供給の均衡が問題となる。供給力についての認識に影響を及ぼす要因としては、電力不足状況の発生が大きいと考えられる。ＩＮＳＳ継続調査が開始された一九九三年以降で電力不足といわれる状況は、二〇〇三年、二〇〇七年、福島原発事故後の二〇一一年から二〇一五年に生じている[1]。まず、各時点の状況を振り返っておく。

二〇〇三年の電力不足は、東電トラブル隠しを受けて、東京電力のすべての原子力発電所が点検・検査のために停止したことにより生じた。六月末時点で点検・検査を完了して稼働したのは一七基中二基のみで、順次運転再開を目指していたが、電力需要の高まる夏季の電力不足が懸念されていた。供給力不足による停電を回避するために、資源エネルギー庁や東京電力は節電キャンペーンを展開し、当日の電力需給予想をテレビやインターネットなどでお知らせし、節電協力をお願いする「でんき予報」も開始された[2]。

二〇〇七年の電力不足は、同年七月一六日に発生した新潟県中越沖地震で被災した東京電力柏崎刈羽原子力発電所の七基すべてが停止したことにより生じた。東京電力供給エリアでは夏季の電力不足が懸念され、二〇〇三年同様、「でんき予報」や節電を求めるＣＭなどが実施された。

　これら二〇〇三年と二〇〇七年の電力不足は、東京電力供給エリアだけの問題であった。日本の電気の周波数は、富士川と糸魚川を境に、東側は五〇ヘルツ、西側は六〇ヘルツと異なり、周波数を変換する設備の能力から、融通できる電力量に限界がある。東京電力と周波数が同じなのは北海道電力と東北電力であり、その二社以外の電力会社に供給余力があっても、変換設備の能力を超えて、東京電力供給エリアに電気を送ることはできない。したがって、ＩＮＳＳ継続調査の対象である関西地域では、東京電力供給エリアに電気を融通するために節電する必要はなく、実際、節電キャンペーンなどは実施されていなかった。ただし、東京電力供給エリアは、日本の経済・政治の中枢である首都圏であり、その状況は関西地域でも全国ニュースとして頻繁に報じられていた。

　二〇一一年の電力不足は、東日本大震災により東北電力と東京電力の原子力発電所や火力発電所、送電設備が被災したことにより生じた。それに続き、福島原発事故時点で稼働していた全国の原子力発電所が、順次定期検査の時期を迎えて停止し、福島原発事故をふまえた新規制基準の制定とそれに基づく安全審査に長期を要し、再稼働できない状況が長く続いたことにより生じた。

　福島原発事故発生直後の二〇一一年三月には、供給力が大幅に低下した東京電力供給エリアでは、停電を回避するために計画停電が実施された。また、その年の夏には一五％の節電目標が示され、大口需要家にはオイルショック以来三七年ぶりとなる電力使用制限令がだされ、法的強制力をともなう節電要請がなされた。冷房の設定温度の変更や照明の削減、エスカレーターの停止、鉄道の運行本数の削減などがおこなわれた。ピークシフトのために、土日に操業し平日を休暇とする休日の分散化や、操業時間帯をずらすなど、企業の事業活動を制約する取り組みも実施された。

ＪＮＳＳ継続調査の対象の関西地域においても、福島原発事故以降、原子力発電所が定期検査のために順次停止し、定期検査を完了しても再稼働できないことから、供給力がしだいに低下した。関西電力供給エリアでは、二〇一一年と二〇一二年の夏には一〇％の数値目標をともなう節電が要請された。特に二〇一二年の夏は需給状況が厳しく、万が一の備えとして計画停電が準備され、各家庭に輪番停電のグループ分けが通知された。そのような状況のなかで、緊急安全対策をとった大飯三号機と四号機は、ストレステストを経て再稼働が認められた。二〇一三年七月に新規制基準が施行されたが、安全審査に合格し再稼働するプラントがでたのは二年後であり、再稼働はなかなか進まなかった。関西地域では数値目標をともなわない節電要請は二〇一五年冬季まで続いた。

電力不足状況の発生以外に、電力供給力についての人々の認識に影響を与えるものとしては、ピーク時に需給のひっ迫をもたらす気温要因（猛暑・寒波）や火力発電の燃料資源の動向、景気動向などが考えられる。また、供給力の増強につながる再生可能エネルギー固定価格買取制度の開始（二〇一二年七月一日）や、供給事業者を増やす電力の小売全面自由化の開始（二〇一六年四月一日）も影響する可能性がある。

－ＮＳＳ継続調査の対象期間である一九九三年～二〇一六年の間では、二〇〇七年は「記録的猛暑」といわれる。二〇一〇年はそれを大幅に上まわり、「観測史上最も暑い夏」となり、その年を象徴するものとして「今年の漢字」[3]に「暑」が選定されている。また、二〇一三年も猛暑であった。

火力発電の燃料価格に影響する原油価格は、二〇〇四年頃から二〇〇八年頃にかけて三倍近くにまで高騰し、ガソリンや灯油の値上げという形で［石油連盟、二〇一八、一三ページ］、その動向は人々にとって身近な問題であった。二〇〇八年にはリーマンショックが発生した。原油価格は、リーマンショック後の世界的な需要の低迷と、シェール革命による増産により、二〇一四年から二〇一五年にかけて五割近くまで下落した。

このような実態をふまえ、本節では、需要面からは節電行動と電気の使用量削減に関する意識を、供給面からは供給力についての認識を把握したうえで、安定供給における原子力発電の効用についての認識を分析する。

2　節電行動

節電は電力需要を規定する要因の一つである。調査回答者は電力消費の当事者であり、節電に関しては、意識レベルだけでなく、行動レベルでの把握も必要である。電力不足の際にどの程度節電に協力するのか。そのような必要に迫られておこなう意識的な節電は持続するのかをデータで検討する。

ＩＮＳＳ継続調査では、具体的な節電行動をあげて、「確実に実行した」「だいたい実行した」「少し実行した」「実行しなかった」の四択で回答を求めている。「確実に＋だいたい実行した」と回答した比率（以下「実行率」という）を、節電行動の実践の指標として、図22に示す。[4]

二〇〇三年から二〇一〇年までの推移をみると、「冷房はなるべく使わない」を除けば、首都圏で電力不足のあった二〇〇七年を含めて、ほとんど変動がない。「冷房はなるべく使わない」は二〇〇七年に四ポイント、二〇一〇年にそれよりさらに一〇ポイント減少している。それぞれの夏は「記録的猛暑」「観測史上最も暑い夏」といわれた。ＩＮＳＳ継続調査は、二〇一一年を除けば秋に実施されているので、冷房関係の節電行動の変化がよくとらえられている。冷房関係の節電行動には、気温要因が影響することを示している。

一方、福島原発事故直後の二〇一一年七月には、すべての節電行動の実行率が七〜一七ポイント上昇している。数値目標をともなう節電要請によって節電行動が促されたと考えられる。ただし、それでもなお実行率は五割程度までのものが多い。

二〇一三年以降は、実行率は徐々に低下している。冷房に関する節電は、やはり猛暑だった二〇一三年の低下が大きい。二〇一六年時点では、「電灯はこまめに消す」「テレビは主電源を切る」「待機電力をなくすためコンセントを抜く」という、使用の都度手間をかけるタイプの節電の実行率は、福島原発

図22　節電行動

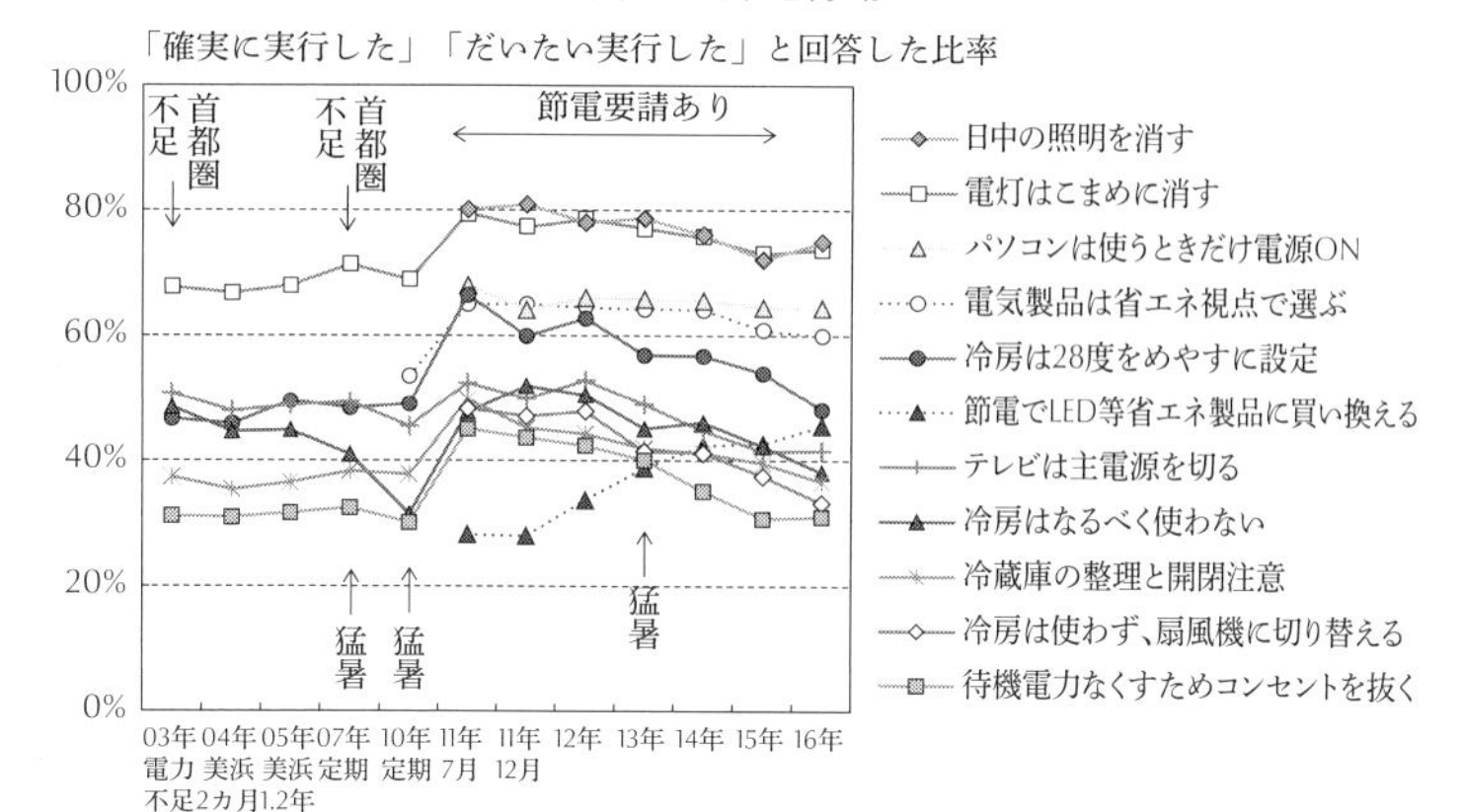

事故前の水準にほぼ戻っている。「冷房は二八度をめやすに設定」と「冷房はなるべく使わない」という、我慢や苦痛をともなう節電の実行率も、福島原発事故前の水準に戻っている。

福島原発事故後の節電の取り組みのなかでも、社会に定着しているものもある。たとえば、冷房用電力の抑制のために徹底された、夏季（五月一日〜九月三〇日）にネクタイや背広を着用しないというクールビズは、その後も定着している。これは、個人の自発的意思によって継続されているのではなく、官公庁や企業がルール化したことによって新たな社会規範になったと考えられる。

二〇一三年以降も増加しているのは、「節電でLEDなど省エネ製品に買い換える」である。「電気製品は省エネ視点で選ぶ」も福島原発事故前より高い水準を維持している。機器更新による節電や省エネは比較的定着している。

節電行動の質問は、二〇〇三年の首都圏電力不足問題を契機に加えられたので、二〇〇三年に、節電行動が高まったのかどうかは直接判断できない。しかし、二〇〇三年の翌年に実行率の低下がみられないこと、および、福島原発事故の場合にその後節電要請が続くなかでも実行率が低下していることを総合すると、二〇〇三年の首都圏電力不足では、節電実行率は高まっていなかったと推測できる。これは、調査対象が関西地域であったことが影響している。

二〇〇三年のＩＮＳＳ継続調査は、関西地域に加えて関東地域でも実施している。節電行動のうち冷房に関する二項目には、関西と関東で有意差があり、節電実行率は関東のほうが五〜一〇ポイント高かった［北田、二〇〇四ａ］。翌二〇〇四年のＩＮＳＳ継続調査では、この二項目の実行率は関東で減少し、関西との差が消失していた。つまり、二〇〇三年の電力不足の当該エリアであった関東では、冷房に関する節電行動については、やはり少し高まっていたといえる。

筆者は、二〇〇三年の関西地域と関東地域のデータを用いて、節電広報接触と節電行動の関係を分析している［北田、二〇〇四ａ］。関東では、節電広報に接した記憶は関西より顕著に高く[5]、数量化Ⅱ類による分析の結果、関東でのみ節電広報への接触が節電行動を促す効果があることが確認された[6]。ただし、前段で述べたように、関東と関西の節電実行率の差は一〇ポイントまでと小さく、積極的な節電広報が展開された関東においてさえも、節電広報の効果はそれほど大きくなかったことが明らかになっている。

また、節電行動と人口統計的属性や他の意識との関係の分析では、節電行動は、環境への関心が高い層や主婦層、高齢層で高かった。家庭で過ごす時間が長く、個人の裁量で節電行動をとりやすい生活環境や、環境や節約・倹約を重視する価値観が、節電を実行する要因であることが示唆されている。二〇〇三年の電力不足に対する関西地域と関東地域の受け止めについては、第4項でも比較する。

福島原発事故後の節電については、西尾・大藤［二〇一四］が、二〇一一年〜二〇一三年までの同一世帯を追跡するパネル調査で得たアンケートの意識・行動データと電気使用量の検針データを用い、夏季の節電行動と電気使用量の関係を分析している。[7] その結果、この間の電気使用量は、東日本大震災前の二〇一〇年と比べて、二〇一〇年が猛暑であったという気温影響を補正しても、平均一〇%程度減少していたとされる。一方、利用時の節電行動はエアコンの利用などを中心に低下傾向であり、節電率が維持されているのは、冷蔵庫の温度設定のような一度変更すれば固定効果がみられるものや、省エネタイプへの機器更新効果の積み上がりが寄与しているとの分析結果を示している。この結果は、家庭の電気使用量の減少が定着しているといわれるにもかかわらず、ＩＮＳＳ継続調査で、省エネ製品への買い換えを除く節電行動の実行率が、福島原発事故からの時間経過にともない低下していることと整合する。

西尾らは、上記結果に基づいて、現状の節電率を定着節電とみなして、将来のエネルギー需要に同様の減少を想定すると、別に推計して加えられる機器高効率化の効果をダブルカウントすることになり、省エネ・節電量の過大推計につながるおそれがあると指摘している。

以上をまとめると、関西における節電行動は、過去の首都圏電力不足では高まらなかったが、福島原発事故後の電力不足では高まっていた。これは、東日本大震災という未曾有の災害によって危機意識が共有されたことや、必要に迫られたことによると考えられる。しかし、それでも、節電実行率の高まりはせいぜい二〇ポイント程度であり、その後の時間経過にともなって低下していた。電気の使用量に制限が課されたり、不足するという実態の圧力が働かない、いわば使おうと思えば自由に使える状況では、自らの意思によっていくらかの不便や苦痛をともなう節電行動は継続されにくいといえる。データからは、社会全体で節電行動を高めること、それを定着させることは、そう容易でないことが示される。

3 電力供給力についての認識

電力供給力が不足する事態が起こることを人々は懸念しているのだろうか。ＩＮＳＳ継続調査では、現在と十年後の供給力について質問している。それぞれの質問文は、「現在の日本の発電能力は十分だと思うか、不足していると思うか」（図23）と、「一〇年後、日本の発電能力は需要をまかなうだけの供給ができると思うか、思わないか」（図24）である。

現在の供給力については（図23）、「十分＋やや十分」が三割、「ちょうどよいくらい」が三割、「不足＋やや不足」が四割で、回答はおおむね三分割されている。過不足に関しての共通認識はない。首都圏

図23　現在の日本の発電能力

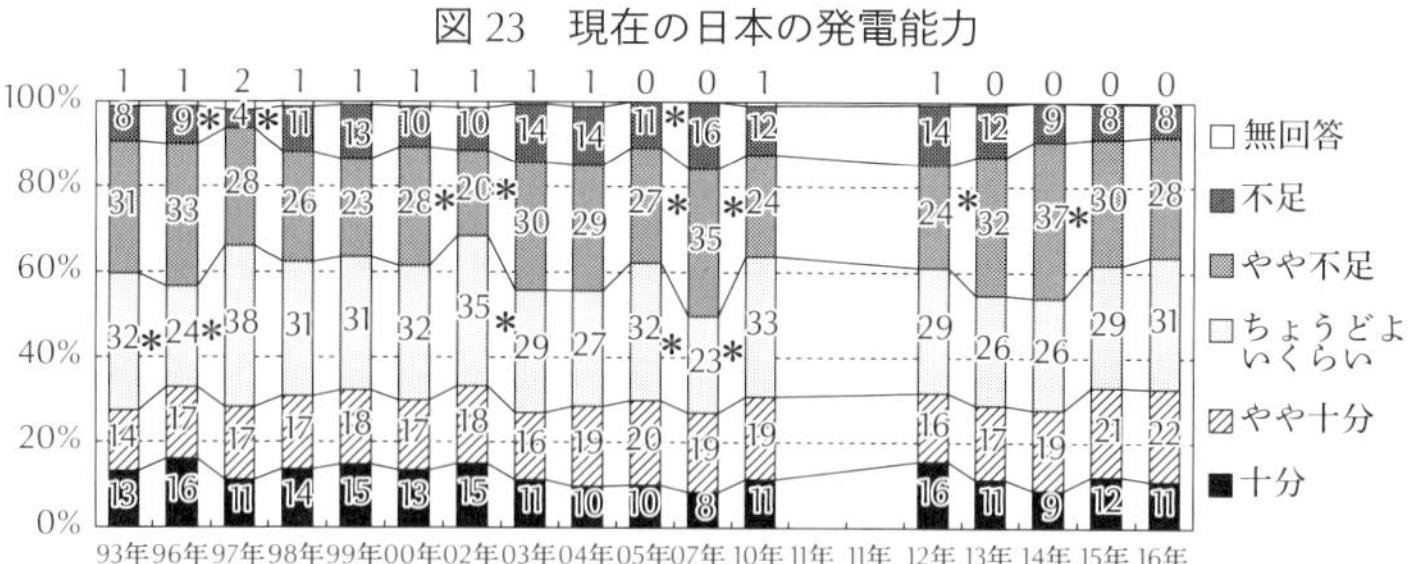

が電力不足に陥った二〇〇三年と二〇〇七年は、調査対象の関西地域でも不足側が一三～一四ポイント増えている。

これに対し、福島原発事故後は、二〇一一年調査では質問していないが、二〇一二年は、関西地域でも需給がひっ迫する状況であったにもかかわらず、電気が不足しているという感覚（不足感）は高まっておらず、二〇一三年と二〇一四年より低い点は注目される。これについては後述する。二〇一五年以降は、原子力発電所の運転停止に対応した供給体制が整い、節電要請も緩み、不足感はやや低下している。つまり、現在の供給力についての認識は、国内で電力不足が発生すれば当該地域でなくても不足感の一時的な高まりがみられるものの、一九九三年以降長期的にみて変化の傾向はない。

一〇年後の発電能力については（図24）、二〇一六年は「十分」が三四％、「供給できるか多少不安」が六一％で、「供給できそうにないと強く不安」は五％である。「十分」は、首都圏電力不足のあった二〇〇三年と二〇〇七年、福島原発事故直後の二〇一一年には少し減っているが、一九九三年以降長期的にみると、増加傾向が

図24　10年後の日本の発電能力

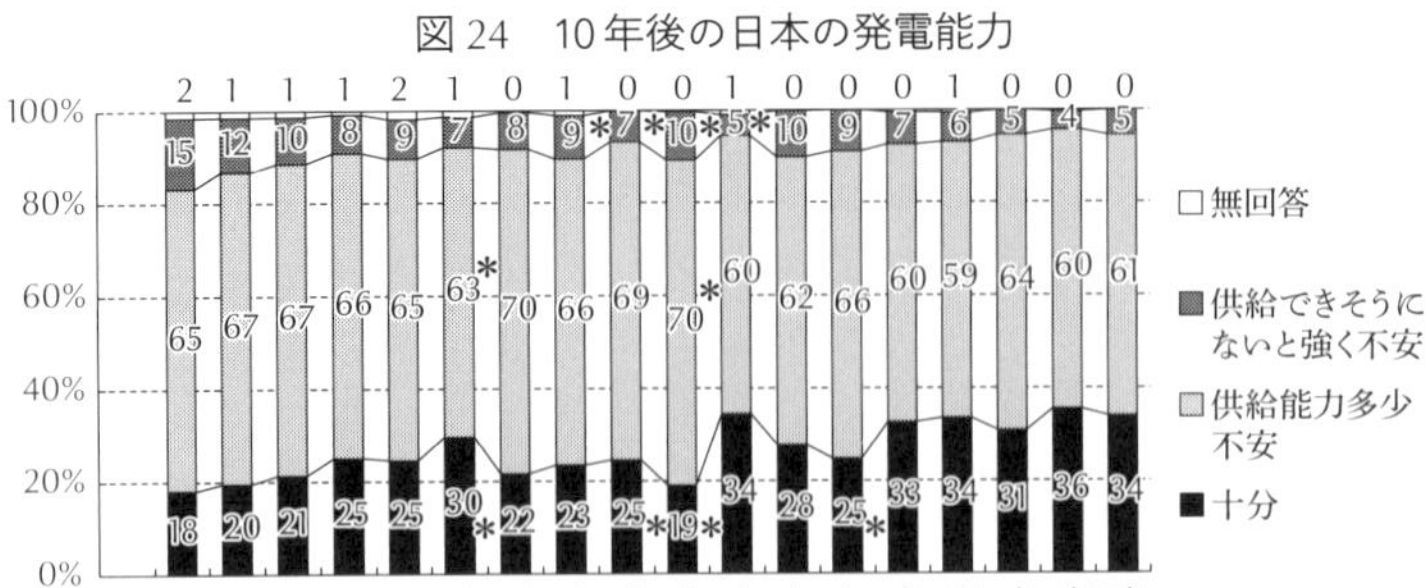

みられる。前段の現在の供給力の認識とは異なり、将来の供給力についての懸念はやや低下傾向にあるといえる。

なぜ、二〇一二年に現在の供給力についての不足感が減少したのか。そして、なぜ、今後の供給力についての懸念が低下傾向にあるのだろうか。その理由を考察しておく。

二〇一二年は夏を控えて、政府の電力需給検証委員会においてピーク需要に対する不足量や必要な節電量が検討されていた。関西地域の自治体（府県と政令指定都市）で構成される関西広域連合においても、各自治体の首長が集う委員会で節電要請の数値目標（節電率）や大飯三・四号機の再稼働の必要性が議論されていた。電力がどの程度不足するかは、再稼働を左右する重要な論点となり、再稼働に反対する立場からは、関西電力が説明する需給見通しは不足量が過大だとの批判があった。つまり、大飯三・四号機の再稼働問題にリンクして、夏に電力が不足するか否かは社会的に関心の高い問題であった。結果的に大飯三・四号機が再稼働し、懸念されていた需給がひっ迫する事態は起こらなかった。夏を乗り切った調査時点では、「そもそも電気は足りていた」と思う人が二六％もいた（注13参照）。そのために、再稼働の根拠となった供給力不足を認める人が少なくなったと推察される。

二〇一二年以降、将来の供給力についての懸念がやや低下している理由として、前段で述べたように電力不足による支障が顕在化しなかったことが大きいと思われるが、供給力が増える要因の存在もある。再生可能エネルギー固定価格買取制度のもとで、天候によって発電量が大きく変動する大規模太陽光発電の導入が急速に進んでいた。認定済みの太陽光発電所がすべて稼働すると、発電ピーク時に消費量を上まわり、需給バランスが崩れる恐れがでてきたために、二〇一四年九月には回線への接続申込みに対する回答を一時的に中断する事態も生じていた。

また、二〇一六年四月の電力の小売全面自由化を控えて、新たな小売り電気事業者の活発な参入が伝えられていた。[8] Gサーチデータベースで、全国紙四紙の記事およびNHKのニュース原稿を対象に、見出しまたは本文に、「電力　AND　自由化」の語句を含むものを検索すると、二〇一〇年から二〇一六年まで毎年、三八件→三二六件→七二〇件→七三三件→八一一件→一二八七件→一八九八件に増加している。[9] これら報道以外にも、自由化開始以降は各社が顧客争奪を目指してCMを展開していた。

これらは直ちに安定的な供給力を増大させるものではないが、将来の供給力についての楽観的な見通しにつながっていると考えられる。

4　電力不足はどう受け止められるか

人々は電力不足といわれる状況をどう受け止めていたのだろうか。二〇〇三年のＩＮＳＳ継続調査で詳しく分析しているので、その結果［北田、二〇〇四ａ］を中心にまとめておく。二〇〇三年と二〇〇七年、福島原発事故後の電力不足は、いずれも原子力発電所の「廃止」ではなく「一時的な停止」によって供給力が低下したために生じた点に共通性がある。電力不足に対する受け止め方として三点をあげることができる。

第一には、電力が不足するといわれる状況でも、それほど危機感はもたれていなかったことである。二〇〇三年の関西地域と関東地域の比較では、関東は停電が発生すれば被害を受ける当事者であったが、その関東においてさえも、電力不足問題を知ったときに、大停電の発生は五分五分と感じ、「少し心配」という程度の受け止めでしかなかった[10]。裏返せば、過去からの安定供給の実績に基づく、日本の電力供給システムに対する信頼のようなものが、人々の意識の根底にあるとみることもできる。電気の供給が支障なく続くことは当たり前に受けられるサービスであり、当然供給されるべく手当てされるはずだとして、供給が途切れる事態への対応を個人レベルで考えなければならない状況だとは認識されなかったと考えられる。

第二には、電力不足は、供給の問題よりも需要の問題としてとらえられていたことである。二〇〇三年調査では、首都圏電力不足問題についての感想や意見を自由回答形式で求めている。二〇〇三年の電力不足は、東京電力のトラブル隠しという不祥事を受けて原子力発電所が点検のために停止したことによって生じたものであり、完全に供給側の責に帰すものであった。しかし、電力会社や原子力発電、発電方法、供給体制など供給側の問題としての視点からの記述は、電力消費や節電など需要側の問題としての視点からの記述より少なかった[11]。供給力の低下によって生じたにもかかわらず、人々は需要が多いことを問題だと受け止めていた。需要側の問題としての視点では、特に電力消費への批判と節電への言及が多かった。しかし、イルミネーションなど目につきやすいものを無駄だと指摘したり、企業が、若者が、都市部が使いすぎているといった他者への批判、あるいは一般論としての批判が多かった。

節電行動との関係では、節電をあまり実行していない低実行群でも、高実行群と同程度に電力消費批判や、「節電推進」——具体的には節電は必要、大切、節電で解決できる、節電教育や節電広報が大切だなど——と記述されていた[12]。つまり、電力消費への批判や反省はあるが、必ずしも自らの電力消費を顧みたものではなく、節電行動をともなっているものでもなかった。

福島原発事故後の電力不足では、人々は、停電もなく夏を乗り切れた理由を、節電に帰属させていた。火力発電に大きな負荷がかかっていることや電力会社の取り組みは認識されず、電力不足を回避するために再稼働した大飯原子力発電所の貢献も認識されていなかった[13]。人々は、供給力の低下による電力不足を、持続可能な節電で対処していると認識していた[14]。ただし、第2項で述べたように、節電行動は定着しておらず、このような認識はやや自信過剰という見方もできる。

人々にとって、自らが消費者である需要側の問題は、供給側の問題より意識しやすく、電力不足は、供給の問題よりも需要を削減するという枠組みでとらえられる傾向がある。裏返せば、電力の供給側の問題、どのようにして供給力を確保し、維持するかという問題については、人々の意識が向きにくいといえる。

第三には、電力不足は、支障が顕在化することなく可能性だけで終わると、人々にとってインパクトの薄い出来事でしかなかったということである。この繰り返しは、人々が供給力の問題を意識したり、安定供給の問題を考える契機にならないだけでなく、電力不足に対する危機感や安定供給の重要性の認識を低下させると考えられる。

二〇〇三年調査では、同年の八月中旬に発生した北米大停電の認知度のほうが、関東においてさえ、自らの地域の電力不足問題の認知度より高かった[15]。八月に低温が続き電力消費量が少ない状況で推移し、調査時点は電力不足による停電の危機を脱して一カ月あまりが経過し、記憶が薄れていたと考えられる。他国のことであっても、現実に大停電が発生し、市民生活の混乱の様子などが報道される場合のインパクトには及ばない。

電力不足は本当だったのかどうか、言いかえれば、大規模停電が辛うじて回避されたのかどうかは、人々にはわからない。たとえば、福島原発事故後、調査対象の関西地域において需給が最もひっ迫していた二〇一二年には、次のような対策がとられていた。原子力発電所が停止するなかで電力供給は、火力発電所の定期検査の繰り延べや過負荷運転の実施、長期停止火力の再稼働といった緊急避難的な対策に依存していたとされる［電力需給に関する検討会合、二〇一三］。電力会社は、トラブルなどによる発電所の停止のリスクを下げるために火力発電所の巡回点検の強化や休日・夜間を利用した早期復旧作業などさまざまな取り組みをおこなっていた。猛暑日が連続していた二〇一三年八月二二日には、西日本全体で需給がひっ迫するなかで発電所のトラブルが相次いだ関西電力は、他社からの緊急応援融通によって辛うじて乗り切ったとされる。[16]

つまり、継続的に維持可能な平常体制で電力不足を乗り切れていたのではなく、供給義務を負う電力会社が、社会に混乱をもたらす大規模停電を回避するために、コストにかかわらず設備やヒトの多くの資源を投入することによって、停電や利用制限なく各家庭に電気を届けていた。しかし、そのようなコンセントの向こう側の状況は、電気の消費者にはみえない。供給余力が乏しく何らかのトラブルによって供給に支障が生じる危うさが高まっていたというような、電力需給の厳しさに消費者が気付くのは困難であるし、マスメディアで伝えられることもほとんどない。それは、電力会社に割り当てられた責務が、消費者や需要家が求める電気・電力を確実に届けることであり、責務を果たすために可能な取り組みを尽くすことは、期待される範囲内のことであって取り立てて賞賛に値することでもなく、ニュースバリューがないとみなされるからである。しかし、そのような背景の状況を知らなければ、電力不足という説明に身構えていた人々には、需要の高まる夏季が支障なく過ぎても「乗り切れた」という思いはなく、「何も起こらなかった」という印象を残したと考えられる。

5　将来の電力消費の増減イメージ

エネルギー計画の策定にあたっては、将来需要を予測し、それをまかなう供給計画を立てる。今後の需要の増減は重要な要因である。福島原発事故後の電力需給のひっ迫に対し、人々は節電で乗り切ったと認識していた。人々は福島原発事故後の電力不足を経験して、増大する電力消費にブレーキがかかると考えるようになっているのだろうか。

二〇一二年調査以降、将来の日本全体で必要な電気の量について質問している（図25）。「どんどん増えていく＋少し増えていく」が五割、「どんどん減っていく＋少し減っていく」が二割で、増えていくとイメージする人のほうが明らかに多い。二〇一二年調査では、そう思う理由を自由回答形式で求めた。減ると思う理由には、省エネや節電、送電の効率化、電気の効率的な使用、人口減少、工場の海外移転などがあげられた。増えると思う理由には、電化が進む、電気自動車や電気を使う新たな製品や技術が出てくる、ＩＴの進展、人間は便利さを追求する、文明とはそういうもの、核家族化などがあげられた。効率化や社会・経済活動の縮小にともなう需要の減少よりも、科学技術の進展にともなって電気への依

図25　将来、日本全体で必要な電気の量は増えていくと思うか、減っていくと思うか

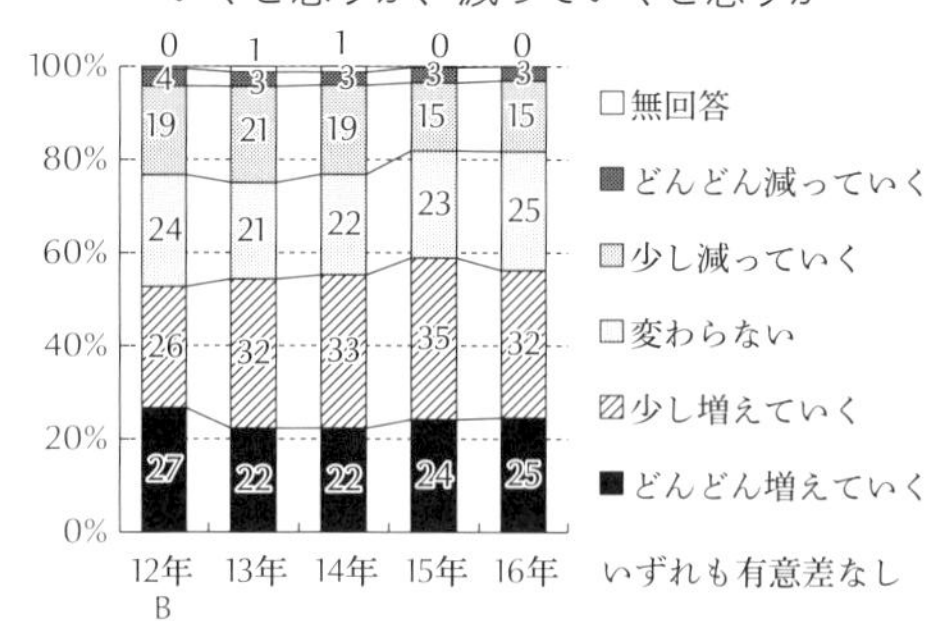

存が増すことによる需要の増加のほうが大きいと予想されている。人々は、少なくとも社会全体が電気に依存しないライフスタイルに移行するとは考えていない。

第3項では、一〇年後の供給力について、「十分」という認識が徐々に増える傾向がみられた。今後の電力需要の減少を織り込んで判断しているのだろうか。「一〇年後の日本の発電能力の不足感の質問（図24）」と、前段の「将来の日本全体で必要な電気の量」の質問の関係を分析すると、一〇年後の日本の発電能力が「十分」だと思う層でも、「どんどん減っていく＋少し減っていく」は二五％にとどまり、「どんどん増えていく＋少し増えていく」が四八％で多かった。[17] つまり、一〇年後の供給力が十分だと予想する人でも、電力需要の減少を織り込んで、それを理由に発電能力が十分だと判断しているのではないといえる。

6　安定供給における原子力発電の評価

電力の安定供給において、原子力発電がどう評価されているのかをみる。二〇〇三年以降、原子力発電は不足することなく確実に電力を供給することに役立っているかを質問している（図26）。「非常に＋かなり役立っている」という肯定評価は、原子力発電所の停止により首都圏で電力不足問題のあった二〇〇三年や二〇〇七年も変化はない。福島原発事故後の二〇一一年一二月も八〇％と高い。つまり、原子力発電所の停止で電力不足を招いたにもかかわらず、原子力発電が安定供給に役立っているという評価はまったく低下していない。

二〇〇三年から二〇一〇年の期間は、トラブル隠しや事故、地震の影響で原子力発電の設備利用率が六〇〜七〇％という低い水準で推移し、「原子力発電の開発利用低迷の時代」［吉岡、二〇一一］に分類されているが、安定供給における原子力発電の評価には影響しなかったといえる。

しかし、この肯定評価は、福島原発事故後、全国で原子力発電所の運転停止が進んだ二〇一二年以降、毎年数ポイントずつ減少し、二〇一六年には五一％にまで低下している。原子力発電の安定供給への貢献の評価は、福島原発事故そのものによってではなく、その後の原子力発電所の運転停止によって生じたことを明瞭に示している。

『エネルギー白書二〇一五』によれば、電気事業者発電電力量に占める原子力発電のシェアは、二〇一〇年度は二八・六％だが、福島原発事故以降は、二〇一一年度は一〇・七％、二〇一二年度は一・七％、二〇一三年度は一・〇％、二〇一四年度は〇％である［資源エネルギー庁、二〇一五d、一三一ページ］。発電実績がほぼゼロであるにもかかわらず、安定供給に役立っているとの評価が依然として五割を上まわるのは、一時的な停止に起因する発電実績の有無だけで判断されていないためだと考えられる。[18]

二〇〇三年調査の首都圏電力不足問題についての感想や意見の自由回答では、原子力発電所の運転停止が電力不足の原因であると認識していた層においても、原子力発電に依存することへの批判や、原子力発電なしで乗り切ったことによる原子力発電不要論、過去の供給実績による有用論は多くなかった。[19]

福島原発事故後の二〇一二年と二〇一三年は、関西では電力需要の高まる夏季を大飯原子力発電所の稼働で乗り切ったが、夏を乗り切れた理由に、大飯の稼働による供給力の増加を選択した人は、再稼働の是非が社会的に大きな関心を集めた二〇一二年には三割あったが、引き続き稼働し話題にのぼることがなかった翌年には半減していた。[20] 原子力発電所が順調に稼働している場合には、注目されることもなく、供給力となっている事実が特に評価されることもない。

人々は発電実績のような具体的な指標に基づいて実態を認識しているのではない。原子力発電が安定供給に役立っているという評価は、そのような具体的な指標に裏付けられたものではなく、原子力発電を利用してきたという事実の積み重ねに基づく大枠の評価だと考えられる。そのために、実態に変化が生じても評価に敏感に反映されるわけではない。しかし、福島原発事故後はそのような状況が数年続い

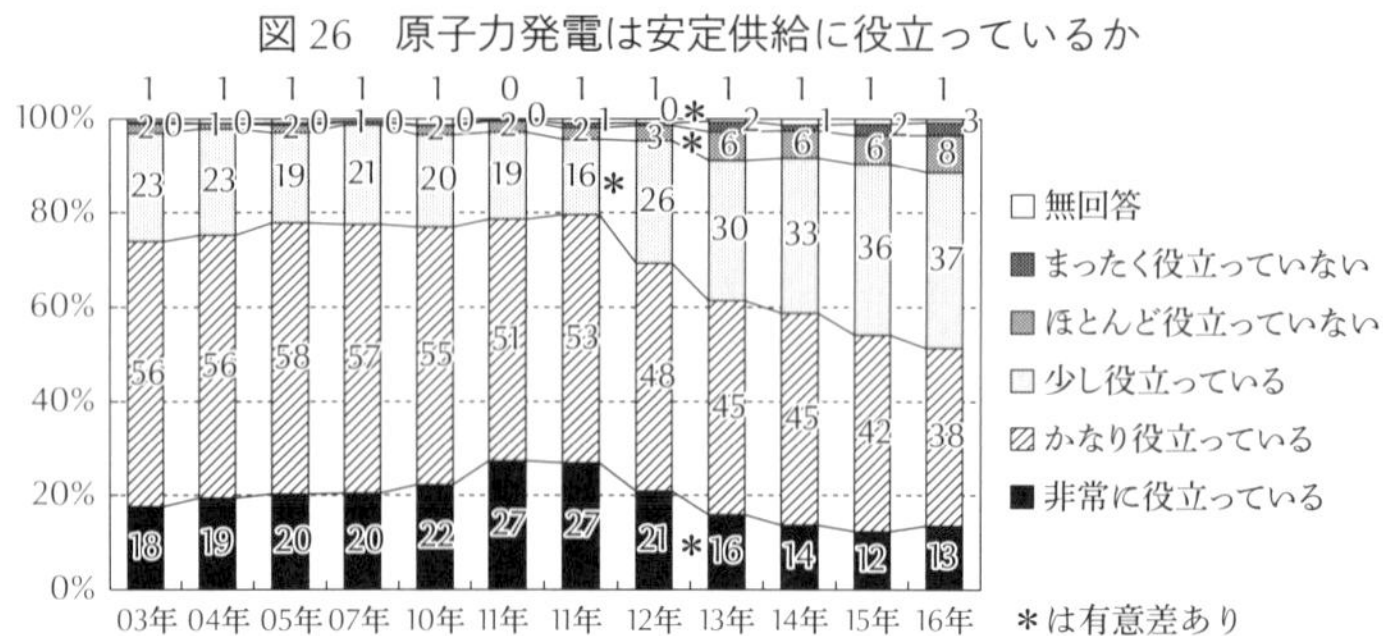

図26　原子力発電は安定供給に役立っているか

たことにより、大枠の基本的見方にも変化が生じているとみることができる。

ここまでに個別に説明した内容と一部重複するが、安定供給に関する認識の長期的変化の傾向を総合的にみるために、今後の電力需給の認識（第3項）と安定供給の面での原子力発電の効用評価の推移を示したのが図27である。具体的な内容は表13に示す。原子力発電の効用については、効用を肯定する選択肢の合計比率を示している。

原子力発電を減らすと問題が起こると思うかという質問は、後述の第2節第2項の図31の一部である。減らすと「電力の供給が不安定になる」と「生活の快適さや生活水準が低下する」と思う人はいずれも減少し続けている。「安定供給に役立っている」という評価も同様である。これらは、福島原発事故直後ではなく、二〇一二年以降に徐々に低下している。

一方、第5項で述べたように、福島原発事故後も、将来の電力需要が「増える」と思う人は五割を超えているが、一〇年後の供給力

表13　電力需給に関する認識の質問と選択肢

分類	質問文または複数回答の選択肢（簡略）	原子力発電の肯定や発電設備増強の必要性につながる選択肢	それ以外の選択肢
原子力発電の効用の認識	原子力発電は不足することなく確実に電力を供給することに役立っていると思うか（安定供給）（図26）	・非常に役立っている ・かなり役立っている	・まったく役立っていない ・ほとんど役立っていない ・少し役立っている
	原子力発電を減らすと、「電力の供給が不安定になる」（図31）	・起こると思う	・起こらないと思う ・どちらともいえない
	原子力発電を減らすと、「生活の快適さや生活水準が低下する」（図31）	・起こると思う	・起こらないと思う ・どちらともいえない
電力需給の認識	将来、日本全体で必要な電気の量は、増えていくと思うか、減っていくと思うか（図25）	・どんどん増えていく ・少し増えていく	・どんどん減っていく ・少し減っていく ・変わらない
	10年後、日本の発電能力は需要をまかなうだけの供給ができると思うか（図24）	・現状からみて供給できそうにないので、不安を強く感じている ・供給能力に多少不安を感じる	・十分まかなうことができると信じている

について、「不安を感じる」という回答は、むしろ減少している。

つまり、国内の大部分の原子力発電所が数年にわたって停止していても、支障や制限なく電気が使用できている事実は、原子力発電を減らしても供給面で問題は起こらないだろうと思う人を増やすとともに、将来の電力需要が増えると予想していても、将来の電力供給力には懸念を感じないという結果につながっていると考えられる。

原子力発電の賛成理由においても、安定供給における貢献が一貫して最も支持されている。図28は納得できるものをいくつでも選択

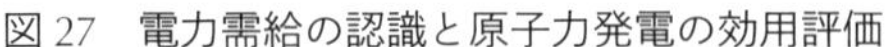
図27　電力需給の認識と原子力発電の効用評価

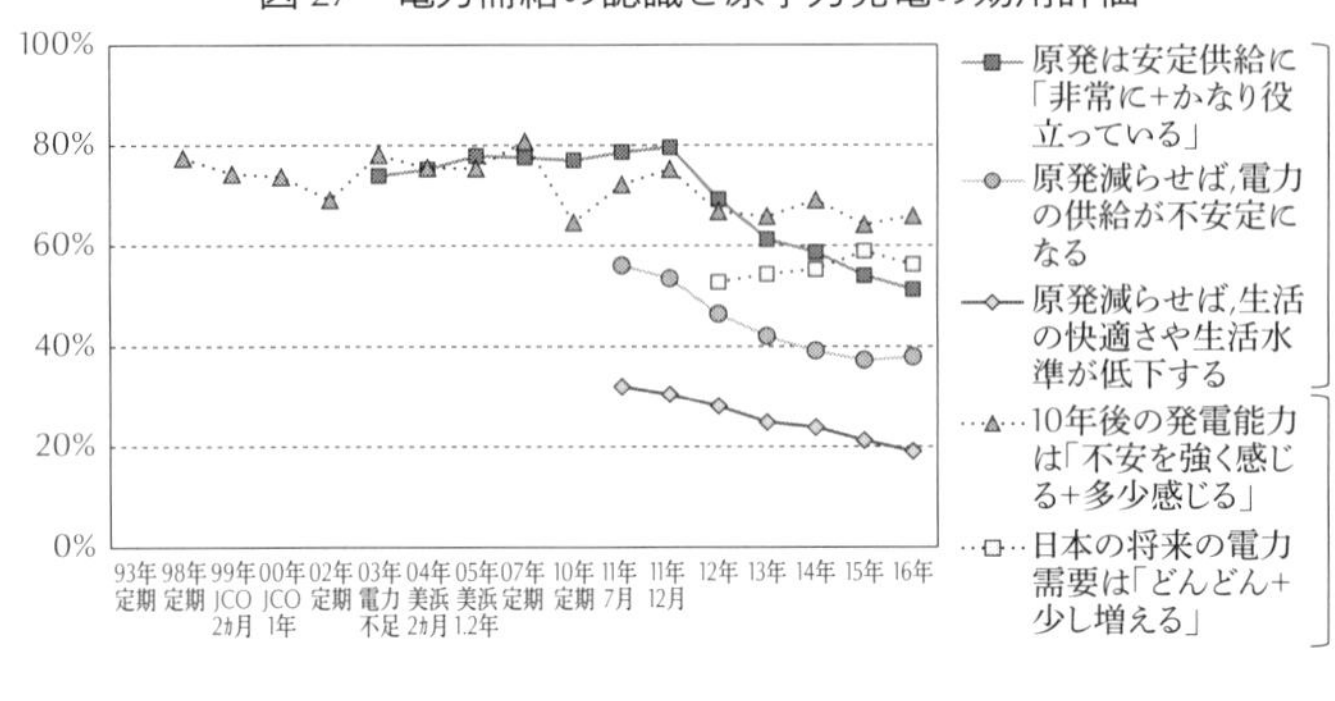

してよいとした結果である。この質問も、反対理由（第7章第2節第1項の図17）と同様に、一九九三年の選択肢は九個だったが、一九九八年に五個に減らし、二〇〇二年に一〇個に増やすなど変更しているので、比較には少し慎重を要する。なお、二〇一六年は複数の項目で相対的に大きな増減があるが、二〇一六年は選択肢の文章を短縮化しており、その影響の可能性があるので、本書では二〇一五年と二〇一六年の差異についての評価は控える。

賛成理由で選択率が一貫して五割を超えるのは「電源のバランスよい多様化で供給安定」の一つのみである。選択肢の個数に変更があっても、一貫して高い。この内容は、安定供給における効用を評価するものではあるが、原子力発電の長所やメリットそのものを主張するのではなく、複数の電源を組み合わせ、その一つに原子力発電を含めるという消極的なものである。一つのものに過度に依存しないほうがよいという考え方は一般常識にも合い、納得しやすい。反対理由では選択率が六割を超える項目が三つもあったことと比べると、違いは顕著である。原子力発電への支持が、消極的受容であることを端的にあらわしている。

「燃料備蓄で安定」と「準国産エネルギーの確保」は、燃料輸入の途絶によって発電できなくなるリスクを回避するため、すなわち安定供給のために有効な特性であるが、二〜三割にとどまる。人々は、安定供給の重要性は認めているが、途切れることなく安定的に供給するという字句どおりの意味での理解にとどまり、それを実現するには具体的に何が必要であり、それにおいて原子力発電がどう優れているのかまでは認識されていないことが示唆される。

選択肢セットがほぼ同じ二〇〇二年以降で変化をみると、原発世論の肯定が緩やかに増加していた二〇〇〇年代後半には、「電源のバランスよい多様化で供給安定」「石油資源の節約になる」「地球温暖化防止に役立つ」などが増加している。このうち「石油資源の節約になる」については、二〇〇四年以降原油価格が上昇を続け、二〇〇八年には約三倍にまで高騰していた影響が考えられる。他の項目の上昇傾向は、原子力ルネサンスといわれた世界的な動向が影響していると考えられる。第7章第2節第1項の図17の反対理由において、この時期に「世界的に廃止傾向」が減少していることとも整合する。

原発世論が最も肯定的だった二〇一〇年は、全体的に選択率が数ポイント高い。二〇一〇年のエネルギー基本計画では、二〇三〇年に向けた原子力発電所の新増設や原子力産業の国際展開を積極的に進める方針が示され［資源エネルギー庁、二〇一〇、二七ページ］、二〇三〇年の原子力比率は五割という高水準が想定されていた［資源エネルギー庁、二〇一一］。政府が原発輸出を後押ししていたことが、賛成理

図28　原子力発電の賛成理由で納得できるもの（複数回答）

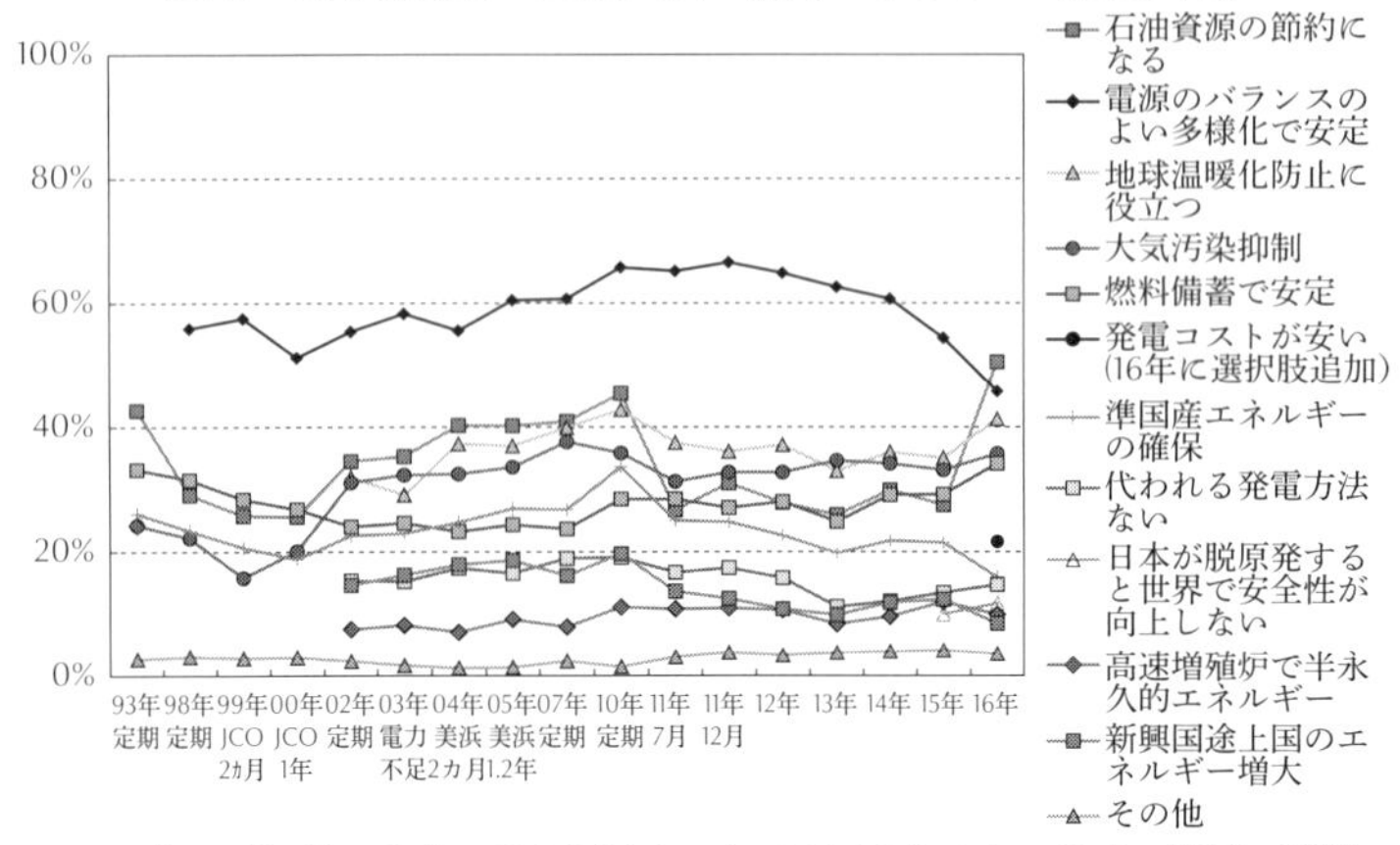

※ 2016年は選択肢の文章表現を短縮するなど変更を加えた。比率の増減に影響している可能性がある。

由への納得を高めたと考えられる。

福島原発事故直後の二〇一一年七月は、「石油資源の節約になる」を除けば、変化は大きくない。反対理由ではほぼすべての項目で大きな変化がみられたのとは異なる。賛成理由への納得は、もともと高い水準ではないが、大事故の発生によって一気に失われることもなかったといえる。「石油資源の節約になる」が二〇ポイントも減少しているのは、事故後、緊急の電力供給力の増強にＬＮＧ（液化天然ガス）火力が用いられ、燃料調達の動きがニュースで伝えられるなど、火力発電の燃料がＬＮＧであるという情報に触れる機会があったことや、シェール革命によって可採埋蔵量が増大し、シェールガスが注目されていたことなどが影響していると考えられる。[21]

「電源のバランスよい多様化で供給安定」は、唯一多数に納得される賛成理由であり、福島原発事故直後も変化はなかったが、原子力発電所の停止が長期化するにともない、二〇一三年頃から減少傾向が続いている。これは、前段で述べた供給面における原子力発電の効用の評価の低下とまさに一致している。

第2節　経済効率性

1　電気料金値上げに対する感度

経済効率性については、消費者である自分自身の問題としての電気料金と、社会にとっての経済性評価の両面から人々の認識をとらえる必要がある。ＩＮＳＳ継続調査が始まった一九九三年以降の期間では、日本の電気料金はすう勢として低下しており、[22]福島原発事故後に実施された値上げは、政府の認可が必要な料金改定による値上げとしては三三年ぶりであった。本項では、電気料金値上げに対する消費者の感度を分析する。

調査対象の関西地域では二〇一三年五月に家庭向けで平均九・七五％の値上げが実施された。料金改定に基づく値上げであり、具体的には、稼働する電源構成の変化——原子力発電所が停止し、火力発電所の稼働が増えたこと——に起因する。

まず、二〇一二年と二〇一三年の電気使用量と電気料金の実態を把握しておく。電気料金は、①「基本料金」と、②使用量に応じた「電力量料金」のうえに、③経済情勢（為替レートや原油価格など）で変動する燃料価格を自動的に反映する「燃料費調整額」（燃料費調整単価×使用量）と、④「再生可能エネルギー固定価格買取制度の賦課金」が加わり、①〜④の合計額になる。

西尾［二〇一五、二三ページ］によれば、料金改定に燃料費調整単価などの変動を加えると、二〇一三年八月の関西電力の単価は前年同月より約一〇％上昇していた。家庭の電気使用量を検針データに基づいて回答を求めた西尾・大藤［二〇一四、一一ページ］の調査では、関西電力利用世帯の二〇一二年と二〇一三年の使用量は、ほぼ同じであったとされる。つまり、実態として、二〇一三年は二〇一二年と比べて、電気使用量は減っておらず、料金単価の上昇によって電気料金の支払額（以下、電気料金単価と区別するために、本書では支払額を「電気代」と呼ぶ）は、当然世帯差はあるが、平均的には上昇していた。

人々は電気代が上昇している実態を認識していたのだろうか。ＩＮＳＳ継続調査では、値上げがあった事実に言及せずに、夏の自宅の電気の使用量と支払った電気代について、前年夏からの増減を質問し、実感としての上昇感を調べている（図29）。二〇一三年は記録的猛暑で、節電実行度はやや低下していたにもかかわらず（第1節第2項）、使用量については「変わらなかった」か「減った」が多く、電気代についても「増えた」は二四％しかなかった。使用量と電気代の回答のクロス表で、多くの人が対角

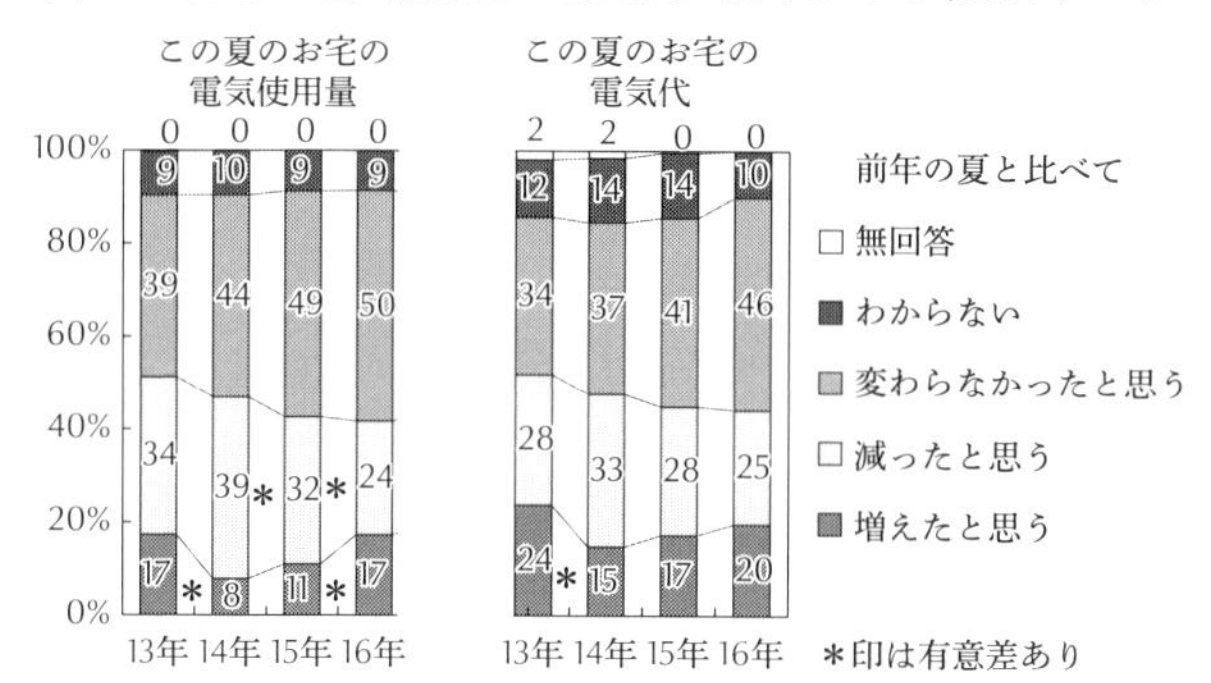

図29　自宅の電気使用量と電気代の前年からの増減イメージ

セルに集中していたことから、電気代の増減は使用量の増減を手掛かりとして判断されていることが強く示唆された［北田、二〇一四a］。この結果からは、回答にあたって、電気代が増える要因として、この間に電気料金値上げがあった事実が想起されなかったと考えられる。[23] つまり、調査時点では多くの人は値上げがあったことを忘れていた可能性が高い。

　電気代が増えたと回答した人と、使用量が減ったのに電気代が変わらなかったと回答した人は、電気代上昇感をもっていた可能性が高いとみることができる。この組み合わせの回答をしている人は、回答者全体では二七％、専業主婦層では三五％、パート主婦層では二六％であった。家計を預かり電気代支払額を把握している可能性が相対的に高いと思われる主婦層でも、電気代の上昇は特に認識されていないことがわかった。

図29に戻ると、その後の二〇一五年調査でも、使用量と電気代のいずれも「減った」が「増えた」を上まわっている。二〇一五年夏の電気料金の実態としては、六月に四・六二％の料金単価の再値上げがあり、四月から再生可能エネルギー固定価格買取制度の賦課金も上昇していたが、前年一一月頃から急速に進んだ原油価格の下落により燃料費調整単価が減少していた。上昇要因が下降要因によって相殺され、意外にも、電気料金は前年夏とほぼ同等であった[24]。一年前の使用量や電気代との比較はそもそも難しいが、使用量は季節変動が大きくそれにともなって電気代も変動するため、単純に前月と比較しても値上げに起因する増加かどうかわからない。料金改定による値上げが、個人レベルの電気代の変化という明確な形で実感できるわけではないことを如実に示している。

以上の結果は、値上げ後の自宅の電気代の負担状況が、現実の支払額から把握されにくいことを示している。料金改定は、電力会社が申請し、経済産業大臣が審査し、あわせて、広く一般から意見を聴取する公聴会などを経て認可される。二〇一三年の料金改定の場合は、申請から認可までに約四カ月を要しており、その過程はニュースとしてたびたび伝えられていた。また、電力会社は、値上げ実施前に周知するために、全戸にお知らせを配布していた。少なくとも値上げ時点では、一定程度の人々は電気料金の値上げが実施されることを認知していたと思われるが、その後の時間経過にともなって、その事実が意識されなくなったと考えられる。

この要因としては、口座振替やクレジットカード決済が浸透し、電気代を現金で用意しないために金額を知らなくても済むことや、金額の水準があげられる。総務省「家計調査」によれば、二〇一三年の世帯の電気代は月平均九一一八円で、家計の消費支出に占める割合は平均三・六％である。一〇％の上昇では月九二〇円の増額になる。前述の結果からいえば、多くの家庭にとって家計に圧迫を感じるほどの負担増でなかったとみることができる。

一方、第9章第1節第3項で後述するように、再生可能エネルギーの拡大という大多数が支持する目的であっても、自分自身が受け入れてもよいという電気料金値上げ幅は小さく、値上げへの抵抗感は強いこともわかっている。つまり、人々は値上げを進んで受け入れるとはいわないが、現実には、前述のような電気代がもつ性質のため、値上げが個人や世帯にもたらす負担増に対する感度は低く、大きな抵抗なく受容されているといえる。

電気代上昇への感度に関連しては、二〇一一年から二〇一四年の間に節電行動が低下するなかで、節電動機が「電力不足解消」から「電気代節約」に移行しているとの研究報告がある［西尾、二〇一五、二三ページ］。電気代上昇への感度が低いという前述の結果とは整合的でない。この研究は、Webアンケートを用い、検針票に基づいて電気使用量の入力を求め、節電効果を定量的に検証している点で、実態に迫るものと考えられる。しかし、それゆえに検針データを保存しWeb画面で使用量を入力できる者のみに調査対象が絞られている。また、パネル調査であり、毎回四割を超えるサンプルが脱落している。そのため、分析対象となったサンプルが、節電や電気料金の上昇に対し、相対的に感度の高い層であった可能性があり、それが結果に影響している可能性が考えられる。

電気料金上昇に対する消費者の感度の問題は、個人レベルの負担許容度という論点に加えて、電力需要の想定において、電気料金の戦略的設定による需要抑制効果の推定にも関わる。電気使用量の価格弾力性（価格が一％変化したときに、使用量が何％変化するかをあらわす〔西尾、二〇一五、二四ページ〕）を的確に把握することは、中長期のエネルギー計画にとっても重要である。

2　電源選択における電気料金の重視度

ＩＮＳＳ継続調査には原子力発電のコストや経済性に関して、第一回の一九九三年から継続している質問はない。原子力発電の受容の問題は、「安全性」「信頼」「安定供給」についての意識の問題と考え、それらに比べて、経済性についての意識を分析する必要性をあまり認識していなかったといえる。

二〇〇二年以降、電源選択において経済性をどの程度重視するかを質問している。電気を作るうえで重視すべき観点として六項目を示し、重視すべき程度に応じて一〇枚のシールを配分する回答形式であり、特定の観点への配分を増やせば、他の観点への配分を減らさざるを得ない。トレードオフの要素が組み込まれている。この電源選択基準についての質問は、第10章第1節第2項の総合議論でも取り上げる重要な質問なので少し詳しく説明しておく。

表14　電源選択で重視する6つの観点の整理

3要素モデルにおける対応		質問文における観点	簡略表記
リスクの要素		6. 大事故が起きた場合に、人や環境に重大な影響を及ぼす危険性のある発電方法は採用しない	大事故リスク
効率性の要素	安定供給	1. 電力不足による停電を起こさないように、余裕のある発電施設をもつ	余裕ある発電施設
		5. 石油ショックなど国際情勢の影響を受けにくく、安定して電力を供給できる発電方法を採用する	資源面の安定供給
	経済	2. 発電のコストを徹底的に削減して電気料金を安くする	コスト削減で料金を安く
	環境	3. 地球温暖化の原因となる CO_2（二酸化炭素）の排出が多い発電方法は採用しない	CO_2排出量
脱物質主義の要素、または効率性の要素（環境）		4. 発電のコストが高くついたり、発電量が不安定であっても、自然エネルギーを利用する発電方法を採用する	自然エネルギー

※質問文の前の数値は、質問文における項目の並び順をあらわす。

六つの観点の内容を整理し表14に示している。リスクの要素として「大事故リスク」、効率性の要素として、安定供給の面からは「余裕ある発電施設」と「資源面の安定供給」の二つ、経済効率性の面からは「コスト削減で料金を安く」[25]、環境適合性の面からは「CO_2排出量」と「自然エネルギー」の二つである。質問文における原文は表のとおりである。このうち「自然エネルギー」は、環境にやさしいとされる点で環境の観点に分類できるとともに、自然から直接必要なものを得る単純で人間的な社会を目指す脱物質主義

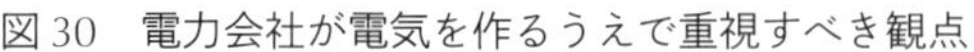
図30　電力会社が電気を作るうえで重視すべき観点

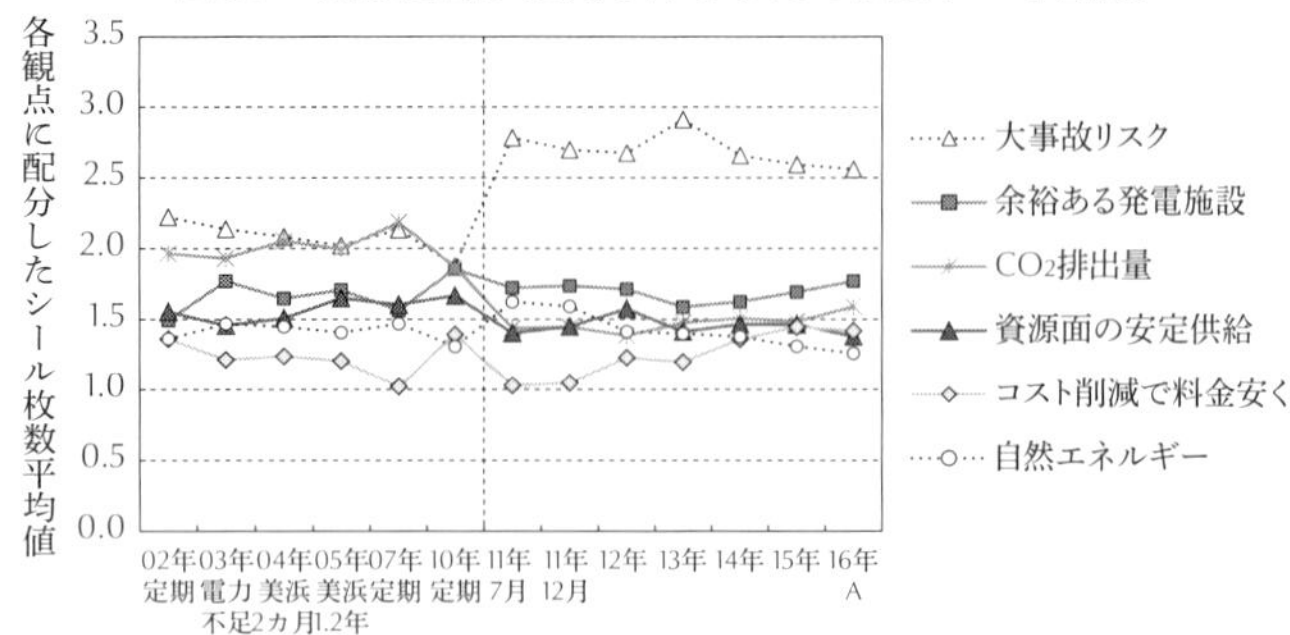

と親和的であり、脱物質主義の観点としても分類できる。

配分されたシール枚数の平均値を図30に示す。「コスト削減で料金を安く」は、二〇〇二年と二〇一〇年は若干高いが、二〇一三年まで一貫して最も低く、重視されていない。二〇〇二年に若干高いのは、大口需要家向けの電力小売りの部分自由化から二年が経過し、次のステップとして発送電分離が議論されていた時期であった。自由化によって電気料金が安くなることへの期待が影響していると考えられる。[26] また、二〇〇一年には小泉内閣が「聖域なき構造改革」を打ちだしていた。社会全体にコストや経済を重視する雰囲気があったことも背景にあると考えられる。

二〇一〇年の上昇については、第9章第1節第1項で後述する「環境と経済のどちらを重視して電力供給を考えるか」という質問でも、経済重視への変化が認められている。二〇一〇年は、二〇〇八年のリーマンショック以降の不況が続き、急速に進む円高による輸出産業の不振や、中国にGDPを抜かれて世界二位の座を失うなど、日本経済が厳しい状況にあったことが背景にあると考えられる。

福島原発事故以降に「大事故リスク」が大きく高まったことで、過去の水準より大きく低下したのは、「CO_2排出量」である。これは、表14に示すように「CO_2の多い発電方法は採用しない」という表現になっているため、原子力発電所の停止によって火力発電への依存度が高まった現実を追認する意味からも低下したと考えられる。

「コスト削減で料金を安く」は、福島原発事故直後は最も低い水準であるが、少しずつ高まる傾向がみられる。調査対象の関西地域では二〇一三年と二〇一五年に電気料金の値上げがあり、再生可能エネルギー固定価格買取制度の賦課金も、標準家庭月額は二〇一二年度の六六円から毎年上昇し、二〇一六年度は六七五円になっていた。電気料金が上昇する状況のなかで、過去から最も重視されていなかった経済性も、重視されるようになりつつある。

この電源選択で重視する観点は、福島原発事故前後で大きく変化し、かつ原発態度との関係が明確である。原発世論の変化を理解するうえで重要なポイントである。経済性を重視するようになっているのはどの層かを含め、第10章第1節第2項で再び取り上げる。

3　原子力発電の経済影響についての認識

原子力発電を減らすことによる経済影響が、どう認識されているかを図31に示している。この質問は、

図31　原子力発電を減らす場合に問題が起こると思うか

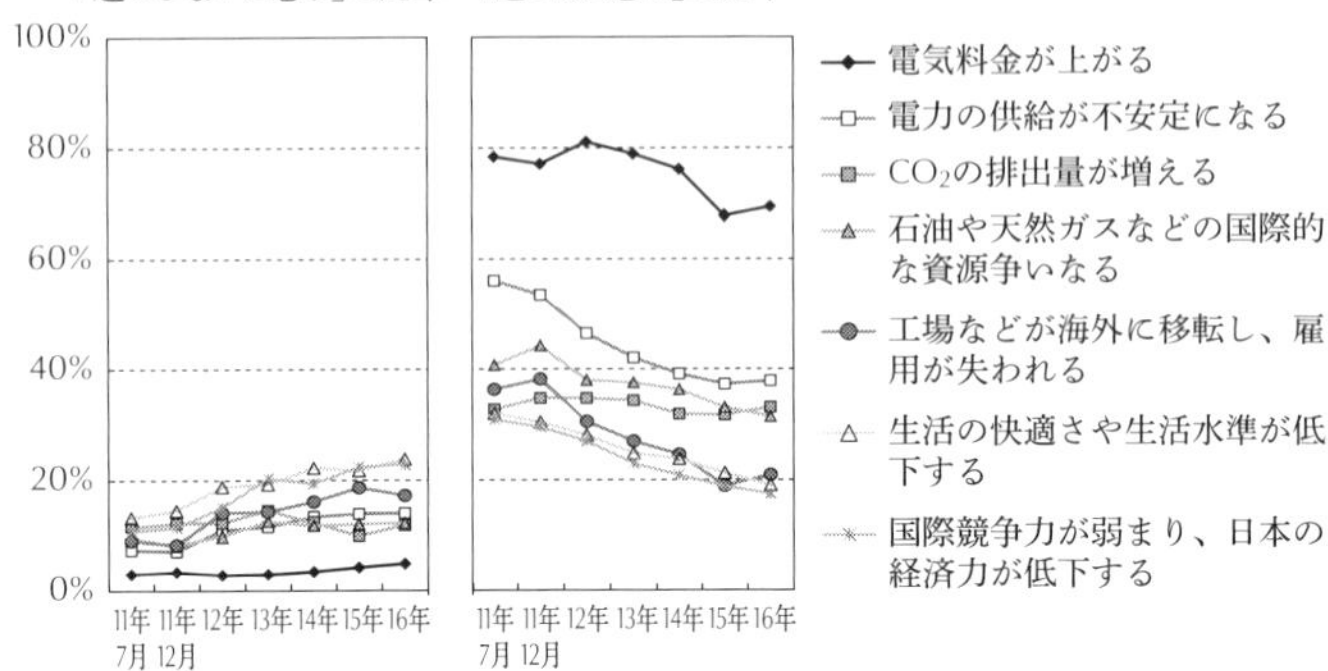

福島原発事故後の二〇一一年七月調査で加えたものである。供給や、電気料金、環境、生活水準などの面における支障について「起こると思う」「どちらともいえない」「起こらないと思う」の三択でたずねた。いずれについても「起こらないと思う」は二割未満と少ない。

「起こると思う」の比率の推移を図31に示す。「電気料金が上がる」は、二〇一四年まで一貫して八割と高い。これは、大多数が原子力発電のコストが安い――少なくともその代替となる発電方法より安い――ということを認めていることを意味する。しかし、二〇一五年は一〇ポイント近く減少している。

第1項で述べたように、二〇一五年の電気料金は、再生可能エネルギー固定価格買取制度の賦課金の上昇と料金単価の再値上げがあったが、原油価格下落という偶然の要因で燃料費調整額が減少したことによって相殺され、実態として上昇していなかった。緊急避難的な原発稼働ゼロの状況が長期化するなかでも、個人レベルで電気料金に重い負担増を感じることがないために、中長期の電源構成における脱原発の影響についての評価にも変化が生じていると考えられる。

電気料金の上昇が、さらに経済に波及する影響として、「工場などが海外に移転し、雇用が失われる」と「国際競争力が弱まり、日本の経済力が低下する」は、三割から徐々に減少し、二割になっている。これら経済面の影響に関しては、経済活動の中枢を担う男性壮年層（四〇歳代・五〇歳代）においても数ポイント高い程度であり、特に懸念が強いということはなかった。調査対象の関西地域では、企業向け電気料金は二〇一三年の五月に、家庭向けの九・七五％を大きく上まわる、平均一七・二六％の値上げが実施されたが、アベノミクスによって企業業績や雇用に改善がみられ［内閣官房・内閣府、二〇一四］、円安を受けて企業の海外生産拠点の一部の国内回帰がみられる［内閣府、二〇一四］という状況であった。比較的好調な景気や経済状況も、人々の認識に影響していたと考えられる。

それでは、回答者のなかでは少数だが、電気料金の値上げを覚えていた人々は、その原因となった原子力発電についてどう思っていたのだろうか。第1項で取り上げた質問を用い、二〇一三年のデータで、夏の電気代が前年と比べて増えたと回答した人と、使用量が減ったのに電気代が変わらなかったと回答した人を合わせて「電気代上昇感あり」として、原子力発電に対する態度との関係を分析している［北田、二〇一四a］。その結果、電気代上昇感のある層で、「原子力発電を減らせば電気料金が上がると思う」が多いという関係も、原子力発電の利用肯定が多いという関係も、いずれも認められなかった[27]。電気代上昇感のあった人は、そもそも少なかったが、その層でさえ、原子力発電を減らす場合のマイナス面や、原子力発電の必要性についての判断を、自分が負担する電気代に関連付けて考えてはいなかったといえる。

以上をまとめると、原子力発電はコストの安い電源であるとは認識されているが、電源選択基準として、電気料金を安くするという経済性は、あまり重視されていない。原子力発電についての納得できる賛成理由（第1節第6項の図28）においても、「発電コストが安い」の選択率が二二％と低いのは、原子力発電のコストが安いということについて疑念があるというのではなく、単に安いというだけでは積極的に支持する理由にならないことを示すととらえれば、これらの結果は整合的である。

原子力発電を減らすことによる経済影響として、電気料金の上昇という直接的影響は想像がつきやすいが、電気料金の上昇が雇用や国際競争力に影響するというような二次的なマクロ経済への影響は認識しにくい。電気料金の水準は、雇用の縮小や企業の海外移転につながる要因の一つにすぎず、受ける影響の大きさや深刻さは、業種によって異なる。むしろ、景気や経済情勢、経済政策、為替など他の要因が大きいために、数年にわたる原子力発電の停止によって電気料金が上昇しても、それとの因果関係が明瞭な変化が顕在化するとは限らない。このような意味からも、経済効率性における原子力発電の効用は、認識されにくいと考えられる。原子力発電を減らす影響についての認識の変化は、三要素を横断して論じる第10章第1節第3項でも取り上げ、原子力発電利用肯定層と否定層の違いを分析する。

第3節　環境への適合

1　CO_2削減における原子力発電の有効性

環境適合性の面では、原子力発電がCO_2排出量削減に有効であると認識されているか否かが問題になる。まず、日本の温室効果ガス削減目標をめぐる経緯と状況を簡単に述べておく。

一九九七年にCOP3で温室効果ガス排出の削減を義務づける京都議定書が採択され、二〇〇五年に発効した。米国は二〇〇一年に同議定書から離脱した。日本は、第一約束期間（二〇〇八年〜二〇一二年）に一九九〇年比六％減という削減義務を果たした。具体的には、一九九〇年の排出量の一二億六一〇〇万トンに対し、五年間の実際の排出量の平均は一二億七八〇〇万トンで一・四％増加した。しかし、森林等吸収源対策や都市緑化によって換算される森林吸収量（四八七〇万トン）と、排出量取引などを含む京都メカニズムクレジット[28]で削減したとみなされる量（七四〇〇万トン）を差し引くことによって、一一億五六〇〇万トンで一九九〇年比八・四％減となり、目標を達成することができた［環境省、二〇

一四、三ページ」。

それ以降の第二約束期間（二〇一三年〜二〇二〇年）については、日本は、主要排出国（米国・中国・インド）が参加せず公平性・実効性に欠けるという理由で、すべての国が参加する新たな国際的枠組みの必要性を主張し、京都議定書の単純な延長に反対して参加しなかった。

その後、二〇一五年のCOP21において、すべての国・地域が参加し、法的拘束力をもつパリ協定が採択されるまで、国際的に合意された新たな枠組みのない状況が続いた。二〇〇九年一一月にはクライメートゲート事件[29]が発生し、地球温暖化人為説への懐疑論が高まった。

地球温暖化に関わる認識と地球温暖化における原子力発電の効用評価の推移を総合的に示したのが図32である。具体的な内容は表15に示す。

まず、地球温暖化問題についての認識からみていく。二〇一〇年に地球環境問題への関心や地球規模の環境破壊に対する不安がやや低下しているのが目につく。これは前段で述べたクライメートゲート事件の影響に加えて、地球温暖化対策をめぐる国内状況の影響が考えられる。二〇一〇年調査の一年前（二〇〇九年九月二二日）に、鳩山由紀夫首相は国連で二〇二〇年の温室効果ガスを一九九〇年比で二五％削減するという中期目標を表明したが、削減のために日本が負う重い負担が国内で議論となっていた。二〇一〇年のINSS継続調査では、「一年前に日本が一九九〇年と比べて二五％削減する目標を表明したこと」についての認知度を質問している。「よく覚えている」は五五％、「少し覚えている」

が二一％で、その時点におけるチェルノブイリ事故の認知度とほぼ同じであった。人々が削減目標に関心をもっていたことがわかる。調査実施時期には、一二月のCOP16カンクン会議を目前に控えて、ポスト京都議定書をめぐる国際交渉が始まっており、日本だけが不公平な削減義務を負うことへの懸念なども報道されていた。

このような状況から二〇一〇年には地球環境問題への関心や地球規模の環境破壊の不安の低下が少しみられるが、図32に示すように、福島原発事故以降も八割以上の人が関心をもち、七割以上の人が不安を感じている。そして、地球温暖化問題が重要と思う人は八割、地球温暖化対策が社会や人々の生活にとって有用と思う人は実に九割にのぼる。地球温暖化対策が不要と考える人はほとんどいない。

次に、CO_2削減意向については、日本の温室効果ガス削減量について「世界に率先してたくさん」または「国際的に公平な量」という意見は六割を超える。このうち、前者の積極的意見は二割弱で、「国際的に公平な量」が多数意見であり、日本政府の主張に一致している。「削減する必要はない」は二％以下であり、「経済や国民生活に影響のない量」という消極的意見は三割台である。一定程度の不利益や支障があってもCO_2を削減するという政府方針への国民の合意は得られているとみることができる。

温室効果ガスの削減策に関しては、再生可能エネルギーの拡大も有力な手段である。再生可能エネルギー固定価格買取制度の賦課金が電気料金に上乗せされて負担が増すと説明して判断を求めると、「負

表15　地球温暖化問題に関する認識の質問と選択肢

分類	質問文または複数回答の選択肢（簡略）	CO_2削減での原子力発電の有効性につながる選択肢	それ以外の選択肢
温暖化問題の認識	地球温暖化対策は社会や人々の生活にとってどのくらい有用か	・非常に有用 ・有用	・どちらともいえない ・あまり有用でない ・有用でない
	地球全体の環境問題にどの程度関心があるか	・関心がある ・少し関心がある	・あまり関心がない ・関心がない
	地球温暖化問題はあなたにとってどのくらい重要な問題か	・非常に重要 ・重要	・どちらともいえない ・あまり重要でない ・重要でない
	地球規模の環境破壊にどのくらい不安を感じているか	・非常に不安 ・かなり不安	・少しは不安を感じる ・まったく不安を感じない ・その他
CO_2削減意向	日本は温室効果ガスの削減にどの程度取り組むのがよいか（図33）	・世界に率先してたくさんの量 ・国際的に公平な量	・経済や国民生活に影響ない量 ・削減する必要はない
	再生可能エネルギー固定価格買取制度は導入量が増えれば負担が重くなる※。あなたはどちらの意見に近いか	・負担が重くなっても、どんどん導入するべき	・負担が重くなるなら、どんどん導入するのは望まない ・どちらともいえない
原子力発電の効用の認識	原子力発電は地球温暖化対策として有効か（図35）	・有効 ・どちらかといえば有効	・どちらともいえない ・どちらかといえば有効でない ・有効ではない
	納得できる原子力発電賛成理由（図28の一部）「発電してもCO_2を出さないので地球温暖化防止に役立つ」	・選択している	−
	原子力発電を減らすと、「CO_2の排出量が増える」（図31）	・起こると思う	・どちらともいえない ・起こらないと思う

※次の説明を加えている。「『再生可能エネルギーの固定価格買取制度』は、太陽光や風力などで発電された電気を、国が電力会社に一定の価格で買い取らせる制度です。買い取り費用は、賦課金（ふかきん）として電気料金に上乗せされ、企業や家庭が負担することになります。買い取り開始時の割高な価格が長期（発電量に応じて10年〜20年）におよぶので、導入量が増えれば、買い取り費用の負担が重くなります。」　なお、2012年の調査票B2では下線の部分を削除し、負担者を明示しなかった。「負担が重くなっても、どんどん導入するべき」は、調査票B1では30%、負担者が明示されていない調査票B2では36%であった。統計的有意差には至らなかったが、図32ではB1の値を用いている。

担が重くなってもどんどん導入する」という積極的意見は三割であり、「負担が重くなるなら、どんどん導入することは望まない」が二割強で、「どちらともいえない」という判断保留が五割を占める。再生可能エネルギー拡大のためであっても、負担の増大には躊躇がみられる。ただし、現実には、同制度に基づく賦課金の標準家庭月額は、二〇一二年度の六六円が毎年上昇し、二〇一六年度は六七五円に達しているにもかかわらず、[30] 図32で再生可能エネルギーの導入に積極的な意見は減少していない。

次に、原子力発電の効用の評価については、地球温暖化対策として有効かどうかを、二〇一〇年から質問している。有効と思う人は、二〇一〇年は四九％で、二〇一六年は三五％にやや減少している。この減少には、調査票の他の質問の影響が考えられるので慎重にみる必要があり、次項で詳しく説明する。

「地球温暖化防止に役立つ」ことを、原子力発電への賛成理由として選択する人は、福島原発事故以前の二〇〇二年から二〇一〇年まではやや増加傾向であった。これは第1節第6項の図28で示している他の賛成理由と同様に、原子力ルネサンスといわれた世界的な動向が影響していると考えられる。福島原発事故後はやや減少したが、三割台半ばで推移している。

「原子力発電を減らせばCO$_2$が増える」と、原子力発電を利用しない場合のデメリット（リスク）として認識している人は三割台で推移している。これは第2節第3項の図31の原子力発電を減らす場合の影響の一項目を抜きだしたものである。図31では、他の項目が低下傾向を示すなかでも低下してはいないが、高まってもいない。現実には、原子力発電所の停止を火力発電で代替したために、二〇一四年

図32　地球温暖化問題に関わる認識と原子力発電の効用評価

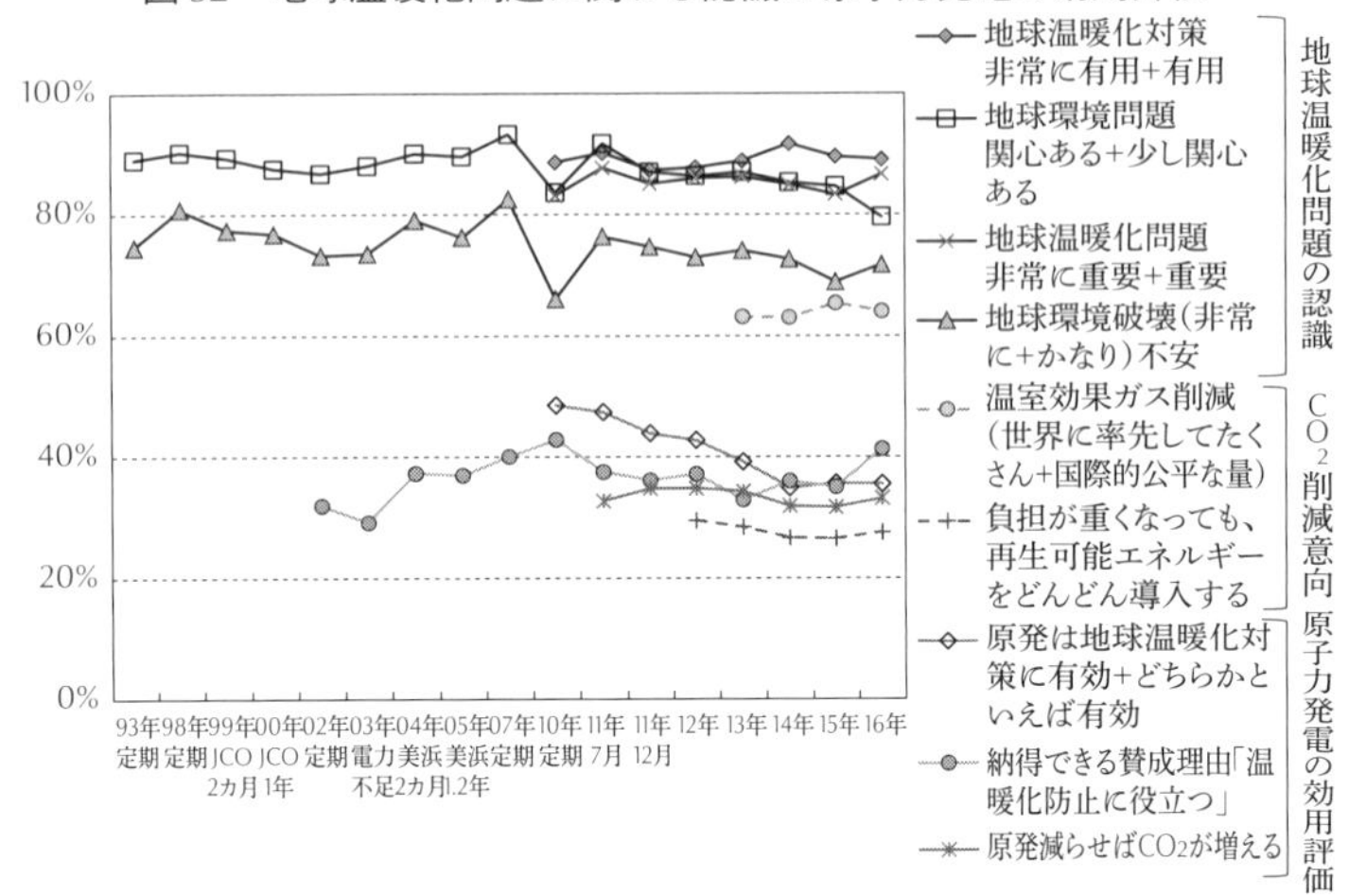

度のCO_2排出量は二〇一〇年より八三〇〇万トン増加していた。この量は、日本全体の温室効果ガス排出量の約六%の増加に相当し［資源エネルギー庁、二〇一六b、五ページ］、日本が京都議定書で約束した削減義務の六%に匹敵する。このような大幅な増加の実態があるにもかかわらず、原子力発電を減らすことによってCO_2が増えるという認識が増えていないことは注目される。

以上、図32について、個別の項目ごとに説明したが、全体を眺めても、地球温暖化問題の認識を示す折れ線は上部に、地球温暖化対策としての原子力発電の効用を示す折れ線は下部にあり、明瞭に分離されているのがみてとれる。温暖化対策の必要性は誰もが認識し、何らかの影響や支障があっても温室効果ガス（CO_2）を削減すべきという意識もある。しかし、手段として原子力発電を用いることについての支持は、原子力発電所の停止によってCO_2排出量が増大している現実があっても、依然として高まっていない。CO_2排出量の増大というような、目にみえず直接測定もできない実態の変化を、人々が身の回りの情報から知ることは不可能である。本書のもとになった博士論文の執筆にあたり、原子力発電所の停止によって日本全体のCO_2排出量が何%増えたのかを調べたが、すぐにはみつからなかった。わかりやすい形で情報が伝えられていないことも一因と考えられる。

2　原発態度とCO_2削減志向のねじれ

前項では、原子力発電は発電時にCO_2を排出しないにもかかわらず、地球温暖化対策として有効だという評価は高くないことが示された。この結果は、回答者全体における評価なので、原子力発電の利用についての意見とどのような関係にあるのかを検討する。

前項でも取り上げた温室効果ガス削減意向を、原子力発電の利用についての意見でブレイクダウンしたのが図33である。

原子力発電を「利用するのがよい」という最も利用に積極的な層は、「国際的に公平な量」という現実論的削減が多い。回答者のなかで多数を占める原子力発電の「利用もやむをえない」という利用容認層は、「経済や国民生活に影響のない量」という回答も他の層より多く、温室効果ガスの削減に相対的

図33　原発態度別　温室効果ガスの削減志向（2015年）

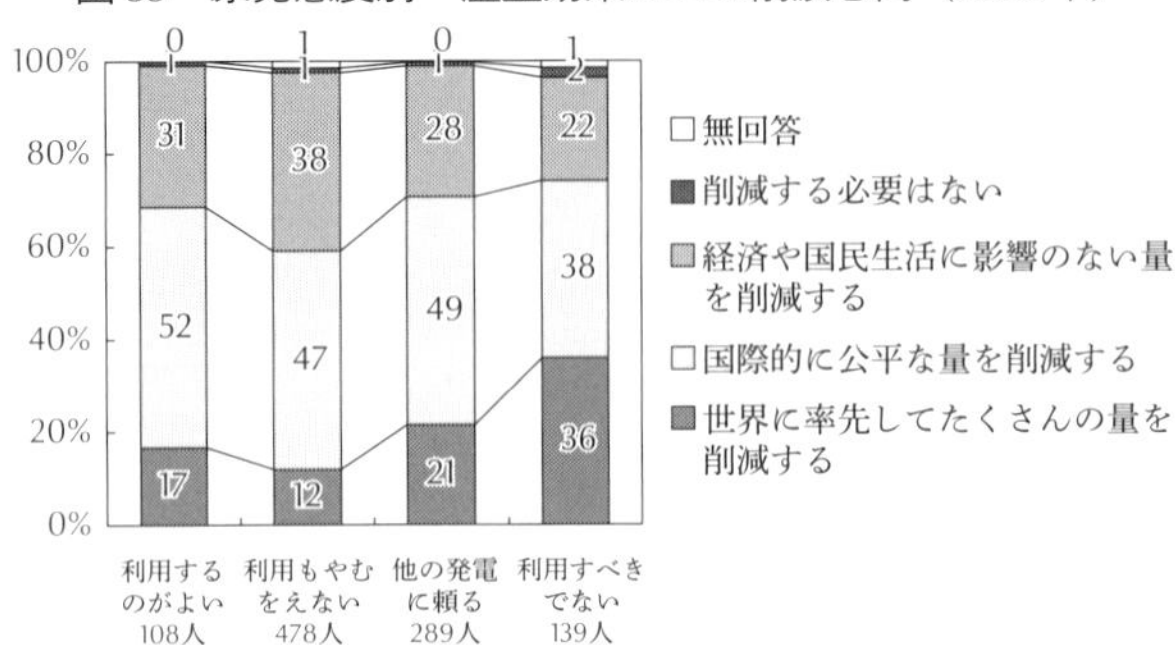

に消極的である。

一方、「世界に率先してたくさん削減する」という理想主義的削減は、原子力発電を「利用すべきでない」層に多く、原子力発電の利用に最も否定的な層が、温室効果ガスの削減に最も積極的である。「他の発電に頼るほうがよい」層も、利用容認層よりは削減に積極的である。

第9章第1節第1項で後述するが、原子力発電の利用に肯定的な層ほど経済優先意識が強く、利用に否定的な層ほど環境優先意識が強いという明瞭な関係がある。もし、温室効果ガス削減意向が、環境優先か経済優先か、すなわち本書でいうところの脱物質主義的価値観で決まるとするならば、経済優先意識が最も強い「原子力発電を利用するのがよい」層は、温室効果ガスの削減に最も消極的になるはずである。しかし、前段で述べたように、そのような関係にない点は注目される。これは、温室効果ガス削減志向の強さは、脱物質主義の軸だけでは説明できないことを示している。経済優先意識の強い層は、グローバルに経済活動を行うためにクリアしなければ

図34　原発態度別　原子力発電は地球温暖化対策として有効か（2015年）

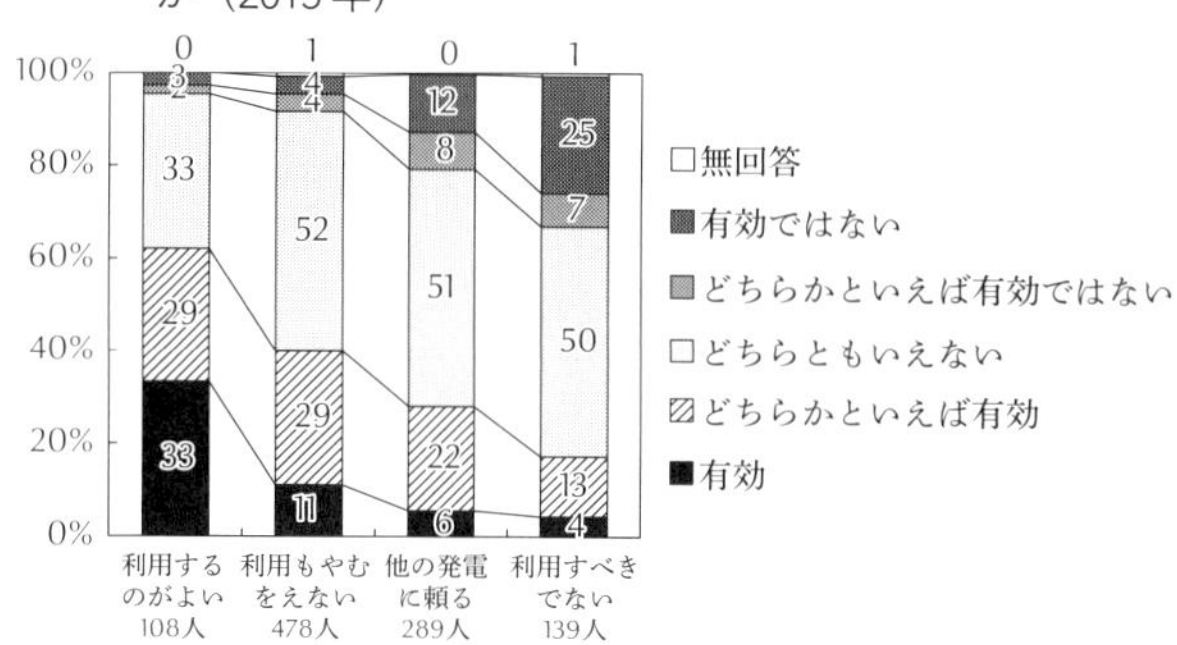

ならない条件や社会的責任という側面から、国際社会に公約した温室効果ガス削減目標の達成を重視していると考えられる。

次に、地球温暖化対策としての原子力発電の有効性評価を、原子力発電の利用についての意見でブレイクダウンしたのが図34である。原子力発電の利用に否定的な層ほど、原子力発電の地球温暖化対策としての有効性評価が低いという関係がきわめて明瞭である。

以上を総合すると、原子力発電の利用否定層は、温室効果ガスの削減に積極的だが、削減手段として原子力発電を認めていないといえる。火力発電と比べればCO$_2$排出が大幅に少ないという原子力発電の特性からいえば、ねじれの関係にあるといえる。

3　温暖化対策としての有効性の認識を阻害するもの

原子力発電の地球温暖化対策としての有効性評価が低い理由として、①原子力発電はCO$_2$排出量が少ないことを認識していない、②原子力発電のCO$_2$排出量が少ないかどうかに関わりなく、地球

図35　原子力発電は地球温暖化対策として有効か

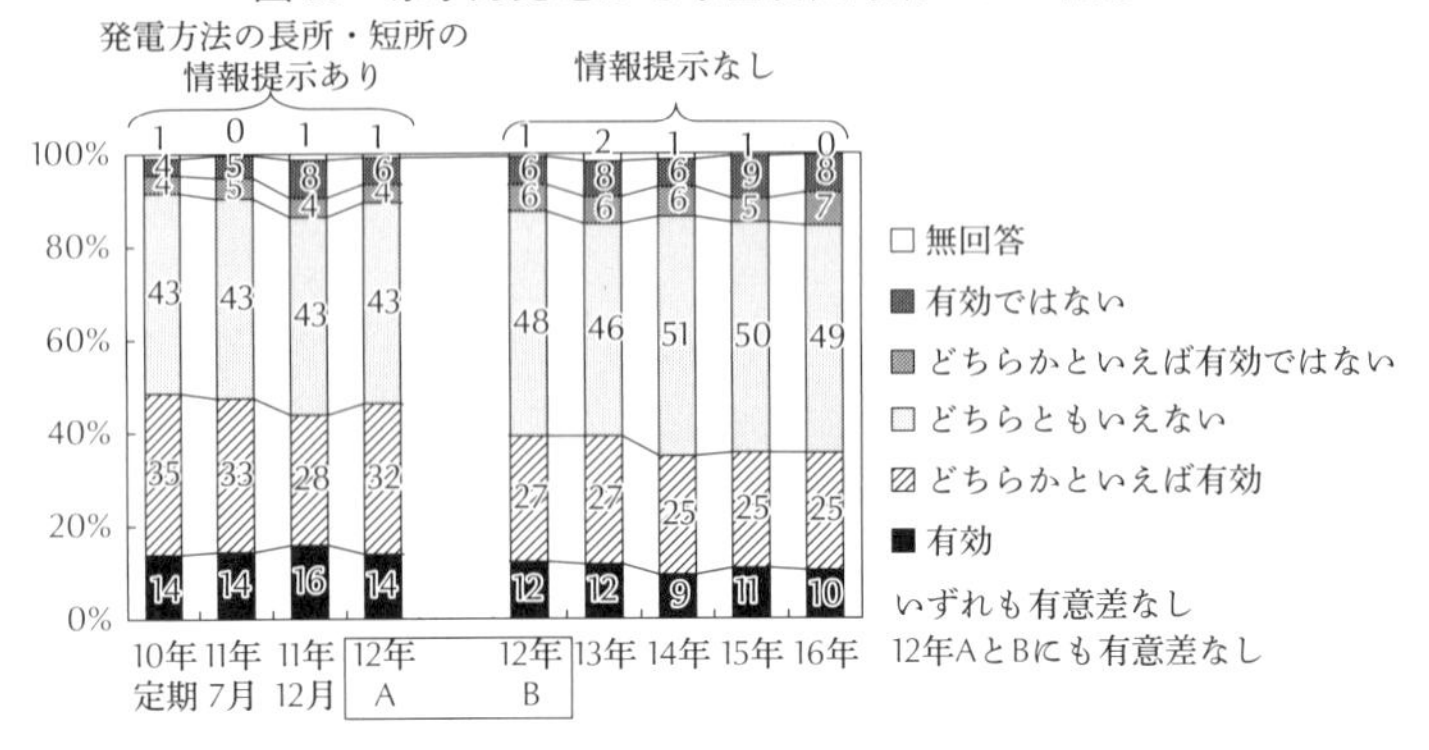

温暖化対策としてよりいっそう有効で適切な方法が他にあると認識している、という二点が考えられる。後者の②は再生可能エネルギーへの期待である。これについては第9章第1節第3項で取り上げる。

①であれば、単純な知識不足が原因であり、原子力発電はCO_2排出量が少ないという情報を提供すれば、地球温暖化対策としての有効性評価は上がると予想できる。二〇一二年のINSS継続調査で情報提供の有無による違いを調べているので、その結果を示しておく。

図35は、図32に含まれる「原子力発電は地球温暖化対策として有効か」という質問の回答分布の時系列推移である。二〇一一年までは、調査票の当該質問の前方に「今後主力とするのがよい発電方法」を単一回答で求める質問があり、そのなかで、各発電方法の長所・短所・発電規模目安の情報を一ページ

に収まる一覧表で提示していた。表では、原子力発電の長所として、太陽光発電や風力発電の欄と同様に「CO²の排出が少ない」と記載されていた。

二〇一二年調査は、ごく一部の質問だけが異なる二種類の調査票――従来どおりの一覧表による「情報あり」の調査票Aと、「情報なし」の調査票B――で実施し、結果を比較している。[31] 図35をみると、二〇一二年の「有効＋どちらかといえば有効」の合計比率は、情報あり（調査票A）で四六％、情報なし（調査票B）で三九％である。つまり、「情報あり」の回答者は、原子力発電が地球温暖化対策として有効と思うか否かの質問に先立って、原子力発電の長所としてCO²の排出が少ないという情報を目にしていたにもかかわらず、有効という評価は七ポイント高いだけであった。

調査票の質問文のなかで示される情報が、どれだけ精査して読まれるかという問題もあるが、「原子力発電はCO²の排出が少ない」とさえ伝えれば、自動的にそれを判断材料とし、ロジカルに「原子力発電は地球温暖化対策として有効」と認めるというような、単純な関係にはないことが示唆される。

地球温暖化問題を、環境問題という大きな枠組みでとらえ、それに含まれる一つの問題としてみた場合には、原子力発電は、放射性廃棄物や事故の際の放射能汚染による環境負荷がきわめて大きいという点で、別の環境問題を抱えている。環境問題という大枠の視点から、原子力発電は地球温暖化対策としての候補から外されると考えられる。

原子力発電が地球温暖化対策として有効だという認識が低い理由についての研究がある。深江［二〇〇六］によれば、「原子力発電は発電の際、温室効果ガスを排出しない」と思う人は三二％にとどまり、「どちらともいえない」が四二％、「そう思わない」が二四％であり、正しい知識が不足していることが指摘されている。これは前述の①の理由に相当する。

しかしそれだけでなく、さらに、共分散構造分析による要因分析から、地球温暖化対策としての原子力発電の有用性評価には、地球温暖化問題についての知識や、原子力が地球温暖化を進めるといった誤解[32]が影響しているが、それら以上に、論理的には地球温暖化とは直接関係しない、「大量の放射性物質を放出するような事故を起こす」や「大量の放射性廃棄物が蓄積されていずれ大変なことになる」といった原子力発電の負のイメージの影響が支配的であったと報告されている。

以上の深江の研究からは、正しい知識の提供や誤解の払拭が重要であることや、原子力発電で生じる放射性物質が環境に悪影響を与えるというイメージが、地球温暖化対策としての有効性評価を阻害していることが示される。

第4節　まとめ——効率性の要素

第8章のデータに基づいて、効率性の要素の変動の実態と特徴については、次のようにまとめることができる。

【安定供給】

① 原子力発電は、社会がそれを利用してきた実績に基づき、安定供給に貢献すると評価され、原子力発電を減らせば安定供給に支障が生じると認識されている。将来の電力需要は増えていくと予想されているが、将来の供給力についてはあまり懸念されていない。

② 二〇〇三年の原子力発電所の運転停止に起因する供給力の低下で生じた電力不足では、電力消費が多いことへの批判や反省がみられたが、節電の実行には必ずしも結びついていなかった。福島原発事故後の電力不足では、節電行動は一時的に高まったが、その後手間を要する節電や我慢をともなう節電の実行は徐々に低下して元に戻った。これらの実態をふまえると、行動を促すような状況の圧力が働かなければ、節電は持続可能ではなく、機器やシステムによらず、利用行動の変化によって電力需要を大幅に下げるのは容易でないことが示唆される。

③ 福島原発事故後の電力不足は節電で乗り切ったと認識されている。人々は電力不足に対し、供給側より受容側の問題として消費を減らすという発想でとらえる傾向があり、供給力を確保するという問題には意識が向きにくいことが示唆される。

④ 福島原発事故後、原子力発電所が長期停止するなかで、従前どおり電力が供給され、生活への支障がなかったことによって、原子力発電が安定供給に貢献するという評価に低下が生じている。

【経済効率性】

⑤　原子力発電はコストの安い電源と認識されているが、社会の電源を選択する基準として、経済性（電気料金の安さ）はあまり重視されていない。

⑥　福島原発事故後、原子力発電の長期停止に起因する値上げが実施されたが、人々に自宅の電気料金の支払額が増えている認識はなかった。電気料金は使用量や燃料費調整単価などの変動要因があるため、支払額の増減に対する個人レベルの感度が低い実態があり、家計に占める割合も低いことから、値上げや値下げに順応しやすいことが示唆される。

⑦　原子力発電を減らす場合の経済影響として、電気料金が上昇するという直接的影響は認識されているが、雇用や国際競争力といったマクロ経済への二次的影響はあまり認識されていない。いずれの影響についての認識も、福島原発事故後の原子力発電所の長期停止にともなってやや低下している。

⑧　電気料金の上昇によるマクロ経済への影響には、産業の業種による相違や景気・為替などの要因も大きく関係するために、影響の実態は明らかではない。人々が経済面の変化を認識しても、それを電気料金や原子力発電と自ら関連づけるのは難しい。経済効率性における原子力発電の効用は認識されにくいことが示唆される。

【環境への適合】

⑨　地球環境問題への関心は高く、地球温暖化対策の必要性も認識され、ある程度の不利益や支障があってもCO2を削減すべきと認識されている。しかし、CO2削減手段として原子力発電の有効性評価は低い。知識情報の不足もある。

⑩ 原子力発電の利用否定層で、CO_2削減に積極的な傾向がある。この理由として、CO_2削減積極性と原発世論の関係には、効率性の要素からの経路と、脱物質主義（経済より環境優先）の要素からの経路の二つある。前者は「CO_2削減という目的を達成する手段として、排出量の少ない原子力発電を利用する」ことであり、後者は「環境優先の視点から、CO_2を削減することと、放射性物質が環境に負荷を与える原子力発電を利用しないことの両方を求める」ことである。上記の傾向は、後者によるものと考えられる。

⑪ 福島原発事故後、原子力発電所の長期停止によりCO_2排出量が大幅に増加したが、その実態は人々に認識されていないし、地球温暖化対策としての原子力発電の有効性評価も高まっていない。

◆まとめ

効率性の要素の決定要因である3E（安定供給、経済効率性の向上、環境への適合（CO_2削減））のなかでは、長く利用してきた事実に基づき主として安定供給における有用性が認識されている。電気料金上昇の感度は低く、経済影響やCO_2排出量は可視的でなく原子力発電との関係も自明でないため、実態の変化による認識の変化が生じにくい傾向がある。福島原発事故後の数年にわたりほぼすべての原子力発電所の運転停止によっても支障が顕在化しなかった事実から、効率性の要素の認識はやや低下している。効率性の要素は、インフラ形成が関わり、実態の変化が緩やかに進むため、事故や事件など突発的な出来事で注目されるリスクの要素とは異なり、変化量が小さく、変化の時間軸は相対的に長く、緩やかなものになる。

注

1 二〇一一年〜二〇一五年冬まで政府による節電要請がおこなわれた。このうち二〇一三年夏以降は数値目標のない節電要請になった。二〇一六年は夏季・冬季も節電要請はおこなわれなかった。

2 経済産業省資源エネルギー庁は二〇〇三年五月初旬より節電キャンペーンを開始し、電力需要の高まる夏期に向け六月初旬よりその内容を強化した。具体的には、「節電宣言」、「節電隊」のうちわ配布キャンペーン、節電イベントの開催、テレビCM、JR山手線吊革広告が実施された［資源エネルギー庁、二〇〇三］。東京電力は、テレビやラジオのCM、新聞広告、全家庭へのちらし配布を通じ、原子力の不祥事から原子炉の運転を停止し供給力不足を招いたことをお詫びし、具体的な節電方法を示して実行を呼びかけていた。加えて、六月二三日から九月五日の間、テレビ・ラジオ・インターネットなどで、「でんき予報」を実施していた［東京電力、二〇〇三、一〇ページ］。

3 財団法人日本漢字能力検定協会が、その年をイメージする漢字一字を公募し、最も応募数の多かったものを、その年の世相をあらわす漢字として、一二月に京都市東山区の清水寺で発表している。一九九五年以来続いている。

4 「確実に実行した」という比率だけで分析しても、福島原発事故後の実行度の高まりとその後の低下傾向がみられた。

5 二〇〇三年調査では、最近半年間にテレビやラジオのコマーシャル、新聞広告、パンフレットなどで、節電を呼びかけているのを「ひんぱんに見聞きした」は関西一一%、関東四三%、「ややひんぱんに見聞きした」は関西一五%、関東二四%であった。『でんき予報』について、関西は「知らない」が六〇%で、「知っていたが見たことはない」が二五%であったが、関東は「しばしば見た（聴いた）」が三八%、「見たことがある（聴いたことがある）」が二一%で顕著な差があった。詳細は北田［二〇〇四a］を参照。

6 節電実行度が高いか低いかを外的基準変数とし、節電広報接触を説明変数として数量化Ⅱ類で分析した結果、関東で相対的に高い説明力があった（相関比が高かった）。また、複数の説明変数で数量化Ⅱ類をおこなう分析では、エネルギーや環境意識や人口統計的属性などの説明変数に節電広報接触を追加すると、関東でのみ説明力（相関比）が上昇した。これらから、関東では、他の説明変数との共変関係による効果をとり除いても、広報接触が節電行動を促す効果があったと結論した。詳細は北田［二〇〇四ａ］を参照。

7　調査対象者は、Ｗｅｂアンケートのモニターから男女×世帯規模（単身、二人以上）×地域（都道府県）で割り当て、有効回答者に対し次年度の調査を実施している。東京電力利用世帯は二〇一一年二九七〇名、二〇一二年一五一七名、二〇一三年八八五名。関西電力利用世帯は二〇一二年一一一九名、二〇一三年六二八名［西尾・大藤、二〇一四、七ページ］。有効回答者は、当年（第一回調査では前年と当年）の七月〜九月の三カ月分の「電気ご使用量のお知らせ」を手元に用意し、実績値をＷｅｂ画面で入力できた者に限定されること、一年ごとに四割強のサンプルが脱落しており、標本の摩耗が大きいことから、分析対象となったサンプルは、節電への関心や取り組みが相対的に高い層であった可能性が考えられる。

8　新規小売り電気事業者の登録数は、二〇一五年八月の登録受付開始から自由化スタート時までに二六六社が登録した。二〇一七年一月時点では三七四社になっている［経済産業省電力・ガス取引監視等委員会、二〇一七、五ページ］。

9　これらの記事件数は、見出しや本文にキーワードとなる語句を含む記事のヒット数であり、個々の記事内容は確認していない。キーワードだけで分析対象の記事を適切に分離できるかという問題があり、趣旨の異なる記事が混入している可能性がある。また、キーワードが網羅性に欠けると、対象とすべき記事が脱落している可能性がある。したがって、各事象についての報道量の指標としての精度は高くない。おおづかみの傾向をとらえる参考値である。

10　首都圏の電力不足について「覚えている＋聞いたことがあるような気がする」と回答したのは、関西で八一％、関東で九三%であった。その回答者への付問では、電力不足から大規模な停電が実際に起こる可能性について「多分起こらない」は関西三二%、関東三〇%、「起こるかどうか五分五分」は関西四四%、関東四三%、「絶対に起こる・多分起こる」は関西一九%、関東二二%であった。心配の程度は「ほとんど心配していなかった」は関西三二%、関東二四%、「少し心配していた」は関西四四%、関東四七%であった。詳細は北田[二〇〇四a]を参照。

11 自由回答記入率は、関東五四%、関西四九%。全回答者における比率を比べると、供給側の問題としての視点(関東一三%、関西一〇%)は、需要側の問題としての視点(関東二七%、関西二五%)より少なかった。不祥事により電力不足を招いた東京電力やトラブル隠しの直接批判は関東も関西も二%しかなかった。需要側の問題としての視点では、「電力消費批判」と「節電推進」の二カテゴリーで大部分を占めた。詳細は北田[二〇〇四a]を参照。

12 関西と関東のデータを合わせて、節電を実行している高実行群(八四六人)とあまり実行していない低実行群(一二八五人)の自由回答を比較した。「電力消費批判」は、高実行群で一一八人、低実行群で一一七人であり、低実行群では他者をあげた批判(三八人)より一般論としての批判(七九人)が多かった。「節電推進」は、高実行群で九三人、低実行群でも一三六人あり、少なくはなかった。詳細は北田[二〇〇四a]参照。

13 電力需要の高まる夏を乗り切った理由を複数回答で求めると、二〇一二年は「主に家庭の節電」が二一%、「主に企業の節電」が三一%、「社会全体の節電」が七一%で、回答者の八六%が節電を一つ以上選択した。「大飯原子力発電所が運転し、供給力が増えた」が二九%、「供給力を低下させるトラブルなど起こらないよう電力会社が懸命に取り組んだ」が一三%、「老朽発電所の再開や定期検査の先のばしなど、無理して火力発電所を動かしつづけた」は一〇%にとどまった。「そもそも電力は足りていたから」は二六%であった。詳細は北田[二〇一四a]を参照。

14 二〇一三年に自宅での節電の持続可能性を問うと、毎年続けることが「できる」が八〇%を占め、「少し無理がある」と「かなり無理がある」は計一九%であった。これらの回答は二〇一五年調査でも変化していない。企業の節電の持続可能性などは、北田［二〇一四a］を参照。

15 二〇〇三年調査では、首都圏電力不足問題を「よく覚えている」は関西四二％、関東六七％であった。調査の一カ月半ほど前の八月一四日に発生した北米大停電を「よく覚えている」は関西六七％、関東七四％。詳細は北田［二〇〇四a］を参照。

16 猛暑日が一六日間連続した二〇一三年八月二二日には、西日本全体で需給がひっ迫するなかでトラブルで停止中の舞鶴火力発電所に加え、南港火力発電所がトラブルで出力抑制となった関西電力では、他社からの緊急応援融通によって必要最低限の予備率をかろうじて確保したとされる（日経新聞二〇一三年八月二三日付朝刊の記事「関電、電力使用率が震災後最高に―4社から緊急融通」、［米満、二〇一三］）。

17 二〇一五年調査では、一〇年後の日本の発電能力について「十分」と回答した層（三六三人）では、将来日本全体で必要な電気の量について「どんどん増えていく」一九％、「少し増えていく」二九％、「変わらない」二八％、「少し減っていく」二〇％、「どんどん減っていく」五％であった。同様に「供給能力多少不安」層（六一五人）では、順に二六％、三九％、二一％、一二％、二％であった。

18 国内の原発がほぼすべて停止している事実が認知されていないという理由も考えられる。国立環境研究所の二〇一六年六月調査（全国一八歳以上男女。層化二段無作為抽出三〇〇〇人、有効回収一六四〇人、回収率五四・七％）によれば、「昨年度一年の間（二〇一五年度）に、日本で最も多く発電に使われているエネルギーと二番目に多く発電に使われているエネルギーはどれだと思いますか。次のなかからそれぞれ一つずつ選んでください」として、「水力、石炭、石油、天然ガス、原子力、太陽・太陽光、風力、樹木・穀物・人畜などによるバイオマス、地熱、海洋（波力や海流を使うもの）」の一〇項目から選択することを求めている。一番目として回答率が最も高かったのは、石油の四〇・四％、次いで原子力の二五・九％であった。二番目としても石油の二二・九％、次いで原子力の一七・三%であり、一番目も二番目も石油と原子力が多く選択されている［国立環境研究所、二〇一六、三三ページ］。

19 「首都圏電力不足問題に関連して感じたり考えたことがあれば、なんでもご自由にお書きください」と自由回答形式でたずねた。任意記入であったが、関東で回答者の五四%にあたる五七八人が記述した。そのうち、原子力発電に依存することへの批判や原子力発電なしで乗り切ったことによる原子力発電不要論を記述したのは一五人、逆に、供給実績による有用論を記述したのは一六人で、いずれも少なかった［北田、二〇〇四a、二三ページ］。

20 電力需要の高まる夏を乗り切った理由を複数回答で求めると、「大飯原子力発電所が運転し、供給力が増えた」は、二〇一二年は二九%であったが、二〇一三年は一四%に減少した［北田、二〇一四a、二九〜三〇ページ］。

21 「石油資源の節約になる」は二〇一六年に二〇ポイント増加しているが、選択肢の表現を「発電を原子力でおこなうことにより、大切な石油資源を節約できる」から、「石油や天然ガスなど限りある資源を節約できる」に変更したことが影響していると考えられる。

22 資源エネルギー庁資料によれば［資源エネルギー庁、二〇一五c、八ページ］、家庭向け電気料金の単価は一キロワット時（ｋＷｈ）あたり、一九九〇年は約二五円、二〇一〇年は約二〇円である。

23 電気料金は、二〇一三年の料金改定による値上げ前の時点で、燃料調整費や再生可能エネルギー固定価格買取制度の賦課金によって、福島原発事故前より一割程度上昇していた［西尾、二〇一五、二三ページ］。二〇一三年調査で、前年より電気代が増えたと思う人が少なかったのは、これら他の要因による電気代の上昇トレンドのなかで、料金改定による値上げが埋没した可能性も考えられる。

24 時期は本調査時点とずれるが、政府資料［資源エネルギー庁、二〇一五c、一四ページ］によれば、再値上げの軽減期間が終了し、八・三六%の値上げとなっていた二〇一五年一二月の関西電力の標準家庭の電気料金は、前年同月と同額となっている。

25 「コスト削減で料金を安く」は、二〇〇二年当時進行中であった電力部分自由化を念頭に置いた内容であり、経済性の重視度をとらえるのに最適とはいえないが、時系列比較可能性を重視し、そのまま用いている。

26 ＩＮＳＳ継続調査では電力自由化のイメージを複数回答で質問している。最も選択率が高かったのが「家庭料金が安くなる」であり、二〇〇〇年は三九％、二〇〇二年は四四％であった。家庭向けは自由化対象外であったが、人々は通信の自由化での経験を重ねてイメージしていたと考えられる。詳細は北田［二〇〇四ｂ、一七八～一八〇ページ］を参照。

27 ①電気代上昇感の有無と「原子力発電を減らす場合に電気料金があがると思うか」の関係、また、②電気代上昇感の有無と「原子力発電利用態度」の関係については、いずれもカイ二乗独立性の検定で有意ではなく、クラメールの関連係数もともに〇・〇四と低かった。詳細は北田［二〇一四ａ］を参照。

28 京都メカニズムは、①先進国同士が共同で事業を実施し、その削減分を投資国が自国の目標達成に利用できる制度（共同実施）、②先進国と途上国が共同で事業を実施しその削減分を投資国（先進国）が自国の目標達成に利用できる制度（クリーン開発メカニズム）、③先進国間で排出枠等を売買する制度（排出量取引）からなる［環境省、二〇〇四、三ページ］。

29 コトバンクの朝日新聞掲載キーワードの解説では、「気象研究で有名な英イーストアングリア大学のコンピューター電子メールなどが盗みだされ、わざと気温の低下を隠したかのようなやりとりが暴露された。地球温暖化に懐疑的な人たちが、ここぞとばかりに批判し、気候変動に関する政府間パネル（ＩＰＣＣ）への信頼性も大きく揺らいだ。」と説明されている。

30 二〇一六年度の標準家庭（月三〇〇キロワット時（ｋＷｈ）使用）の賦課金月額は六七五円。二〇一六年度の賦課金総額（買取費用と回収可能費用（本来発電にかかっていたコスト）の差額）は一兆八〇二五億円との想定で算出されている［資源エネルギー庁、二〇一六a］。

31　各発電方法についての情報（長所・短所、発電実績、発電規模）提示が、電源選択において太陽光発電への期待を抑制し、火力発電の容認を増やす方向に影響していることが確認された。しかし、原子力発電の態度・評価の質問では、調査票AとBの回答比率に有意差はなかった。各発電方法についての情報は、内容が直結する電源選択の質問への影響にとどまり、調査票全体に考慮が必要なほどの影響を及ぼしていないと考えられた。なお、この情報提示の有無による比較は、次回以降の質問を情報提示なしに変更するにあたって、時系列比較に及ぼす影響を把握するために実施したものである。詳細は北田［二〇一三b］を参照。

32　人々に原子力発電が地球温暖化の防止になるか原因になるかの判断を求めると、原因になると思う人が五一％、防止になると思う人が四八％であったこと、ロジスティック回帰分析の結果、原因になるという考えには「原子力発電所から出る放射性物質が地球温暖化を進める」「温排水や高温蒸気による熱が地球温暖化に影響する」という誤った認識の影響が大きいと報告されている。詳細は深江［二〇〇四］を参照。

第9章 脱物質主義の要素に関するデータ

第3章第1節第1項では、環境意識の高さや環境保護志向の強さ、科学文明にネガティブなどの脱物質主義的価値観が、原子力発電への否定的態度につながっていることを示した。このような関連性は一九九三年から二〇〇二年の一〇年間では安定していることが確認されているが、現在も持続しているかどうかは重要な論点になる。これはINSS継続調査のデータを用いて態度構造を分析した結果だが、その後の二〇〇七年と二〇一〇年、とりわけ福島原発事故後の二〇一一年に調査票の見直しがおこなわれたため、全調査時点に共通する質問が少なくなっている。残念ながら、近年のデータを含めて、同じ分析手順による態度構造の時点比較はできない。[1] 第6章から第8章で述べてきたように、原発世論やリスクの要素、効率性の要素が最も大きく動いたのは福島原発事故後である。それらの意識の変化の実態は、一九九三年からの継続質問だけでなく、途中追加質問によって明らかになったものも多い。一九九三年から二〇一六年まで継続している質問だけを寄せ集めて態度構造を分析することは、変動する重要な項目を欠いた不十分なものになる恐れがある。そこで、態度構造の変動についての分析は諦め、本章では脱物質主義の決定要因の一つである環境意識の変動をみていく。

第1節　経済より環境優先の価値観

1　環境と経済のどちらを優先するか

物質主義を経済重視の傾向としてとらえると、ＩＮＳＳ継続調査では、「国民ひとりひとりの生活がよくなるには、日本の経済力が強くなければならない」という物質主義的な考え方に同意する程度を、二〇一〇年から継続して質問している。二〇一六年は「まったくそのとおり」が二七％、「そう思う」が四八％に対し、「そう思わない」と「決してそうは思わない」は合わせても二四％にとどまる。この傾向は二〇一〇年から一貫している。経済を単独で取り上げれば、強い経済を望まない人はむしろ少数である。一方、第8章第3節第1項で示したように、最大の環境問題である地球温暖化についての関心や対策の重要性認識はきわめて高い。つまり、経済について、あるいは環境について、単独にどの程度重視するかを質問するだけでは、物質主義・脱物質主義という価値観の指標にはなりにくいと考えられる。そこで、環境を経済と対立させてとらえた場合に、どちらに高い優先順位を与えるかという意識を分析する。

質問文は、「電力の供給をふやせば、経済のゆとりや快適な生活ができるが、環境汚染、自然破壊がそれにともなうおそれがある。電力の供給をふやさなければ、環境汚染、自然破壊が抑えられるが、経済力が低下し生活の不便をがまんしなければならないおそれがある。」として、相反する二つの意見を提示し、どちらか一つを選択するのではなく、同意する程度に応じて、二つの意見に五枚のシールを配分する回答形式でたずねている。具体的には、意見Aは「ある程度の環境汚染・自然破壊がともなうことがあっても、経済のゆとりや快適な生活のため、電力供給をふやす」であり、意見Bは「環境汚染・自然破壊を抑えるため、経済力が低下し生活の不便をがまんしなければならなくなるとしても、電力供給をふやさない」である。[2]

シールの配分戦略として、回答者の約六割は「二枚と三枚」の組み合わせで配分しており、AとBの意見に最小の差しか与えない人が多い。意見Bの環境優先に配分されたシール枚数の平均値の推移を図36に示す。

まず、回答者全体の推移をみると、二・五枚を少し上まわっており、経済より環境優先のほうがやや強い。二〇〇二年と二〇一〇年は環境優先がやや低下している。二〇〇二年は前年に発足した小泉内閣が日本経済の回復を掲げて「聖域なき構造改革」を進めようとしていた時期である。経済効率重視の傾向が強まっていた可能性がある。二〇一〇年はリーマンショック以降の不況や円高によって日本経済は厳しい状況にあった。これらの経済情勢の悪化にともなうとみられる変動はあるが、全期間を通して環境優先が高まり続けるというような一方向の変化のトレンドはみられない。脱物質主義的価値観の一つの指標になる「経済より環境優先」の意識は、回答者全体でみると、この二三年間おおむね安定している。

次に、同じ図36で、原子力発電の利用についての意見の肯定層と否定層の折れ線グラフをみる。回答者全体よりも増減が大きいのは、ブレイクダウンによってサンプル数が少なくなり、誤差が大きくなるためと考えられる。利用否定層は、全期間を通して常に肯定層より〇・七〜〇・八枚多く、環境優先の傾向が明瞭である。環境優先意識は利用否定につながっていることが確認できる。[3] なお、回答者全体の平均値が二〇一〇年までは肯定層に近く、否定層とかい離しているのは、全体に占める否定層の割合が低かったためである。[4]

さらに、原子力発電の利用についての四つの意見別に折れ線グラフをみる。サンプル数が少なくなり誤差が大きくなることに加えて、調査時点の四つの意見の構成比率の変化も関係するため、四本の折れ線は、単純な平行線にはなっていないが、交わることもない。利用否定層のなかでも、「利用すべきでない」層は、「他の発電に頼るほうがよい」層より一貫して〇・八枚程度多く、環境優先意識が特に強い。肯定的から否定的になるほど順に環境優先意識が強くなるという関係は、どの調査時点においても明瞭である。

以上をまとめると、環境優先意識、すなわち本書でいうところの脱物質主義の特徴として、①環境優先意識は原子力発電の利用を肯定するか否定するかと強く関係しており、どの時点においても環境優先意識が強いほど、原子力発電の利用に否定的な傾向があること、②経済状況による揺れはみられるが、福島原発事故以降を含むこの二三年間を通じ、脱物質主義が強まる傾向はみられないことが示されたといえる。

福島原発事故後、原発世論が大きく変化し、利用否定層が増大したにもかかわらず、社会全体では脱物質主義が強まるという価値観の変化がみられないという点は重要である。社会全体の脱物質主義の強さは変わらないが、相対的に脱物質主義的であった人々が、原発利用肯定から利用否定へと態度を変化させたためだと解釈できる。

福島原発事故の翌年の二〇一二年には、脱原発を求めるデモや集会が活発になり、それまで社会運動に参加経験のない市民が多く参加し、幼い子連れの参加もみられた。団体旗を掲げないなど政党や労働組合などの組織色が薄められ、参加の敷居が低くなったといわれる。デモや集会への参加という行動によって原子力発電反対の意思表明をする人は一〇万人規模に達した。

図36　環境優先か経済優先か

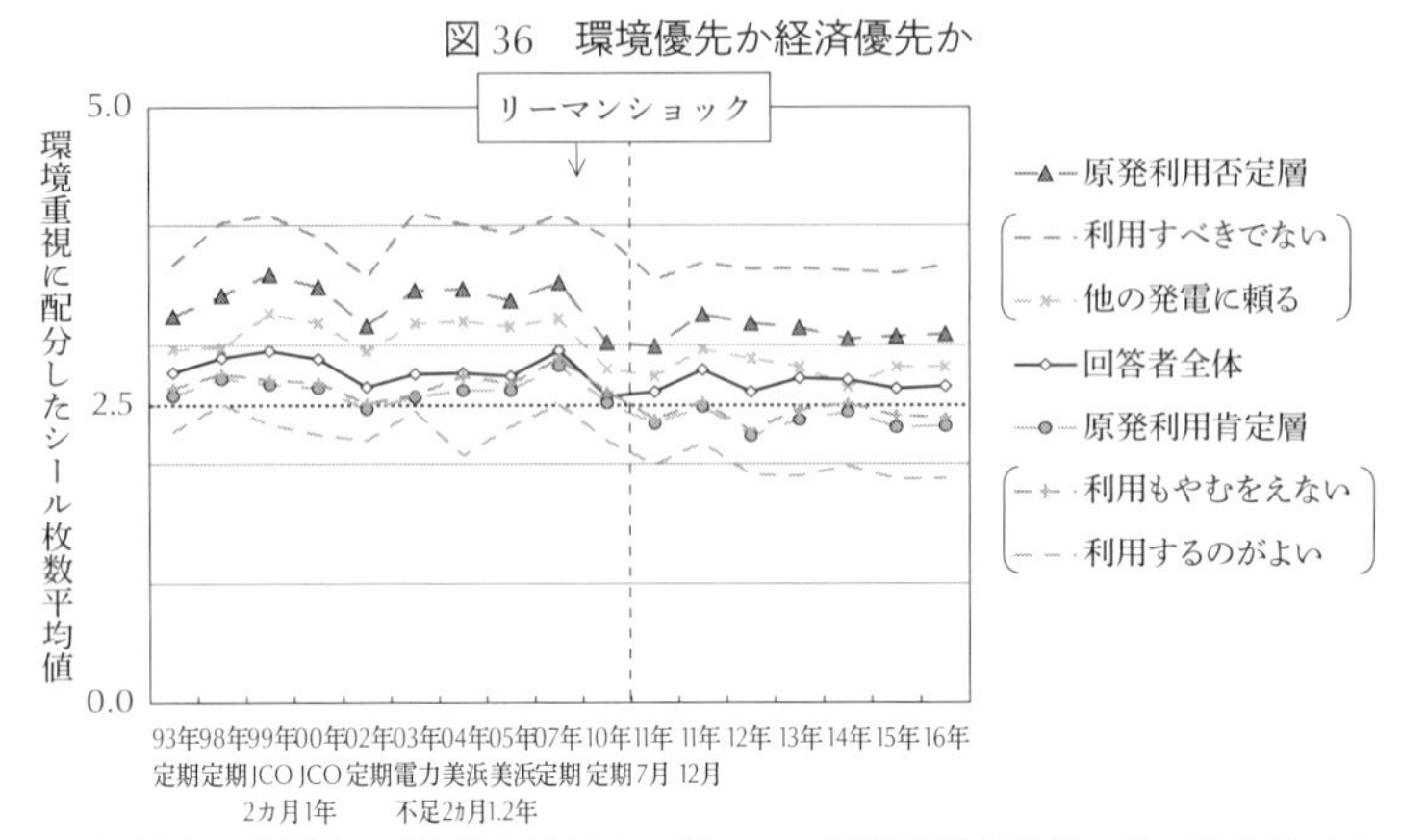

※肯定層と否定層の平均値を比較する際には、福島原発事故前・後で構成比が大きく変化していることに留意する必要がある。

第2章第4節第2項で述べたように、市民運動としての反原発運動は、経済成長の負の側面に目を向け、生活の質や生き方、近代的なライフスタイルを志向する、つまり脱物質主義的価値観をもつ人々によって担われてきた。福島原発事故後、幅広い層の人々が脱原発デモや集会に参加したり、活動について見聞きすることによって、その考え方に共鳴し、価値観に変化が生じる可能性も考えられた。実際、マスメディアにおいて、「原子力発電の問題は、われわれがどのような社会を目指すかという問題であり、問い直されるべきだ」という趣旨の発言も聞かれた。しかし、福島原発事故以降も、ライフスタイルや価値観そのものの転換を前面に掲げるような反対運動は目立っていない。福島原発事故以降の脱原発の高まりは、脱物質主義という基本的価値観の変化をともなうものではないといえる。

2　「経済より環境優先」意識は世代によって異なるか

脱物質主義は、個人が社会化された時点に形成され、それ以降の影響を受けにくいために、人口における世代交代によって、社会全体の緩やかな変化としてあらわれるとされる。前項では、環境と経済のどちらを優先するかという考え方は、ＩＮＳＳ継続調査がカバーする二三年間では全体としてはおおむね変化していなかった。ここでは、コーホート分析により、脱物質主義で想定されている世代効果について検討しておく。

図37は生年コーホート別に環境優先に配分されたシール枚数の平均値の推移を示したものである。出生年は第一回調査の一九九三年時点において調査対象年齢の上限である七九歳から一〇歳刻みになるように分類している。この分類は第7章第1節第4項と同じである。図の横軸はデータの有無にかかわらず一年の等間隔のスケールにしている。

各時点のデータを生年コーホートで分割するとサンプル数が小さくなり（表10を参照）、誤差が大きくなっていると考えられるが、一九九三年の時点では明らかに、若年層ほど環境優先の傾向がみられる。特に「一九二四年～一九三三年生まれ」と「一九三四年～一九四三年生まれ」の戦前・戦中生まれの古い生年コーホートは、環境優先が低い。言いかえれば相対的に経済優先であり、それ以降の時点でも、他の生年コーホートより経済優先である。

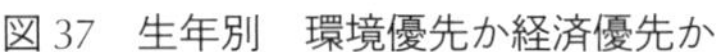
図37　生年別　環境優先か経済優先か

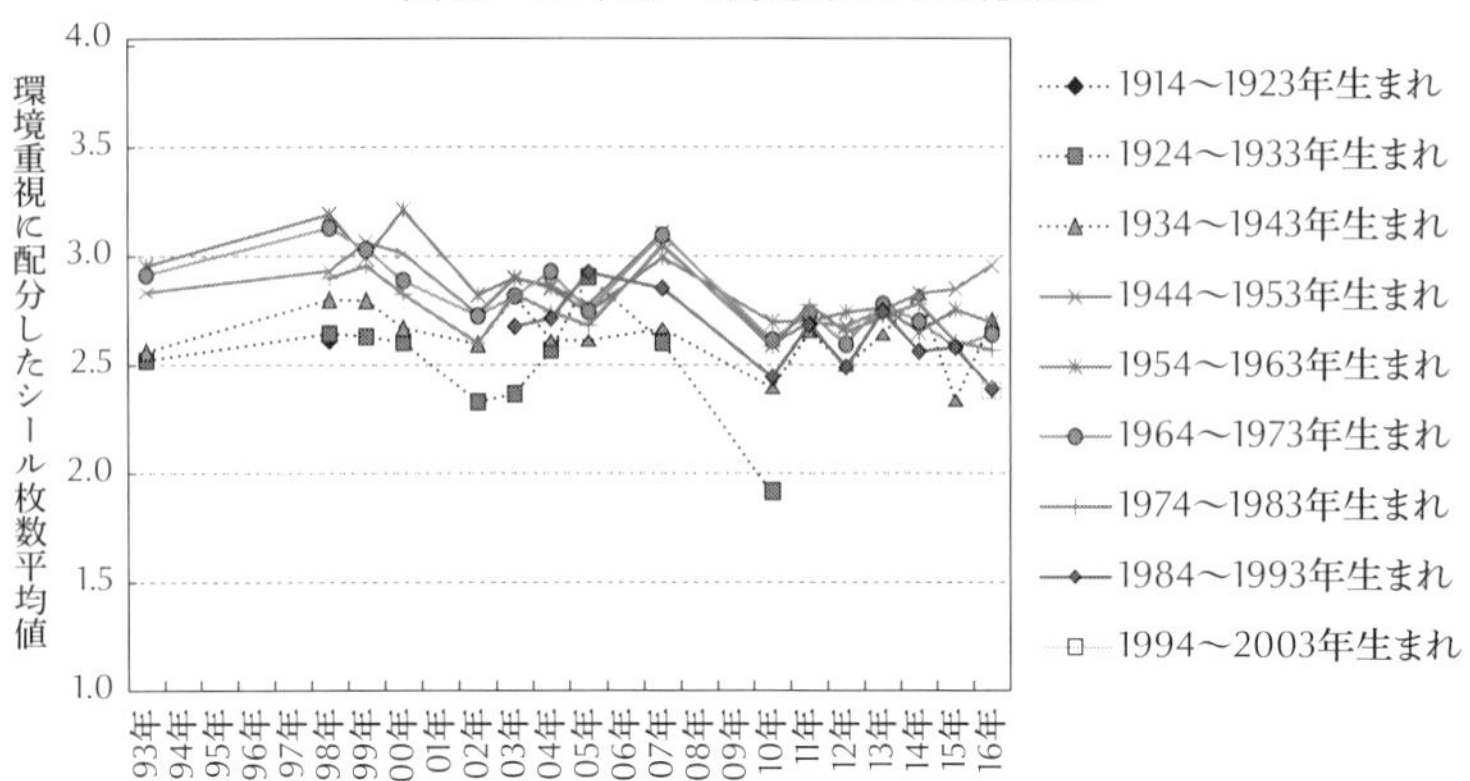

※全国を含む全データ、ただし各調査時点で50人未満のコーホートはプロット除外

「一九四四年〜一九五三年生まれ」と「一九五四年〜一九六三年生まれ」と「一九六四年〜一九七三年生まれ」は、前述の古い生年コーホートより環境優先が強い傾向が一貫してみられる。ただし、この三つの生年コーホートの間では、新しいコーホートほど環境優先意識が強いといった順序関係はみられない。

　それら以降の「一九七四年〜一九八三年生まれ」と「一九八四年〜一九九三年生まれ」の新しい生年コーホートは、それより前の生年コーホートのような環境優先の傾向はない。「一九八四年〜一九九三年生まれ」の最新コーホートは、むしろ経済優先である。

　つまり、この二〇年余りの間では、経済優先の古い生年コーホートが社会から退出したが、新たに参入してきた新しい生年コーホートが環境優先ではな

図38　調査時点別　生年と原発態度の関係

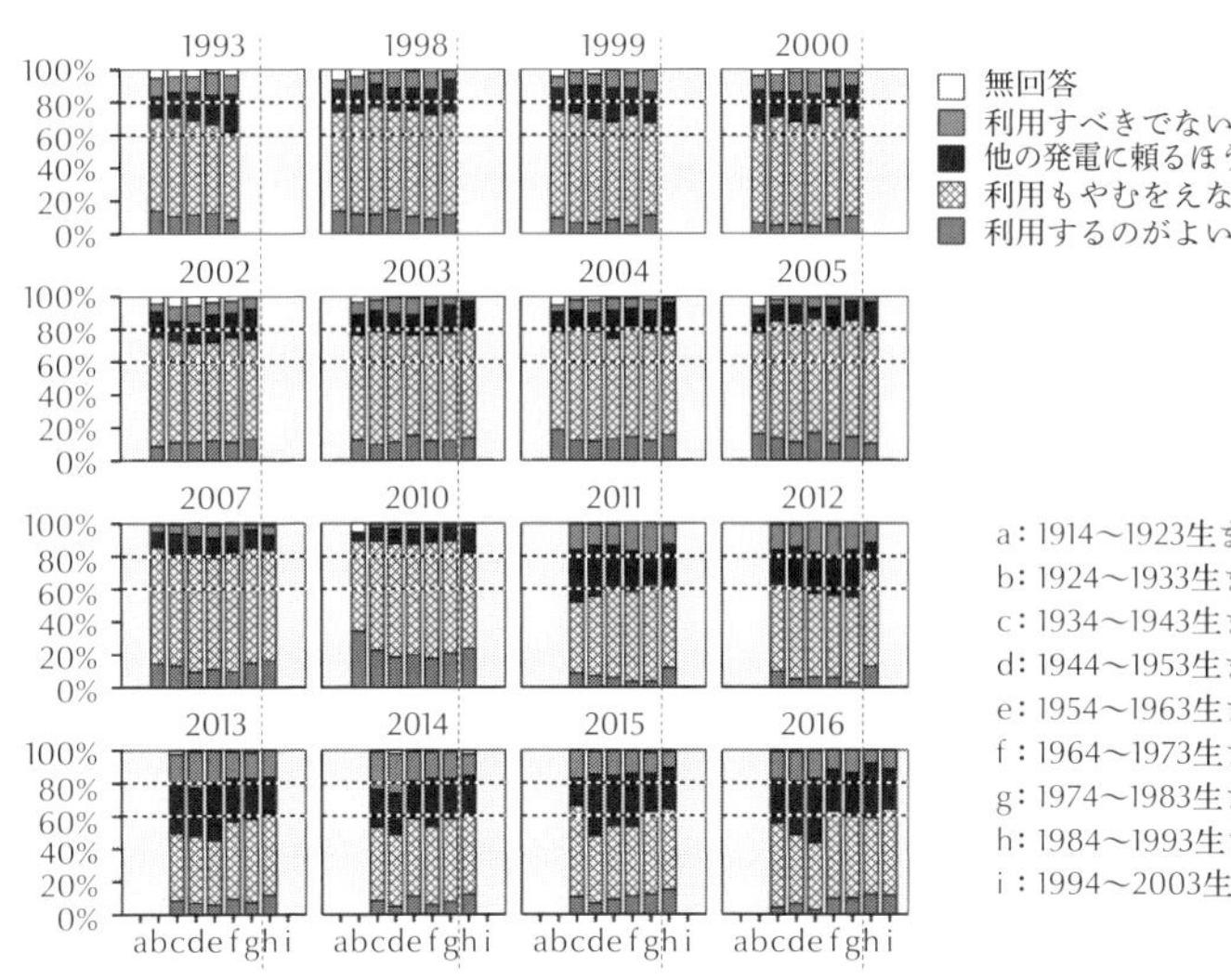

く、むしろ経済優先であるために、社会全体における環境か経済かという考え方の変化は顕在化していないと解釈することができる。

環境優先意識が相対的に低い「一九七四年〜一九八三年生まれ」と「一九八四年〜一九九三年生まれ」という新しい生年コーホートが社会に出た時期は、高卒であれば一九九二年以降、大卒であれば一九九六年以降であり、バブル崩壊後の就職氷河期とされる時代以降である。卒業時点の景気や経済の動向次第で就職が左右されることを目の当たりにしたり、就職難に直面したり、その結果、非正規雇用の不安定で不利な状況に置かれた人が多い層に重なる。イングルハートによれば、脱物質主義は、豊かさが実現した次に移行する基本的価値観であり、それぞれの年齢集団の人格形成期に広まっていた環境を反映するとされる。日本経済が長期間にわたり停滞した時代に社会に参入した新しい生年コーホートは、豊かさが満たされていない人が相対的に多いために、経済優先意識が強く、脱物質主義が弱いという解釈が可能ではないかと思われる。

調査時点ごとに生年コーホートと原子力発電の利用態度との関係をみたのが図38である。少ないサンプル数における回答分布になるので誤差が大きく、必ずしもクリアな傾向ではないが、福島原発事故以降をみると「一九七四年～一九八三年生まれ」と「一九八四年～一九九三年生まれ」の新しい生年コーホートは、他の生年コーホートより利用否定（利用すべきでない+他の発電に頼るほうがよい）が少なめであり、特に「一九八四年～一九九三年生まれ」の新しい生年コーホートでは、「利用するのがよい」という積極的肯定がやや多めである。

若年層の原子力発電に対する態度については、福島原発事故後に実施された複数の世論調査の結果が報告されている。たとえば、ＮＨＫの福島原発事故後の調査では、原発を今後増やすか減らすかについて「現状維持」は男性若年層で特に多いと報告されている［高橋・政木、二〇一二、二一七～二一八ページ］。ＪＧＳＳ（Japanese General Social Survey）の調査データでも、若年層で原発を廃止すべきという意見が少ないと報告されている［岩井・宍戸、二〇一三、四三二ページ］。

少なくとも福島原発事故以降については、複数の調査結果が、若年層のほうが原子力発電の利用に肯定的であると伝えている。その要因を明らかにするには情報接触の違いをはじめとするさまざまな観点からの検討が必要である。本項で示された新しい生年コーホートは「経済より環境優先」の意識が相対的に低い（脱物質主義が相対的に弱い）という特徴は、それを説明する有力な要因の一つになりうると考えられる。

3　環境優先のためにコストを負担する意識はあるか

前項で分析した「環境優先か経済優先か」は、原則論レベルの意見である。具体論のレベルでは、環境保護や自然保護にはコストがかかるため、環境優先であっても経済的要素と無関係ではいられない。本節の第1項において、回答者全体では環境優先のほうがやや強いことがわかったので、この価値観に、具体論では避けられない負担意識がどの程度ともなっているかを検討しておく。

まず、環境にやさしいとされる再生可能エネルギーを経済的に支える意識をみる。再生可能エネルギーは既存電源よりコストが高く、普及促進策として再生可能エネルギー固定価格買取制度が二〇一二年七月に開始され、買い取り費用の賦課金が電気料金に上乗せされている。自宅の電気代という具体論での負担意向として、二〇一一年調査以降「もし、風力発電や太陽光発電などの新エネルギーの利用を拡大するためのコストを、電気料金でまかなうとすれば、あなた自身はどのくらいの値上げならば受け入れてもよいと思うか。」と質問し、値上げ幅の選択肢を示してたずねている（図39）。

二〇一一年は最小の「値上げ幅一〇％以下」に回答が集中したために、二〇一二年以降は、それより

図39　新エネルギーのために受容できる電気料金値上げ幅

「もし、風力発電や太陽光発電などの新エネルギーの利用を拡大するためのコストを、電気料金でまかなうとすれば、あなたご自身はどのくらいの値上げならば受け入れてもよいと思いますか」

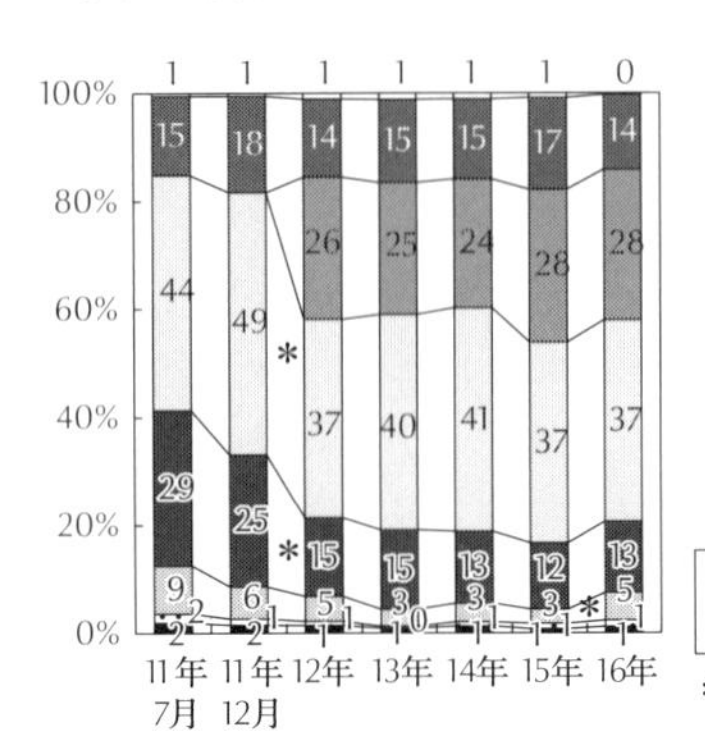

少ない「値上げ幅五％以下」という選択肢を加えた。この変更によって、二〇一二年以降は、「値上げ幅一〇％」と「値上げ幅二〇％」が減少しており、値上げ幅の絶対的大きさだけでなく、選択肢セットのなかでの相対的順位も判断材料になっていると推察される。値上げ幅が、最小カテゴリーもしくは、一段階だけ多いカテゴリーが多く選択されており、値上げを受け入れることへの消極性がうかがえる。

図39に基づいて単純に計算すると、一〇％の値上げの場合に許容する人は六割だが、二〇％の値上げの場合には二割程度に減る。現実に再生可能エネルギー固定価格買取制度の賦課金は、標準家庭（一カ月の電気使用量三〇〇キロワット時（kWh））の平均月額で、二〇一二年度は六六円、二〇一三年度は一〇五円、二〇一四年度は二二五円、二〇一五年

度は四七四円、二〇一六年度は六七五円に上昇している。二〇一六年度の六七五円は電気料金の八％強に相当し、二〇一六年時点で再生可能エネルギーのために電気料金は実質的に八％強値上がりしているとみることができる。これは、図39の二〇一二年の回答では、回答者の四割が受け入れないとしていた水準である。

しかし、負担限界に近づいているかといえば、まったくそうではない。現状に対して不満や反対の意見は特に聞かれないし、賦課金が確実に上昇し続けるなかでも、許容する値上げ幅に変化はみられない。つまり、すでにかなりの負担額になっているにもかかわらず、それが差し引かれることなく、さらなる値上げの許容幅は変化していないのである。人々は「値上げを受け入れる」と積極的にはいわないが、再生可能エネルギー拡大コストの潜在的負担可能額は、調査票で回答されている以上に大きいと考えられる。

この理由を考察すると、第8章第2節第1項で述べたように、個人レベルでは電気料金上昇への感度が低いことが主因と考えられる。毎月の検針票（「電気ご使用量のお知らせ」）には請求金額の明細として「再エネ促進賦課金」という名目で金額が記されている。しかし、人々はそれに注意を向けていなかったり、その意味を理解していなかったりすることによって、その時点で負担している金額や、自分が負担しているという事実すら、明確に認識されていない可能性が高いと考えられる。

第1項では、原子力発電の利用態度が否定的なほど、環境優先意識が強いことが確認された。原子力

図40　原発態度別　CO_2削減積極性とコスト負担意識

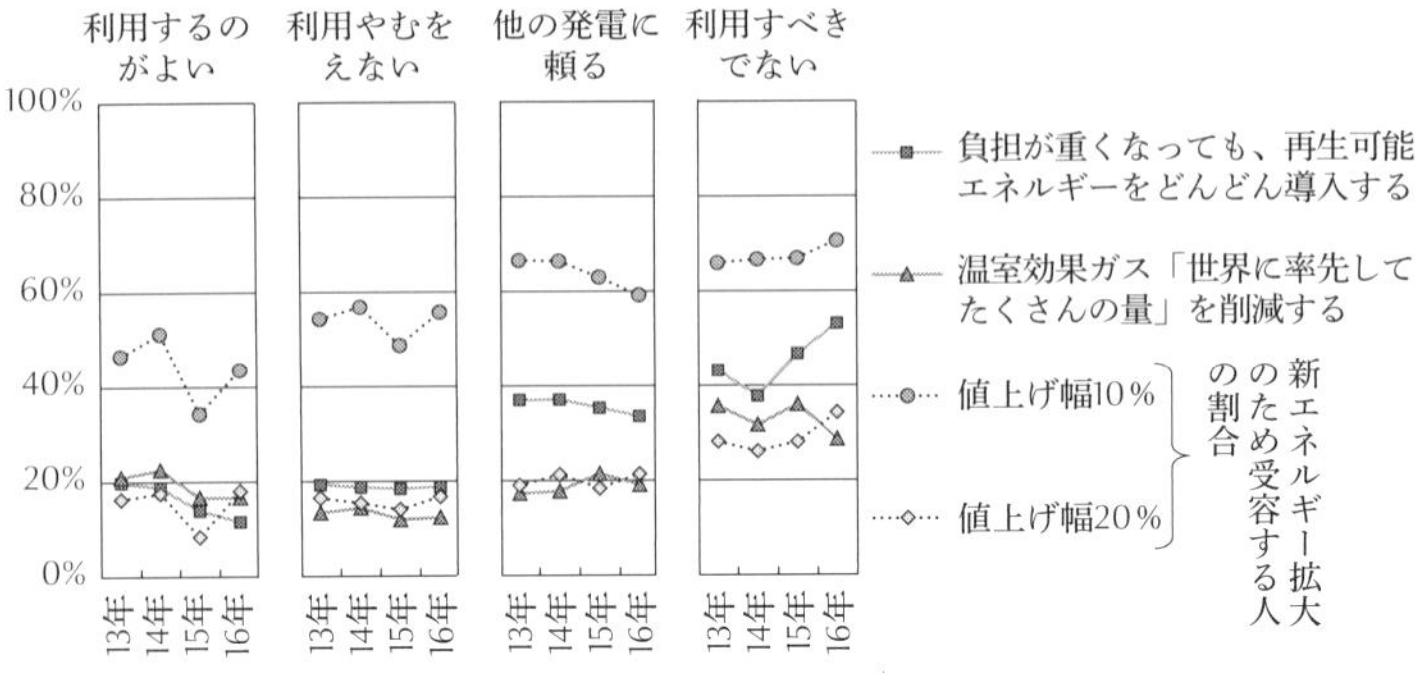

発電の利用態度と環境のためのコスト負担意識との関係をみておく。図40は、CO_2削減意向と、再生可能エネルギーのためのコストについての社会的負担と個人的負担の項目を総合して、時系列推移を示したものである。具体的な内容は表16に示す。

原子力発電を「利用すべきでない」層では、「世界に率先してたくさんの量」という理想主義的削減が他の層より二〇ポイント近く多い。また、「利用すべきでない」「他の発電に頼るほうがよい」という利用否定層では、電気料金に上乗せされる賦課金の負担が重くなっても、再生可能エネルギーをどんどん導入するという、社会的負担増を許容する意見が、肯定層より二〇ポイント程度多い。

一方、自宅の電気代の値上げという具体論になると、一〇％の値上げの許容では、利用態度によって大きな差があるが、二〇％の値上げの許容では、その差は小さい。二〇％の値上げを許容する人は、「他の発電に頼る」層で二割、「利用すべきでない」層でも三割にとどまる。

以上をまとめると、原子力発電の利用否定層は、経済より環境優

表16　CO_2削減積極性とコスト負担意識の質問と選択肢

分類	質問文または複数回答の選択肢（簡略）	CO_2削減積極性とコスト負担を許容する選択肢	それ以外の選択肢
CO_2削減意向	日本は温室効果ガスの削減にどの程度取り組むのがよいか（図33）	・世界に率先してたくさんの量	・国際的に公平な量 ・経済や国民生活に影響ない量 ・削減する必要はない
社会的負担の許容	再生可能エネルギー固定価格買取制度は導入量が増えれば負担が重くなる。あなたはどちらの意見に近いか（表15の※参照）	・負担が重くなっても、どんどん導入するべき	・負担が重くなるなら、どんどん導入するのは望まない ・どちらともいえない
個人的負担の許容	新エネルギーのために受容できる電気料金値上げ幅（図39）	値上げ幅10%受容（選択肢では、50%以上、40%、30%、20%、10%）	・5%以下 ・値上げは受け入れられない
		値上げ幅20%受容（選択肢では、50%以上、40%、30%、20%）	・10% ・5%以下 ・値上げは受け入れられない

先の考え方をしており、CO_2削減に積極的である。環境にやさしいといわれる再生可能エネルギーのためのコスト負担意識は、社会が負担するというような一般論では利用否定層の許容度は相対的に高い。しかし、自らが支払う電気代の値上げという具体論では、利用否定層の許容度もそれほど高いわけではなく、消極的である。

再生可能エネルギーを拡大するためのコストは、固定価格買取制度の賦課金だけではなく、送電網の整備費用や自然任せで変わる出力変動に対応するバックアップ電源の維持費も加わる。ドイツは、再生可能エネルギーによる発電量の増大にともなって賦課金も増大し、送電網の整備費用なども転嫁されて、家庭向け電気料金は、二〇一〇年からの五年間で二四％増えたが、脱原発方針に揺るぎがないといわれる。[5] 経済より環境優先という価値観には、経済成長や経済的豊かさを追い求めないということに加えて、環境のためのコストを負担し支える意識も求められる。前述のデータをみる限り、日本ではまだ、そのような意識が明確に示されているとはいえない。

第2節　まとめ――脱物質主義の要素

第9章のデータに基づいて、脱物質主義の要素の変動の実態と特徴については、次のようにまとめることができる。

①　脱物質主義を「経済より環境優先」の意識でとらえると、リーマンショック後の二〇一〇年には「経済より環境優先」がやや低下するなど、経済情勢の悪化にともなうとみられる揺れがあったが、この二三年間で脱物質主義が強まる傾向はなかった。コーホート分析（出生年による世代別分析）から、この間に退出した古い出生コーホートと新たに参入した出生コーホートのいずれも脱物質主義が相対的に弱いことがみいだされた。これらの結果は、脱物質主義的価値観は世代交代によって社会全体の緩やかな変化としてあらわれるとするイングルハート［一九九三］の説明に合致しないが、若年層のほうが原子力発電に肯定的だという福島原発事故後の複数の調査報告と整合する。本書のデータのスパンでは脱物質質

主義への移行が観察されなかったと考えられる。

② どの時点においても原子力発電の利用に否定的な層ほど「経済より環境優先」意識が強いという関係が安定してみられる。ただし、環境優先であっても、環境のためのコストを負担して支える意識は必ずしもともなっていない。

③ 福島原発事故によって原発世論は否定方向に大きく変化したが、脱物質主義の指標とした「経済より環境優先」の意識は強まっていない。

◆まとめ

脱物質主義は、どの時点でも原発態度との関係が明瞭に認められるが、この二三年間を通して脱物質主義的価値観が強まる傾向はない。福島原発事故後に高まった脱原発への支持は、電力に依存しない生活スタイルを志向するという価値観の変化をともなうものではない。

脱物質主義の変化は、長期の時間軸で生じると想定される。本書のデータのスパンでは、脱物質主義は実質的に固定要素となり、原発世論は効率性とリスクの二つの要素の変化によって動いているとみることができる。

注

1　林・守川［一九九四］の態度構造の分析では、数量化Ⅲ類に投入する変数として、環境関心や科学文明観、政治意識（主義）についても、「原子力発電への総合的態度」と同様に、事前にそれぞれ関連する複数の質問を数量化Ⅲ類で分析してスケール化し、得られたサンプルスコアに基づいて回答者を分類したものを用いる。また、さまざま意識が分析対象になるため、最終的に数量化Ⅲ類に投入する変数には、調査票に含まれる質問の大部分が使われている。同じ分析手順で態度構造を比較するには、比較対象の各時点に共通する質問が必要であるが、調査票の見直しにともなう質問の削除や変更によって、使える質問が少なくなっている。

2　AとBの意見は、「経済優先か環境優先か」に対応させて電力供給を「増やすか増やさないか」を述べる形になっている。このため、価値観ではなく電力需給実態の変化を反映して回答が変動する可能性があり、この質問が物質主義⇔脱物質主義の指標になるかという疑問も生じる。これについて、電力不足の懸念があった二〇〇三年と二〇〇七年のデータで検討する。まず、前提として、両年ともに否定層の割合に前年からの変化はないので（第6章第2節第2項の図9）、構成比の変化による影響は考慮しなくてよい。二〇〇三年と二〇〇七年は、供給力についての不足感はやや高まっていたが（第8章第1節第3項の図23）、図36にみるように環境優先意識（＝環境優先で電力供給をふやさない）は低下せず、むしろやや高まっている。逆に、二〇一二年以降「一〇年後の供給能力について十分」という認識が増えていたが（第8章第1節第3項の図24）、環境優先意識（＝環境優先で電力供給をふやさない）は低下している。したがって、単に当該時点における電力供給力の過不足から「増やす」か「増やさない」かを判断しているのではないといえる。質問文前半の「経済優先か環境優先か」を、枕詞として受け流すのではなく考慮に含めた、質問意図に沿う判断をしているとみることができる。

3　環境優先意識が、人口統計的属性の影響をとり除いても、原発態度に影響しているかどうかについて、第3章第1節第3項と同じ方法で分析した。表1の独立変数の「決定手続き参加型選好」を「環境優先意識」に入れ替えて、二〇一六年のデータで順序回帰分析をおこなった。環境優先意識は、環境優先に配分したシール枚数に応じ、「〇～一枚」「二枚」「三枚」「四～五枚」の四カテゴリーにして分析に投入した。その結果、原発態度に対し、年齢と学歴は有意ではなく、性別と環境優先意識と政治的立場が有意であった。偏回帰係数は表1とほぼ同じ傾向であり、環境優先意識については、低いほど原発態度が肯定的であった。つまり、環境優先意識は、性、年齢、学歴の影響をとり除いても、原子力発電に否定的な態度に結びついていることが確認されたといえる。環境優先意識に入れ替えたことによって疑似R二乗が表1のケースより高まった（CoxとSnellの値は〇・一一〇→〇・一七七に上昇）ことから、環境優先意識は、「決定手続き参加型選好」より原発態度の説明力が高いことが示された。

4　原子力発電の利用肯定層と否定層の平均値を比較する際には、福島原発事故前・後で構成比が大きく変化していることを考慮する必要がある。図9より、否定層の割合は、二〇〇七年までは二～三割、世論がかつてなく原子力発電に肯定的であった二〇一〇年は一割。これに対し、二〇一一年以降は四割を超える。

5　日経新聞二〇一六年三月三〇日付の記事「欧州『脱原発』のいま　方針変えないが、実現に難題も」。

第10章 モデルで原発世論の変動をとらえる・問題を考える

第7章から第9章では、リスク、効率性、脱物質主義（価値観）の三要素について、個別に変動の実態と特徴を述べてきた。本章では、原発世論との関係をとらえるために、この二三年間で原発世論が最も大きく動いた福島原発事故後に着目し、三要素——ただし、第9章で脱物質主義の要素に変化はなかったことが確認されたので、実質的にはリスクの要素と効率性の要素の二つの要素——の変化と原発世論の関係を分析する。具体的には、リスクの要素や効率性の要素について、第7章と第8章では回答者全体の変動を論じたが、本章では原子力発電の利用肯定層と否定層を比較する。次に、この二三年間を語るうえでポイントとなる四つの時点を取り上げて三要素モデルの図で表現し、原発世論の変動を視覚化する。さらに、高レベル放射性廃棄物の処分問題、原子力発電の経済性のとらえ方、マスメディアの影響の三つのトピックについて、三要素を横断して論じる。

第1節　福島原発事故の影響――三つの要素のバランスの変化

1　福島原発事故後における効率性の3Eの認識

福島原発事故後における効率性の要素に関する人々の意識を単純化して整理したものを表17に示す。これは福島原発事故から三年半後の人々の認識である。効率性の要素の決定要因である3E（Energy Security、Economic Efficiency、Environment）の視点それぞれについて、①そもそも電源選択にあたって重視すべき観点だと認識しているか（電源選択基準としての重視度）、②原子力発電を減らせば問題が起こると認識しているか（脱原発で起こりうる問題の認知）、③原子力発電所の多くが運転を停止していることによって自分や社会に悪い影響がでていると認識しているか（原発停止による現状の支障の認知）[1]、の三点から評価している。なお、本節では、福島原発事故後の原子力発電所の長期停止のことを「原発停止」と略する。

まず、表17によって大局を頭に入れたうえで、最新データを反映させた①②のデータを次項で説明する。③は二〇一四年調査のみの自由回答形式の質問である。この詳細については北田［二〇一五］を参照していただきたい[2]。

表17を説明する。安定供給の観点は、「電源選択基準」としては、利用肯定層では重視されるが、否定層では重視されない。「客観的状況」としては、エネルギー自給率は低下したが、節電などによって電力消費量が減少し、原発停止が続くなかでも電力不足による停電などは発生しなかった。「原発停止による現状の支障」としては認知されていなかった。「脱原発で起こりうる問題」としては、供給が不安定になるという認識は一定程度あるが、生活への波及や資源確保の面で問題が起こるという認識は低く、否定層ではさらに低下傾向である。

経済効率性の観点は、「電源選択基準」としては、肯定層でも否定層でも重視されないが、事故以降、肯定層では高まる傾向にある。「客観的状況」としては、電気料金が上昇し、化石燃料の輸入が三・六兆円増えた。しかし、「原発停止による現状の支障」として、経済面の問題を認知しているのは、肯定層の一部のみであった。「脱原発で起こりうる問題」としては、電気料金が上昇するという認識はあるが、雇用や国の経済力に波及するという認識は低く、利用否定層ではさらに低下傾向である。

環境適合（CO_2削減）の観点は、肯定層でも否定層でもある程度重視されている。「客観的状況」としては、火力発電の代替によってCO_2排出量が増大したが、「原発停止による現状の支障」としては認知されていなかった。「脱原発で起こりうる問題」としても認識されていなかった。ただし、安定

表17　3Eの視点で整理した2014年における人々の認識

3Eの視点＼問い	電源選択基準としての重視度	脱原発で起こりうる問題の認知	原発停止による現状の支障の認知	2014年の客観的状況
安定供給	［肯定層］○ ［否定層］×	・供給不安定△↓ ・生活への波及や資源問題 ×［否定層↓］	×	・電力不足による停電はなく、電力消費量は減少 ・エネルギー自給率は6％に低下
経済効率性（コスト）	［肯定層］△↑ ［否定層］×	・電気料金○ ・経済への波及 ×［否定層↓］	△（一部の人）	・電気料金上昇（家庭2割､企業3割） ・化石燃料の輸入は3.6兆円増
環境適合（CO_2削減）	△	×	×	・CO_2排出量は8400万トン増

※　肯定層：原子力発電を利用するのがよい、利用もやむを得ない
　　否定層：他の発電に頼るほうがよい、原子力発電を利用すべきでない
※　↑：福島原発事故以降増加傾向、↓：福島原発事故以降減少傾向
※　3Eの視点ごとに問いに対して　○：「重視している、起こると思う、認識している」、△：中間、×：「重視していない、起こると思っていない、認識していない」
出典［北田，2015］

供給や経済効率性の観点とは異なり、否定層でもさらに低下する傾向はない。

以上をまとめると、肯定層と否定層では電源選択基準における相違が大きいことがわかる。肯定層は、安定供給を重視し、電気料金の上昇が続くなかで経済効率性も重視するようになりつつある。否定層は、安定供給と経済効率性をそもそも重視しない。環境適合性はどちらの層でもある程度重視するが、脱原発で問題が起こりうるという認識はあまりない。つまり、CO_2削減問題を原子力発電と関連付けてとらえていない。

国内の原子力発電所は、福島原発事故という過酷事故の知見や教訓を反映させた新基準への適合性を審査するために長期間停止し、原子力発電を欠いた電力供給体制という意味での「疑似的な脱原発状態」が、緊急避難的に出現し、事故から三年半を経ても常態化していた。客観的には3Eの各観点でネガティブな影響が生じているにもかかわらず、それらが認識されない、あるいは実感がともなわないことにより、脱原発を進める場合の諸問題の軽視につながったと考えられる。「疑似的な脱原発状態」は、電力供給の九割を火力発電に依存するものであり、人々が望む「脱原発」の姿とは大きく異なるものである。

2　原発世論の変化は電源選択基準の変化

第1項では結論のみを説明したので、順にデータを示していく。図41は、電源選択基準の変化のデータである。「①電力会社が電気を作るうえで重視すべき観点（第8章の図30）」を原子力発電の利用肯定層と否定層で比較している。各観点の内容は表14（第8章第2節第2項）を参照されたい。六つの観点に一〇枚のシールを配分する回答形式であり、シール枚数が多いほど、重視されることを意味する。利用肯定層と否定層では、福島原発事故前後を問わず、顕著な違いがある。

利用肯定層では、「大事故リスク」とともに、「余裕ある発電施設」と「資源面の安定供給」が高く、供給面が重視されている。経済面の「コスト削減で料金安く」は、福島原発事故直後は最も低かったが、

図41　原発態度別　電力会社が電気を作るうえで重視すべき観点

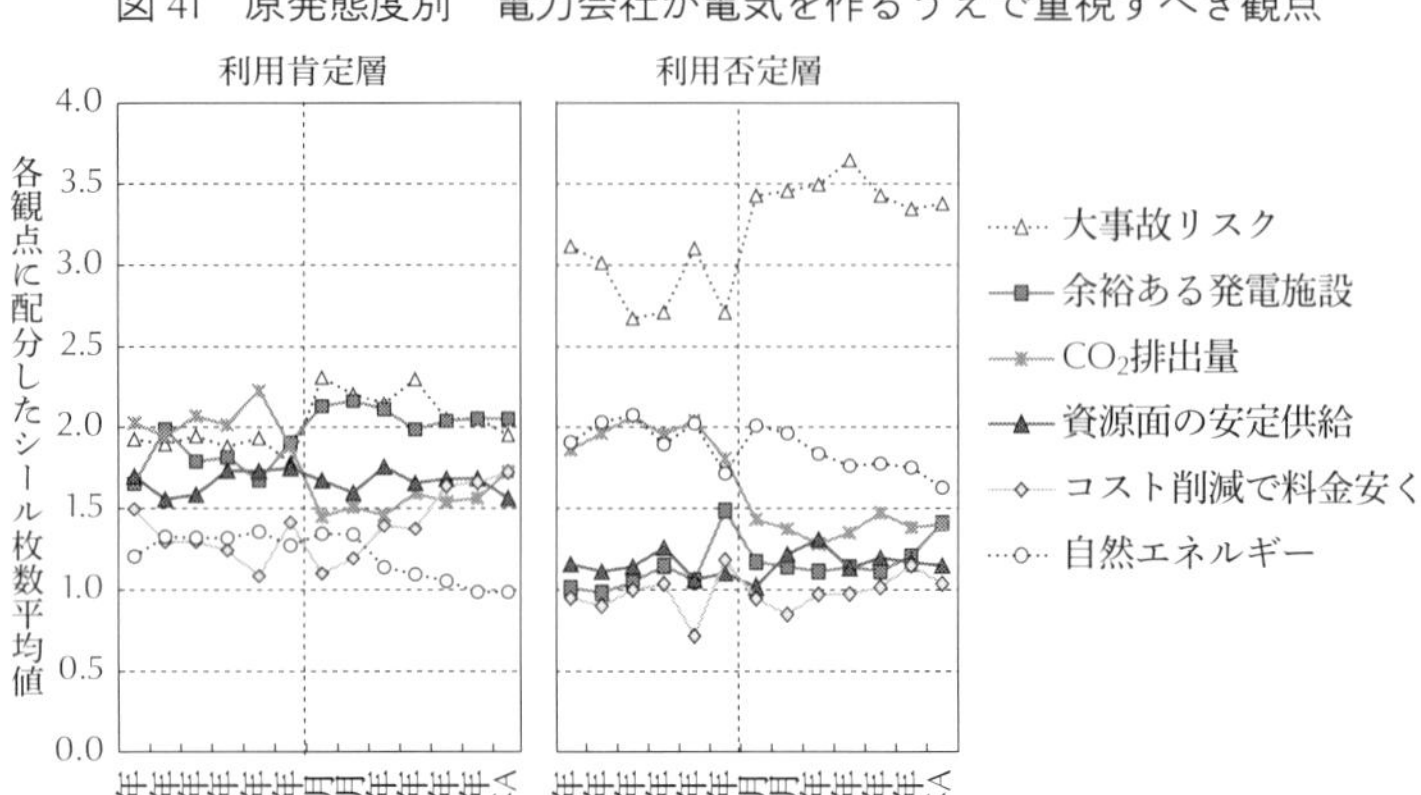

※福島原発事故前・後で肯定層と否定層の割合が大きく変化していることに留意。

原発停止にともなう電気料金の上昇にともない、徐々に高まっている。環境面では、「CO_2排出量」は、原発停止の代替で火力発電が増えている客観的状況を追認するかのように、福島原発事故前より重視度が低下している。「自然エネルギー」は一貫して重視されていない。

一方、利用否定層では、「大事故リスク」が他の観点の二倍以上と、際立って高い。次いで脱物質主義に親和的な「自然エネルギー」が高く、環境面の「CO_2排出量」が続く。「CO_2排出量」が福島原発事故前より低下している点は利用肯定層と同じである。供給面の「余裕ある発電施設」と「資源面の安定供給」はそれらより低く、利用肯定層では供給面が重視されていたのとは対照的である。「コスト削減で料金を安く」はさらに低く、経済面は一貫して重視されていない。

以上をまとめると、利用肯定層は、リスクの要素だけでなく効率性の要素も重視しているのに対し、利用否定層は、リスクの要素を特別重視し、脱物質主義の要素も重視しているといえる。重要な点は、このような利用肯定層と否定層で異なる特徴が、福島原発事故の前後も一貫していることである。

この結果は、シール枚数の平均値でとらえられた特徴である。平均値では、回答者の分布の違いはわからないので、各枚数を配分した人の割合に置き換えて、人数の分布でも特徴がみられるかを確認しておく。

図42は、「大事故リスク」と「自然エネルギー」の二つの観点——三要素モデルでいえば、リスクの要素と脱物質主義の要素に相当する観点——に配分したシール枚数を合計し、原発態度別に分布の推移を示したものである。この二つの観点に一〇枚のうち六枚以上の重みを与えて電源を選択するということは、他の四つの観点——具体的には効率性の要素である3Eに対応する観点——を考慮するまでもなく、原子力発電が選択から外れる可能性が高いという意味をもつ。

この二つの観点に六枚以上配分した人の割合は、利用肯定層では、福島原発事故直後の二割を除けば、おおむね一割で推移している。一方、利用否定層では、福島原発事故前は三～四割、福島原発事故後は五割、その後やや減っても四割で推移している。つまり、福島原発事故の前後を通して利用否定層では、リスクの要素と脱物質主義の要素を重視する人が、肯定層より明らかに多いということであり、前述の平均値でとらえられた特徴が、人数の分布でもとらえられることが確認できた。

図 42　原発態度別「大事故リスク」と「自然エネルギー」の２つの観点に配分したシール枚数の分布

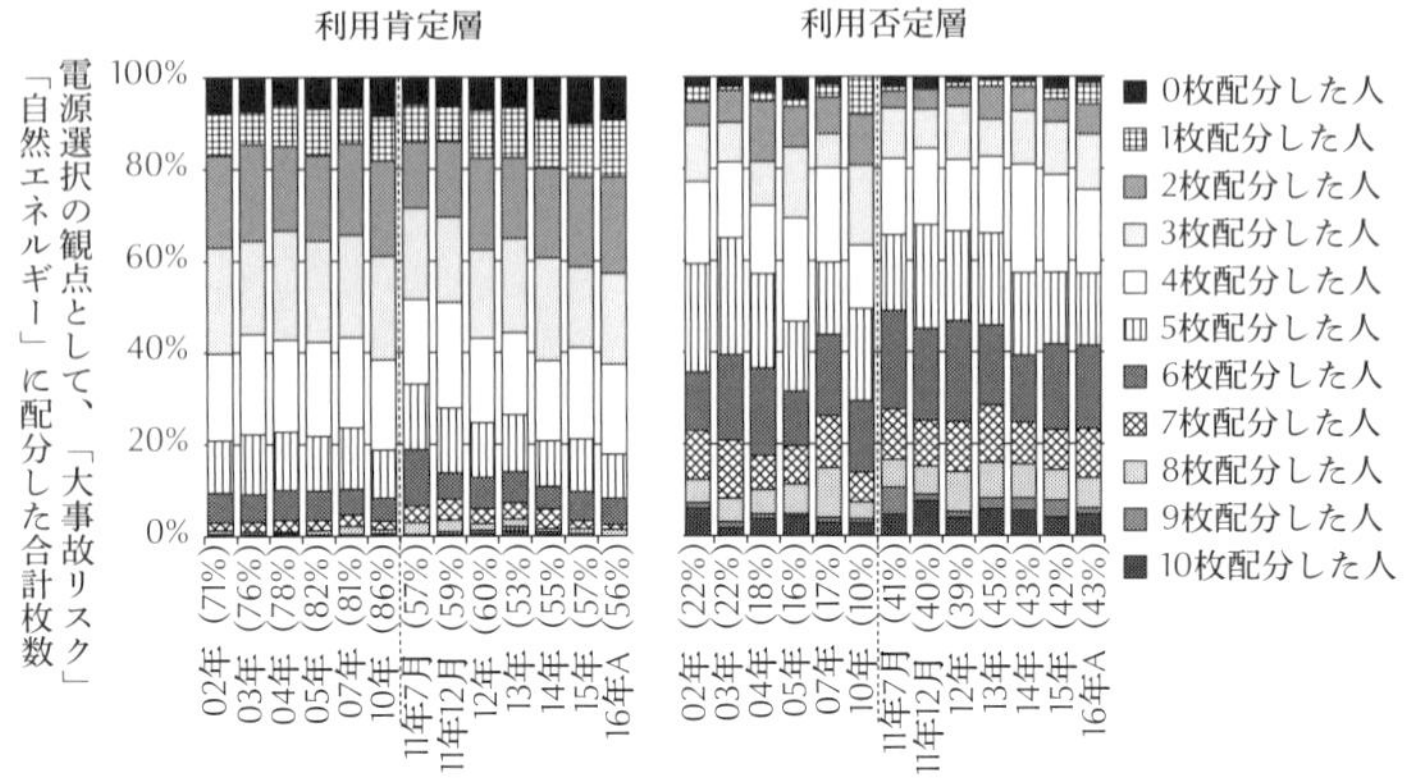

※（　）内は各調査年の回答者全体における割合。各調査年の利用肯定層と利用否定層の合計が100%にならないのは、2問のいずれかに無回答であったり、10枚を配分しきらなかった人がいるため。

このような利用肯定層と否定層の違いは、福島原発事故後に原発世論が利用肯定から利用否定へと動き、利用否定層の割合が約三倍に増大したにもかかわらず、福島原発事故の前後を問わず一貫している。このことは、福島原発事故後に利用肯定から利用否定へと意見を変えた人々が、それまで利用否定層の特徴であった電源選択基準をもつようになったことを示すと解釈できる。言いかえれば、福島原発事故後かなりの人々の電源選択基準が効率性の要素よりもリスクの要素を重視するタイプになり、利用態度を変化させたことを示すものと考えられる。

この結果がもつ意味を考える。本書で扱っているのは回答カテゴリーの集計値の変化であり、事故前後の個人レベルの回答の動きを分析したものではないため、本来因果関係はいえない。厳密にいえば、「福島原発事故でリスクの要素が強まったことによって原発世論が否定方向に変化した」というのは、第7章のリスクの要素の時系列変動の折れ線と第6章第2節第2項の原発世論の時系列変動の折れ線の対応関係から、因果を推測したものである。前述の結果、すなわち、「福島原発事故後に利用肯定から利用否定へと意見を変えた人々は、それまで利用否定層の特徴であったリスクの要素を重視する電源選択基準をもつ」という結果は、因果の推論をつなぐ一つの環になると考えられる。

3　事故後に進んだ効率性の評価の低下

図43は、「②原子力発電を減らす場合に問題が起こると思うか（第8章第2節第3項の図31）」を、原子力発電の利用肯定層と利用否定層で比較したものである。

供給面に関連する内容では、「電力の供給が不安定になる」は、利用肯定層で六割、利用否定層で五割であったが、しだいに減少している。「石油や天然ガスなどの国際的な資源争いになる」と「生活の快適さや生活水準が低下する」は、利用肯定層でも利用否定層でも三〜四割にとどまる。いずれの項目も利用否定層で減少が大きい。

経済面に関する内容では、「電気料金が上がる」は、利用肯定層で八割、利用否定層で七割であり、大多数の人が認識している唯一の効用だが、二〇一五年には減少している。特に利用否定層での低下が

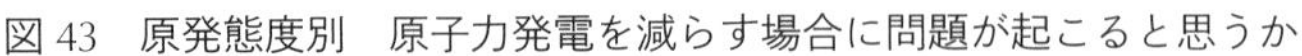
図43　原発態度別　原子力発電を減らす場合に問題が起こると思うか

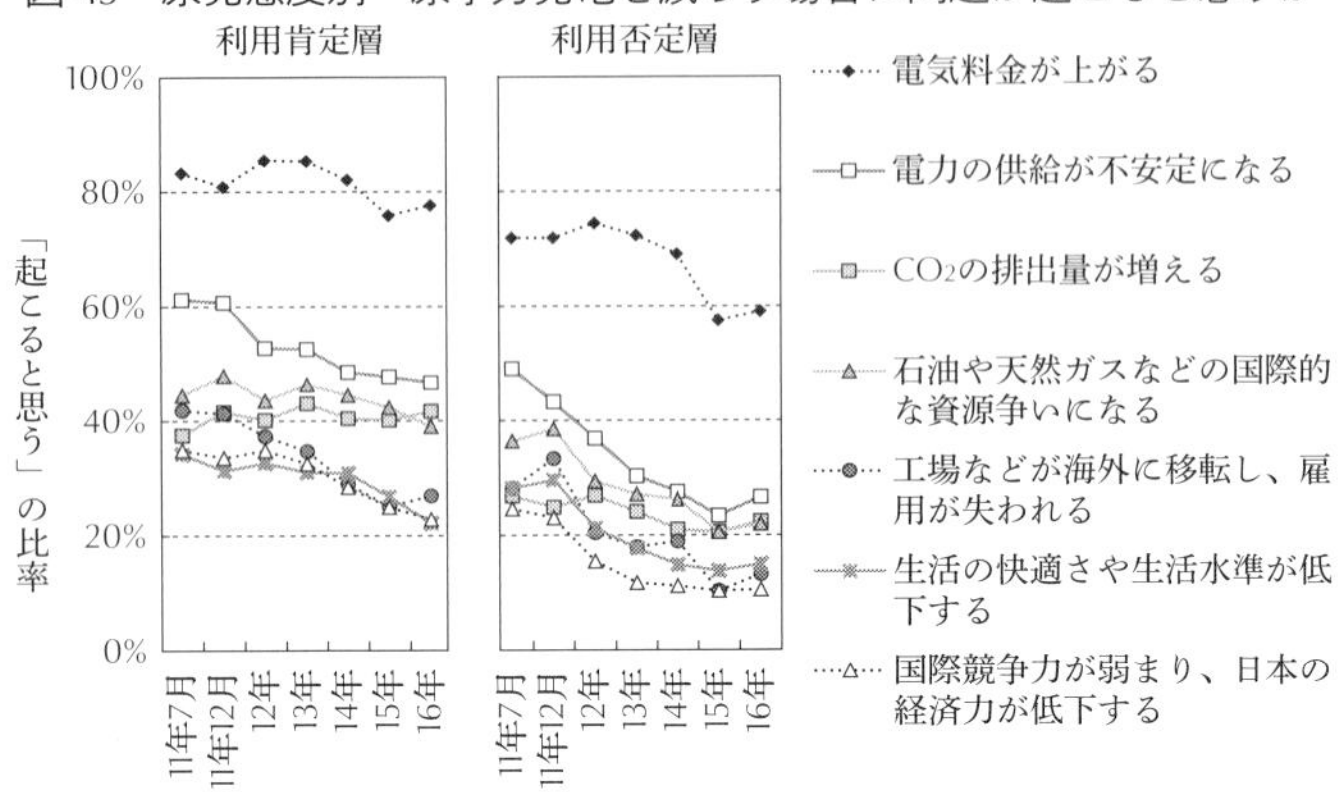

大きい。一方、経済への影響に関しては、「工場などが海外に移転し、雇用が失われる」と「国際競争力が弱まり、日本の経済力が低下する」は、利用肯定層で三~四割、利用否定層で二~三割で、いずれも減少がみられる。

環境面に関連する内容では、「CO_2排出量が増える」は、利用肯定層で四割、利用否定層で二~三割である。変化はなく、減少してはいないが、原発停止によって現実にCO_2排出量が増大しているなかでも、増えてもいない。これは、第8章第3節第3項の図35で示したように、原子力発電が地球温暖化対策として有効だという評価が低かったこととも整合する。

以上をまとめると、福島原発事故以降の五年間では、効率性の要素を構成する3Eのうち、安定供給と経済性における原子力発電の評価が低下していること、評価の低下は、利用否定層で大きく生じていることがわかった。第6章第2節第2項で述べたように、利用否定層の割合は福島原発事故直後に大きく増えたが、それ以降の五年間では変化はない。つまり、原子力発電の効率性の要素における評価の低下は、利用否定層の増加という形ではあらわれていない。利用否定の根拠となって、利用否定層の態度を固め、動きにくくしている可能性があるのではないかと考えられる。

4　福島原発事故の影響——米国の場合

福島原発事故当事国である日本における影響を相対的にみるために、他国の例をあげる。第4章では福島原発事故を受けて脱原発を確定させたドイツを取り上げた。異なる反応の例として米国の原発世論を示しておく。

米国のNEI（Nuclear Energy Institute）は、一九八三年から二〇一六年まで継続して世論調査を実施している。この調査における原子力発電の利用についての賛否の時系列推移は、Bisconti Research［二〇一六、四ページ］や大磯［二〇一七、一八四ページ］に掲載されている。それらによれば、利用に賛成の比率は、チェルノブイリ事故が発生した一九八六年は四八％である。この年をはさむ一九八三年から一九八九年までの推移は、四九％→五一％→五二％→四八％→四七％→五〇％→五一％であり、チェ

表18　2008年〜2011年の米国における出来事と原子力エネルギーへの賛否

調査実施時期	賛成	反対	出来事
2008年4月	63%	33%	
			2008年9月15日　リーマンショック
2008年9月18日〜21日	74%	24%	
2009年3月12日〜15日	70%	26%	
2009年10月1日〜4日	60%	36%	
			2009年11月　クライメートゲート事件 2010年1月　オバマ大統領が一般教書演説で原子力発電の必要性に言及。2月16日に新設のための融資保証枠拡大を発表
2010年3月18日〜21日	74%	23%	
2011年2月	71%	26%	
			2011年3月11日　福島原発事故
2011年9月23日〜25日	62%	35%	

※ NEIによる"Perspective on public opinion"のJune 2008, November 2008, June 2009, November 2009, June 2010, November 2011版の掲載データを筆者が整理した。

※ 2009年10月の調査結果は公表資料（Nuclear Energy Institute, 2010）では、男女別の数値しか見当たらなかった（男性は賛成72%、反対38%。女性は賛成51%、反対44%）。2009年10月の値は、2009年3月の値と後年の時系列グラフに表示されている2009年平均値（Bisconti Research, Inc., 2016）から筆者が算出した。

ルノブイリ事故前後の変動は小さい。そして、それ以降は長期的に漸増傾向が続き、二〇〇〇年代は六〇％台後半で推移している。このような変動は、一九七九年にスリーマイル島原発事故が発生していることから理解できる。炉心が溶融し、放射性物質の放出や水素爆発の懸念から、周辺住民が大規模に避難する事態となった事故である。これを機に、米国では電力会社が新たに発電用原子炉を発注することは二一世紀までなかったといわれる［吉岡、二〇一一、一五八ページ］。その七年後の一九八六年に発生したチェルノブイリ事故後に、米国で賛成意見に際立った減少がみられないのは、スリーマイル島原発事故によって、米国の原発世論が既に否定的になっていたためだと考えられる。

福島原発事故をはさむ二〇〇八年から二〇一四年の賛成比率の推移は、六八%→六五%→七四%→六七%→五六%→六八%→六四%である。NEIの調査は、一年に二回調査を実施している場合には平均値が示されているため、出来事の発生と調査実施タイミングの前後関係がわかりにくい。そこで、各回の調査レポートで数値を拾いだし、出来事との前後関係を明確にしたものが表18である。

二〇〇八年九月は賛成比率が四月より一一ポイント増えて七四%になっている。この調査はリーマンショック直後に実施され、調査レポート（NEI、二〇〇八）では、今日の厳しい経済状況のなかで消費者にとって手頃な価格と信頼性が重要になったと記されている。二〇〇八年上半期は原油価格が急騰し[3]たことも影響していると考えられる。しかし、一年後の二〇〇九年一〇月には六〇%に低下し、経済ショックによる変化は一時的なものであったことがうかがえる。

その五カ月後の二〇一〇年三月には一四ポイント増加している。調査レポート（NEI、二〇一〇）には、賛成比率の記録的高まりは、オバマ大統領を含め国のリーダーが原子力発電所新設の必要性を明確に述べたことや、新設の融資保証の発表などの動きと合致すると記されている。この回の調査では、人々が原子力発電所新設へのオバマ大統領の態度をどう認知しているのかも質問している。「オバマ大統領は賛成している」と認知していたのは回答者の五〇%、「反対している」と認知していたのは二九

%である。クライメートゲート事件があり、地球温暖化人為説への懐疑論もあるなかで、気候変動問題に対応するために原子力を推進するという政権の明確な姿勢が、賛成の増加につながったと考えられる。原子力利用についての賛成比率は、共和党支持層においてやや高く、賛成理由は、共和党支持層ではエネルギーセキュリティが多く、民主党支持層ではクリーンエア（大気清浄）が多いとの結果が記されている。オバマ大統領は民主党であり、政治意識がリベラルな層から支持されている。リベラルな層は環境を重視し、原子力発電に否定的な傾向があるが、環境のために原子力が必要だというメッセージが、リベラル派の大統領から発信されたことによって、リベラルな層にも一定の説得力をもった可能性がある。

一年後の二〇一一年二月も高い賛成比率が維持されているが、福島原発事故七カ月後の九月には九ポイント減の六二％に低下している。事故による変動幅は、前述の二〇〇八年以降の経済状況やトップリーダーの明確なメッセージによると考えられる変動幅を超えるものではなく、それ以降の水準も六〇％台後半で推移している。つまり、福島原発事故が米国の原発世論に与えた影響は小さかったといえる。[4]

この解釈として、米国では、福島原発事故で顕在化した原子力発電の危険性は、スリーマイル島原発事故やチェルノブイリ事故によって形成されていた原子力発電のリスクの要素の認識を大きく更新するものではなかったと考えることができる。加えて、米国にとって福島原発事故は、自国との差別化が比較的容易な点もあげられる。地震国の日本とは異なり、米国では大きな地震はなく、津波もない、充実したスタッフを擁する独立性の高い米国原子力規制委員会（ＮＲＣ）による安全規制が機能しているなどである。

第2節　三要素モデルであらわす時系列変化

ここまでに述べてきた原発世論とその要因となる三要素の変動を総合し、ＩＮＳＳ継続調査がカバーする一九九三年から二〇一六年までの二三年間で、特徴的な時点を四つあげるならば、①第一回の一九九三年、②原発世論が最も肯定的で、かつ福島原発事故直前でもある二〇一〇年、③福島原発事故直後の二〇一一年七月、④福島原発事故四年半後の二〇一五年の四時点である。四時点における三要素の相対的な状態を図44に表現する。

モデルの見方は、第3章の図5で説明したとおりである。三要素から原発世論への矢印の（長さではなく）太さが影響力の強さをあらわし、原発世論は三要素のバランスで逆三角形のなかを垂直方向に動く。上に位置するほど原子力発電の利用に肯定的であることをあらわす。原発世論は三要素から矢印の向きの力を受けて、逆三角形のなかを垂直方向に動く。矢印の太さは力の強さをあらわす。原発世論の位置は三つの力のバランスで決まり、上に位置するほど肯定的、下に位置するほど否定的であることをあらわす。

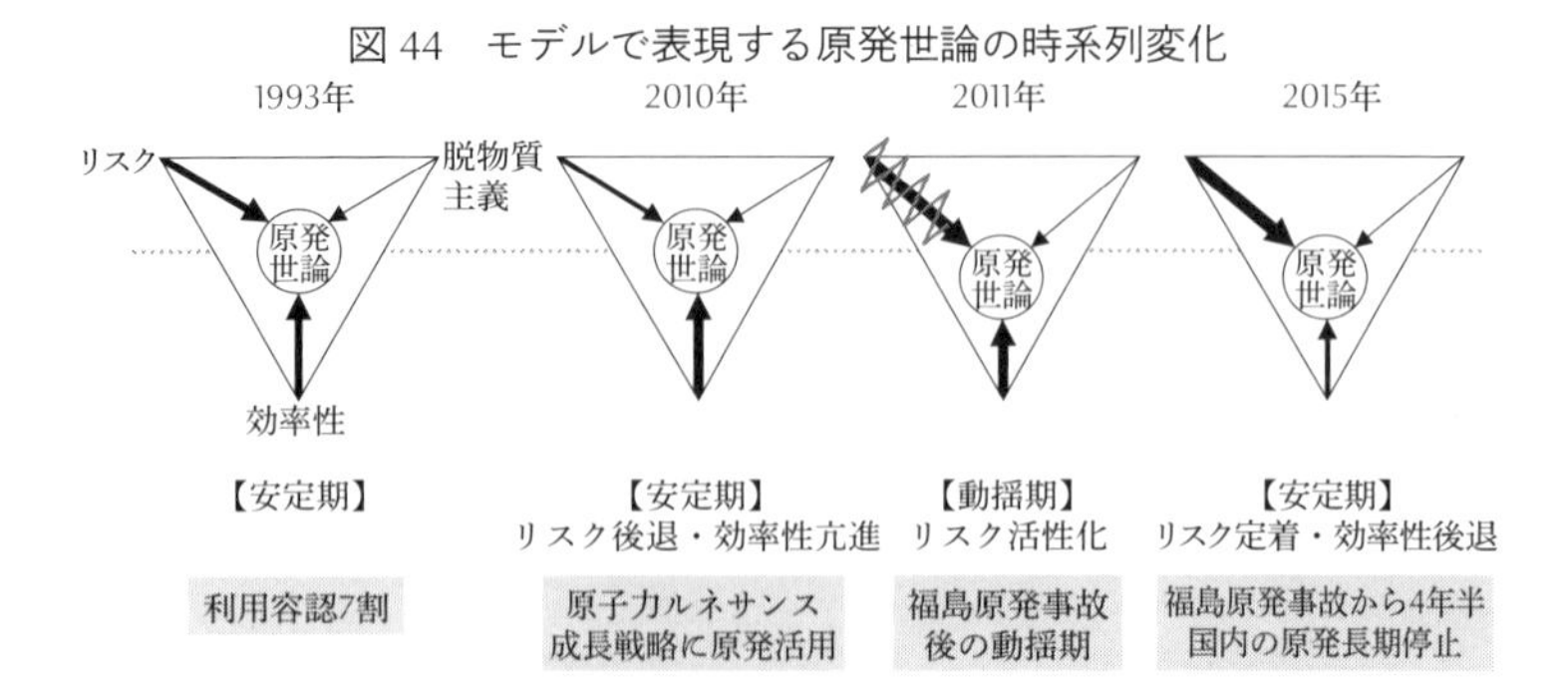

図44　モデルで表現する原発世論の時系列変化

一九九三年から二〇一〇年までの期間は長い。この間には、JCO事故や東電トラブル隠し、美浜三号機事故、柏崎地震トラブル、原子力発電所の停止による首都圏の電力不足などが発生した。しかし、それぞれの時点ではリスクの要素や効率性の要素の一部に変動はあったが、いずれも比較的短期間で元の水準に戻った。期間の後半は、原子力ルネサンスとよばれる時期にあたり、事故や事件による一時的な変動を除くと、リスクの要素の緩やかな低下傾向と、利用肯定意見の緩やかな増加傾向が続いていた。

二〇一〇年は、リーマンショックを経て経済を重視する傾向がやや強まり、原子力発電所の新増設や原子力産業の国際展開を積極的に進める方針が示され［資源エネルギー庁、二〇一〇、二七ページ］、二〇三〇年の原子力比率は五割という高水準が想定されていた［資源エネルギー庁、二〇一一］。政府が原発輸出を後押しするなかで、原発世論はこれまでの調査で最も肯定的になった。

二〇一一年七月は、福島原発事故四カ月後の時点で、事故後では一回目である。事故炉の不安定な状態や環境の放射能汚染は、まさに現在進行中の懸念として、日々ニュースの中心的話題であり、人々の福島原発事故への関心はきわめて高かった。[6] 東北地方太平洋沖地震による津波と福島原発事故の心理的なショックが収まっていないとみられる時期であり、リスクの要素がきわめて大きく強まり、原発世論は過去からの調査で最も否定的になった。四時点のなかでは唯一、事故直後の動揺期として特徴づけられる。

二〇一五年は、福島原発事故から約四年半後であり、時間経過により関心が低下し、リスクの要素の一部は一定程度戻ったが、事故前より高い水準にある。一方、原子力発電の発電実績がほぼゼロの状況が続くなか、それによる支障は認識されず、安定供給や経済性における原子力発電の評価は低下傾向にある。原発世論は事故四カ月後の時点から動いてはいないが、リスクの要素と効率性の要素のバランスはやや変化している。翌二〇一六年も変化はなく、この状態で安定している。

特徴的な四時点は以上のとおりであるが、少し補足しておきたい。一九九三年から二〇一〇年までの間の事故や事件の発生後の状態である。この期間で発生後の変化が最も大きかったのはＪＣＯ事故である。[7] この時点の状態をモデルであらわしたのが図45である。原子力施設事故の不安感や大事故のリスク感、安全性への不信感などリスクの要素が大きく強まっているが、効率性の要素や原発世論に大きな変化はない状態である。そして、翌二〇〇〇年にはおおむね改善し、事故の記憶も急速に減衰している。つまり、リスクの要素の一時的な活性状態といえる。福島原発事故までに発生した他の事故や事件についても同様である。

図45　モデルで表現するJCO事故2カ月後

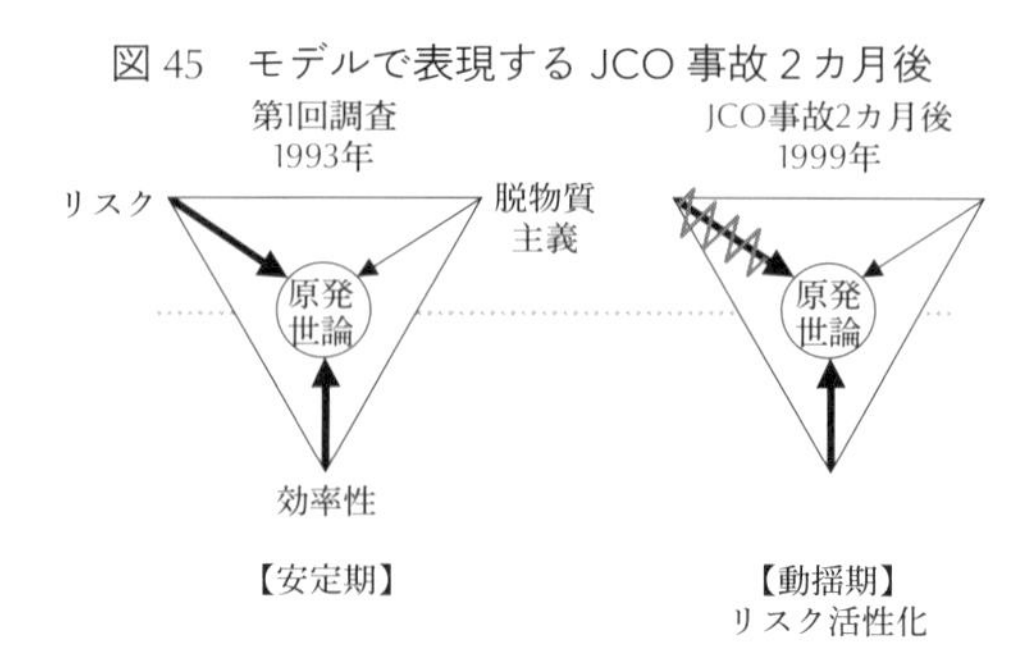

この理由を考えると、人々は、リアリティはなかったかもしれないが、福島原発事故以前においてもチェルノブイリ級の大事故が起こるリスクがゼロだと思って、原子力発電の利用を容認してきたのではなかった（第7章第1節第3項）。JCO事故は、人々がすでにもつ、チェルノブイリ事故に象徴される原子力発電の危険性についての認識を更新するものではなかったからだと考えられる。

二〇一〇年にかつてなく肯定的になった要因についても補足しておく。当時の日本はリーマンショックと円高による輸出産業の不振や、中国にGDPを抜かれるなど厳しい経済状況にあった。これについては、「経済より環境優先」の考え方が二〇一〇年にやや低下していたことから確認できる（第9章第1節第1項）。二〇〇九年に政権交代した民主党政権は、新成長戦略のパッケージ型インフラ輸出の柱の一つに原子力発電を掲げ（二〇一〇年六月）、菅直人首相自らがベトナムへのトップセールスをおこなった。新規建設二基受注の内定は、ニュースでおしなべて明るい話題として報じられた［吉岡、二〇一一、三五八ページ］。二〇一〇年調査では、人々は原子力発電が世界的に増えていくと認識し、それについて「望ましくない」という抵抗感はなく、日本の原子力発電技術の海外での活躍に七割が期待できると回答していた（第6章注3）。

それまで原子力発電が話題になるのは事故やトラブル、不祥事など問題発生時であった。原子力発電の経済効果といえば、安価な電力によって生産コストを下げ、国際競争力を下支えするという間接的な効果であった。第8章第2節第3項で述べたように、電気料金上昇という直接的影響は想像がつきやすいが、電気料金の上昇が雇用や国際競争力に影響するというような二次的影響は認識されにくいことがわかっている。それに比べ、原子力発電の技術そのものを国産の輸出商品にするということは、人々にもわかりやすい経済効果であったと考えられる。原子力発電をみる新たな視点を提供するという意味をもったと考えられる。

第1節第4項で述べたように、米国でも、前年の政権交代で就任したオバマ大統領が一般教書演説で「安全でクリーンな新世代の原子力発電所の建設」に言及し、推進姿勢が明確に打ちだされていた二〇一〇年の世論調査では、原子力発電の利用についての賛成は七四％と最高値を記録している。オバマ大統領はCO_2削減という地球環境問題からの必要性であり、菅直人首相は経済戦略からの必要性であるという点で相違はあるが、いずれもリベラルな党派出身の国のトップリーダーによるメッセージが一定の影響力をもった可能性を示唆する点で共通性がある。

第3節 ディスカッション——放射性廃棄物問題のとらえ方

ここまでで、本書の目的であった二三年間の意識調査データを原発世論の変動モデルに当てはめて解釈し、この間の変動を模式的に表現した。本節では、原発世論の変動モデルの視点から原子力発電が抱える難題である高レベル放射性廃棄物の処分問題を考える。具体的には、第2章第7節で紹介した日本学術会議の提言［日本学術会議、二〇一二］（以下「提言」と略す）がもつ意味について検討する。

提言では、処分地の選定が行き詰まっている理由として「原子力政策に関する大局的方針についての国民的合意が欠如したまま、最終処分地選定という個別的な問題についての合意を求めるという転倒した手続き」であったという分析が出発点になっている。これに対し、原子力委員会は、過去に原子力政策円卓会議や国会審議などがおこなわれていた経緯をあげ、必ずしも同意できないとしている［原子力委員会、二〇一二、三ページ］。

まず、本書の世論調査のデータで、選定の第一ステップである文献調査を受け入れる市町村の公募が始まった二〇〇二年から福島原発事故前までの人々の意識をみると、第7章第4節では、人々が放射性廃棄物問題の存在を認識し、懸念をもっていたことがデータで示されている。第6章第1節第1項および第6章第2節第2項では、INSS継続調査やマスメディアの世論調査から、人々が原子力発電の利用を容認していたこともデータで示した。少なくとも福島原発事故までは、放射性廃棄物問題が存在することを含めて、原子力発電を利用することに国民の合意があったとみなせるのではないだろうか。
提言において、処分地点選定に関して進捗がみられなかった理由とされる「原子力政策に関する大局的方針についての合意の欠如」とは、具体的にどのようなものを指すのか、裏返していえば、処分地選定の進捗につながるような「原子力政策に関する大局的方針についての合意」とはどのようなものか、また、推測ではない明確な形で国民の合意を取り付ける必要があるならば、その形についてもう少し丁寧な説明が必要と思われる。

提言では、高レベル放射性廃棄物問題を解決するための重要な条件として、「総量管理」を打ちだしている〔日本学術会議、二〇一二、一二ページ〕。その根拠として、「スウェーデンのように、脱原子力を国の政策として決定し、撤退の時期も明確にすることで、高レベル放射性廃棄物の総量が確定し、現世代における最終処分についての国民的議論の展開を見た事例もある」と紹介している〔日本学術会議、二〇一二、ページ三〕。これについて、原子力委員会は、スウェーデンでは原子力政策と処分地選定との間に強い相互関係はなかったとの認識を示したとされる〔日本学術会議高レベル放射性廃棄物の処分に関するフォローアップ検討委員会、二〇一五、三ページ〕。スウェーデンは、一九八〇年に国民投票によって二〇一〇年までの脱原発を決定したが、二〇一五年時点でも発電電力量の三五％を原子力でまかなっており、脱原発は後退している実態がある。[8]

提言を作成した検討委員会の中心メンバーであった舩橋は、その著書において、総量の上限の確定は諸主体が高レベル放射性廃棄物問題について真剣に考え社会的な協議のテーブルにつくための大前提であるとし、「政府や電力業界が、原子力の継続政策をとり続けようとするのであれば、まず脱原発という方向へ政策を転換させることが最優先事項であって、その点をあいまいにしたまま、つまり『不適切な政策』を継続したまま、その断片的後始末のような形で、高レベル放射性廃棄物問題に取り組むことができないからである。」と説明している［船橋、二〇一三、二六ページ］。

「総量の上限」や「増加の程度の抑制」との引き換えで、処分地を受け入れてもよいと思う人が多いとは考えにくいが、処分地選定の進捗は原子力利用のアキレス腱の解消につながり、原子力発電反対運動や脱原発運動の一環として、進捗を阻害する動きが活性化することは予想される。ドイツでは最終候補地となったゴアレーベンで激しい反対運動が展開された。候補地に手を挙げることは、自治体が混乱に巻き込まれることであり、検討することすら躊躇させる方向に働くと考えられる。総量管理によって、高レベル放射性廃棄物の発生量（すなわち、原子力発電による発電量）に厳格な上限を課すことは、国民全体で、特に原子力発電に反対する立場の人々とも問題解決を目指す方向性を共有することからスタートするという意味では、一定の有効性があると思われる。

しかし、このようなアプローチは、原発世論が三要素の力のバランスで変動しているという本書で説明してきた実態と、調和するのだろうか。

提言のアプローチは、高レベル放射性廃棄物の処分問題という原子力発電のマイナス面を切りだして、

図46　リスクと脱物質主義に大きな重みを置いて判断するアプローチ

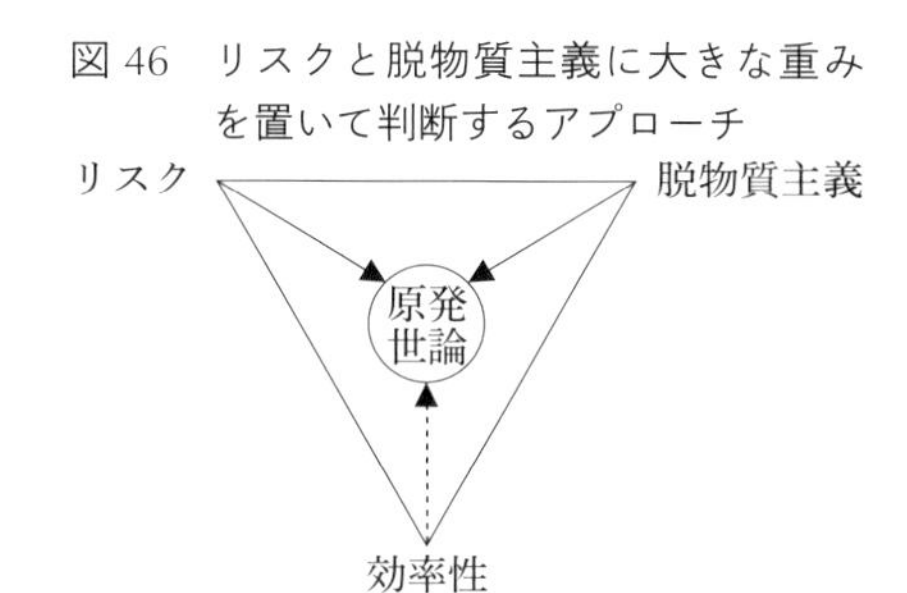

高い優先順位を与え、単一課題として最善の解決策を求めるものといえる。提言では、合意形成で重視すべき評価基準として、「安全性、生命・健康の価値、負担の公平、手続きの公正、将来世代の自己決定性、現在世代の責任、回収可能性、経済性」をあげ、まず、それぞれの重要性や相互の優先性について議論し、評価基準についての合意形成が必要だとしている。また、「倫理的政策分析」に関わる評価基準を含むとも明記されている［日本学術会議、二〇一二、一五ページ］。

これらの項目は、本書でいうリスクの要素と脱物質主義に重なるものが多い。提言において一貫して討論や議論による合意形成の必要性が強く主張されている点も、政策決定への市民参加を重視する脱物質主義の傾向とみることができる。いわば、このアプローチは、図46に示すように、三要素モデルのリスクと脱物質主義の二つの要素に大きな重みを置いて、高レベル放射性廃棄物の発生量に直結させて原子力発電の利用の是非を判断するものだと考えられる。モデルでは、斜め下方向の矢印になり、利用否定に帰結しやすくなると

表19　原発態度別　電力会社が電気を作るうえで重視すべき観点―放射性廃棄物を加えた7観点の場合（2016年）

3要素モデルにおける対応	観点（簡略表記）	6つの観点に配分（調査票A）肯定層		6つの観点に配分（調査票A）否定層	7つの観点に配分（調査票B）肯定層		7つの観点に配分（調査票B）否定層
リスクの要素	a. 大事故リスク	2.0	<	3.4	1.6	<	2.5
	b. 放射性廃棄物	–		–	1.6	<	2.1
脱物質主義の要素	c. 自然エネルギー	1.0	<	1.6	0.7	<	1.1
効率性の要素	d. 余裕ある発電施設	2.1	>	1.4	1.8	>	1.1
	e. 資源面の安定供給	1.6	>	1.1	1.3	>	0.8
	f. コスト削減で料金を安く	1.7	>	1.0	1.5	>	1.2
	g. CO_2排出量	1.7	>	1.4	1.5	>	1.2
リスクの要素・脱物質主義の要素　計		2.9		5.0	3.9		5.7
効率性の要素　計		7.1		5.0	6.1		4.3

※各観点は簡略表記している。「放射性廃棄物」以外の原文は、表14を参照のこと。
※数値はシール枚数の平均値。計は、加算してから小数第2位を四捨五入して表示しているため、表の数値の和とは異なる場合がある。

予想される。

受容可能な高レベル放射性廃棄物の量に基づいて原子力発電の利用量を抑制的に固定化したうえで、エネルギー問題を考えるということは、それまで考慮されていなかった効率性の要素——具体的には供給安定性、電気料金、CO_2排出量の問題——については、原子力発電以外の他の発電方法によって達成可能な範囲の対応でよいとすることを意味する。このような優先順位のつけ方や判断枠組の設定は、人々の現状の判断枠組みに調和するのかどうかをデータで検討しておく。

第1節第2項では、電源選択基準として人々が何を重視しているかを述べた。六つの観点に一〇枚のシールを配分する回答形式で重み付けを求めた結果であるが、この六つの観点に放射性廃棄物の問題は含まれていない[9]。そこで、放射性廃棄物の問題が電源選択においてどの程度重視されるかを調べるために、二〇一六年調査では、二種類の調査票の一方に「将来世代の負担になりうる放射性廃棄物を増やさない」という観点を加え、七つの観点に重み付けを求めた。結果を表19に示す。

「放射性廃棄物」は、利用肯定層では一・六枚、利用否定層では二・一枚である。放射性廃棄物の問題は、原子力発電の利用態度にかかわらず、電源選択において考慮すべきだと認識されている。「放射性廃棄物」は、利用否定層では「大事故リスク」に次いで重視されているが、利用肯定層では効率性の要素の観点と同程度にとどまる。

効率性の要素に分類できる四つの観点に配分したシールの合計枚数は、利用肯定層では六・一枚である。利用肯定層は、電源選択にあたって、放射性廃棄物の問題を観点に含めて判断した場合でも、リスクの要素にのみ大きな重みを与えるのではなく、効率性の要素を重視している。

平均値だけでは具体的にイメージできないので、人数の分布をみておく。図47は、回答者ごとに「大事故リスク」「放射性廃棄物」「自然エネルギー」の三つの観点に配分したシール枚数を合計し、分布を示している。これら三観点に六枚以上の重みを与える、言いかえれば効率性の要素に四枚以下の重みしか与えないということは、効率性の要素の評価に関わりなく電源を選択する可能性が高いことを意味する。六枚以上の重みを与えた人の割合は、利用否定層でも五一%、全体では三六%、利用肯定層では二三%である。つまり、放射性廃棄物の問題が、電源選択の観点の一つとして提示されている場合でも、

図47　「大事故リスク」「放射性廃棄物」「自然エネルギー」の3つの観点に配分した枚数の分布（2016年）

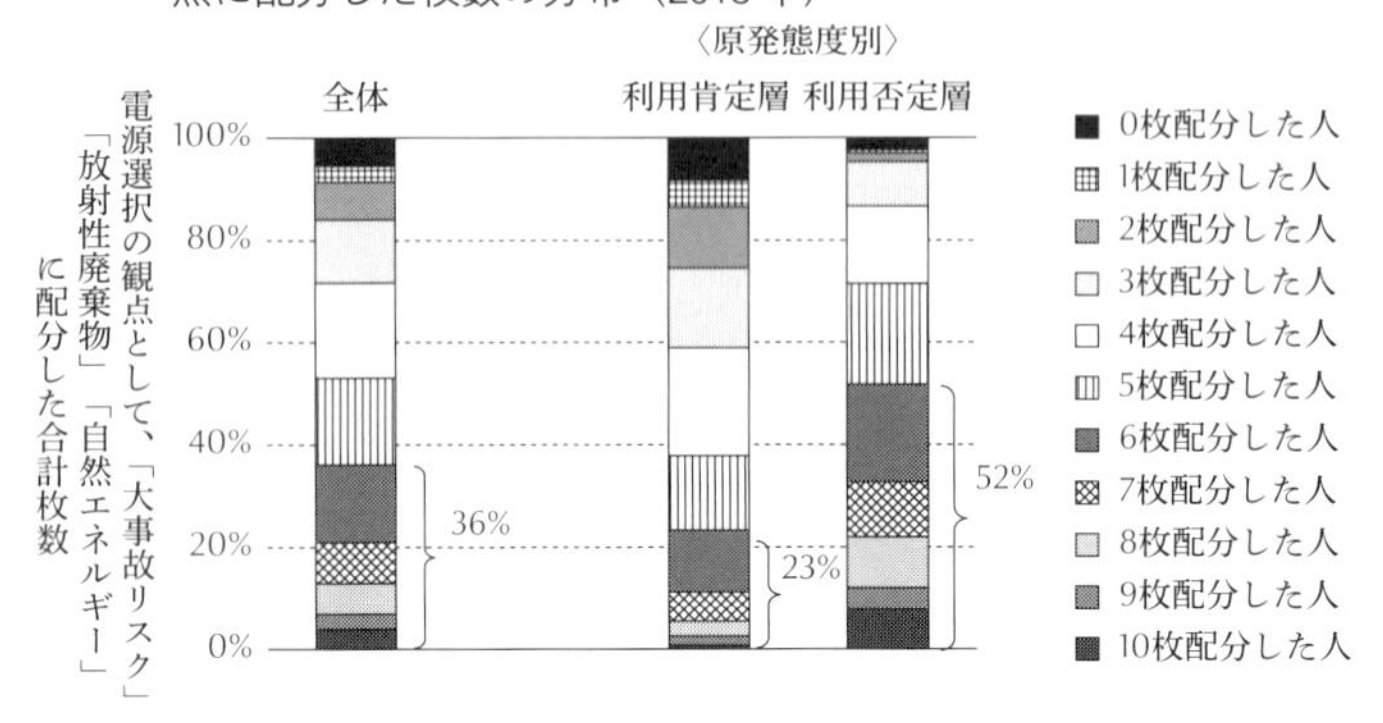

リスクの要素と脱物質主義の要素の観点だけでよい――言いかえれば、効率性の要素を重視せずに実質的に電源が規定されてよいと考えている人は、多数ではない。

これらのデータからは、人々は、電源選択にあたって放射性廃棄物の問題を考慮すべきと認識しているが、選択結果に支配的影響を与えるほど重視すべきとは認識していないといえる。したがって、日本学術会議の提言の根底にあると考えられる判断枠組み、すなわち、三要素モデルにおいてリスクと脱物質主義の二つの要素に大きな重みを置いて、高レベル放射性廃棄物の発生量に直結させて原子力発電の利用の是非を判断するという枠組みは、少なくとも現状では、人々の判断枠組みに調和しているとはいえない。

上記の結果は、放射性廃棄物問題に焦点化することなく、電源選択基準の一つとして提示した場合の人々の判断である。高レベル放射性廃棄物の処分という課題に絞って、国民的議論を進めた場合には、討論や議論への参加や関連報道などを通じて知識情報を得たり、他者の意見に触れるなどによって、当該の問題についての認識が深まり、熟慮を経て電源選択基準についての判断が変化する可能性は大きい。

ここでの電源選択基準は、どの観点を重視して判断するかという判段枠組みの問題であり、それぞれの観点において原子力発電がどう評価されるか――具体的には、各観点にとって役立つか、貢献するか、必要か、不可欠かなどの評価――とは、無関係とはいえないが、別の問題である。日本学術会議の提言については、高レベル放射性廃棄物の処分問題を、電源選択やエネルギー問題から切り離して、リスクと脱物質主義の二つの要素に大きな重みを与えた判断枠組みで考えるというアプローチそのものの是非も、重要な論点の一つになると考える。

第4節　ディスカッション――経済性のとらえ方

二〇一六年のＩＮＳＳ継続調査では、電力自由化を受け、自宅の電気の購入先を選ぶ基準を質問している。「電気代が安くなる」が圧倒的に多く、「再生可能エネルギーによる電気」や、「原子力発電をおとなっていない電力会社」を基準の一つに含める人は少ないとの結果が得られている[10]。一方、社会にとっての電源を選択する基準として、「電気料金を安くする」ことは相対的に重視されないことが第8章第2節第2項で示された。個人的選択と社会にとっての選択基準では、電気料金の安さを求めることの優先順位が異なるといえる。

しかし、国立環境研究所の調査では少し異なる結果が報告されている。日本のエネルギー供給に当たっての原則に関する次の五項目について同意の程度を質問している。

・エネルギーを生みだすときに、環境を損なってはならない
・エネルギーは安定的に供給されるべきだ
・エネルギーを生みだすときに経済に悪影響が発生しないようにしなければならない
・エネルギーは誰もが使える値段で供給されないといけない
・他国からの輸入に依存しない方がよい

このなかで「そう思う」という同意が最も多かったのは、「誰もが使える値段」の六三・二%であり、「経済に悪影響が発生しない」の四七・六%より多かった〔国立環境研究所、二〇一六、三三ページ〕。「誰もが使える値段」が意味する料金水準はあいまいだが、その含意は、電気は生活必需品であり低所得層

ほど負担が重くなるため、低所得層も負担できる安さだと考えられる。ＩＮＳＳ継続調査の「電気料金を安くする」というのは、単に目指す状態を述べているだけだが、「誰もが使える値段」というのは、安いことの公共的価値を述べるものになっている。この質問はトレードオフの関係が組み込まれていない点でＩＮＳＳ継続調査の質問とは異なるが、個人的利害ではなく、弱者への配慮という公共性を含むために、同意されやすかったと考えられる。社会にとっての電源選択は、自己利益が主となる個人的選択とは異なり、公共的判断になることを示すと解釈できる。

自宅の電気の購入先を選ぶという個人的選択において、自己利益が主になる理由を推測すると、一つには、自分一人が契約先として原子力発電をもつ電力会社を避けても、原子力発電を減らせるのではないし、自分一人が再生可能エネルギーの電力会社を選んでも、再生可能エネルギーを増やせるのでもなく、効力感がないこと、また、一つには、自分が割高な電気料金を負担して望ましい電源を支援しても、特に社会的賞賛が得られるのでもなく、それによる効用は社会の成員に等しく生じるために、不公平感をもつこと、などが考えられる。このように考えると、社会にとって望ましいという概念的判断と自己利益が絡む具体的判断の基準が一致しないことは、むしろ合理的だという見方もできる。ただし、このような不一致は、電源選択において経済性の優先順位を低くした場合に、それにともなう個人レベルの電気料金の負担増が受容されるかどうかの見極めを難しくすると考えられる。

ＩＮＳＳ継続調査において、社会にとっての電源選択で電気料金が相対的に重視されなかった理由の一つとして、経済成長を重視することに否定的な脱物質主義的価値観が影響していると考えられる。第9章第1節第1項では、ＩＮＳＳ継続調査の「経済優先と環境優先」の二つの意見に五枚のシールを配分する回答形式で重み付けを求める質問において、二つの意見に大きな差をつける人は少ないこと、環境優先の意見に配分される枚数のほうが平均値がやや高いことを示した。[11] 国立環境研究所の調査にはこれに似た質問もあるが、傾向が若干異なっている。経済優先と環境優先の二つの意見を示し、自分の意見に近いほうを選択させている。その結果「経済成長が遅くなり、失業が起きても環境を守るべきだ」が二五・七％、「環境がある程度悪化しても、経済成長を優先し雇用を確保すべきだ」が二六・四％で、「わからない」が四七・九％となっている〔国立環境研究所、二〇一六、二三ページ〕。経済優先と環境優先のどちらか一方を明確に支持する人が少ない点は同じだが、経済優先が環境優先と拮抗しており、ＩＮＳＳ継続調査と比べて経済優先がやや強い。その理由の一つとして、ＩＮＳＳ継続調査は、「経済のゆとりや快適な生活」と具体性のない表現をしているために、経済的豊かさや利便性を追求することについての抽象的判断になるが、国立環境研究所の調査は、失業や雇用の確保に言及しているために、生活に密接な問題として判断されるためではないかと考えられる。経済を生活に密接な影響を意識してとらえるか否かによって、重要性の判断が異なる可能性があることが示唆される。

福島原発事故後の原子力発電所の停止による電気料金の上昇は、電源選択における経済性の重要性を、抽象的な原則論でなく、月々の電気代という生活に密接な問題に引き寄せて考える契機になると思われた。しかし、第8章第2節第1項で示したように、自宅の電気代支払額の上昇は認知されていなかったし、毎年上昇する再生可能エネルギー固定価格買取制度の賦課金も特に意識されずに受容されている。電気料金は身近でありながら、使用量の季節変動に加えて、資源価格や為替に応じて燃料費調整単価も変化するために、毎月の支払額の変動が大きいが、家計に占める割合が低いために、負担増になっていても認知されにくい性質をもつといえる。一般の人々の反応は、再稼働を求める緊急提言［日本経済団体連合会・日本商工会議所・経済同友会、二〇一四］をだした経済界や、「国内での事業存続の危機に直面している」として再稼働を求める緊急要望書［新金属協会ほか一〇団体、二〇一四］をだした電力多消費産業の反応とはギャップがある。人々が、家庭の電気代という個人レベルの負担感で判断するならば、現状程度で進む電気料金（コスト）の上昇は、電源選択の支配的要因にはなりにくいと考えられる。

原子力発電が経済面に与える影響については、電気料金に影響するとは認識されているが、それが二次的に雇用や国際競争力に影響するとまでは認識されていないことが、第8章第2節第3項で示された。マクロレベルの経済影響には、景気や経済情勢、政策、為替などさまざまな要因が関係するために、電気料金が上昇しても、原子力発電との因果関係がわかるような変化が顕在化するとは限らない。実際のところ、福島原発事故以降の原子力発電所の長期停止によっても支障が顕在化しなかったために、原子力発電の経済面の効用の評価が低下していることが、第8章第2節第3項、および本章の第1節第3項で示された。原子力発電のマクロ経済への影響は、個人が実感できるものではないために、経済に影響するという説明を信じるか否かの要因が大きいと考えられる。

原子力発電の経済性に関しては、断片的な情報によってコストへの信頼が損なわれる可能性がある。各電源のコスト比較は、パンフレットなどで一キロワット時（kWh）当たりの単価で示されている。二〇一五年度の政府の試算では、原子力発電は一〇・一円〜、太陽光（メガソーラー）は二四・二円となっている。この原子力発電のコストには、廃炉費用・核燃料サイクル費用、事故対応費用（損害賠償・除染含む）・電源立地交付金・もんじゅなど研究開発などの政策経費といった社会的費用も織り込まれた試算とされ、「事故リスク対策費は、事故廃炉・賠償費用等が一兆円増えると一キロワット時当たり〇・〇四円増加する」〔電気事業連合会、二〇一九、一五ページ〕と説明されている。しかし、このような単価での比較は、全体像がわからないし、人々の生活感覚からみても少額で負担の重みが伝わらない。

一方、高レベル放射性廃棄物の地層処分に要する費用は、これまでに一兆円が原子力発電による発電量に応じて電気料金の一部から積み立てられているが、将来の費用は三・七兆円（〇・九％の割引率を用いて算出された現在価値は二・七兆円）と算定されている〔資源エネルギー庁放射性廃棄物対策課、二〇一六〕。福島原発事故の廃炉や賠償などの事故処理のために将来にわたって必要な費用総額は、当初一〇兆円とされていたが、二一・五兆円にふくらむという経済産業省の試算が大きく報道されている[12]。

放射性廃棄物の処理処分に大きなコストを要することを、原子力発電への反対理由とする人は多くはなかったし（第7章第4節）、原子力発電を減らせば電気料金が上がる、裏返せば、原子力発電のコストは安いと認識されていた（第8章第2節第3項）。これらの巨額な費用は、一キロワット時当たりの単価よりも強いインパクトがあり、人々がこれまで受け入れていた「原子力発電はコストの安い電源」だという説明への不信につながる可能性がある。

他の電源に関しても、長期でみれば巨額になる。たとえば、原子力発電の停止分を火力発電で代替した燃料費増加分は、福島原発事故後の二〇一一年度から二〇一五年度（二〇一五年度は推計）までの五年間の累計で一四・四兆円とされ［総合資源エネルギー調査会基本政策分科会 電力需給検証小委員会、二〇一六、四〇ページ］、貿易赤字の一因になったといわれる。原子力発電の代替と期待される再生可能エネルギーでは、固定価格買取制度による賦課金の総額[13]は、二〇一三年度から二〇一七年度をみると、〇・三兆円→〇・七兆円→一・三兆円→一・八兆円→二・一兆円と導入量にともなって増大し、五年間の累計は六兆円を超える。二〇一七年には負担を抑制するための制度改正がおこなわれたが、買取期間は一部を除き二〇年間あり、賦課金は今後相応の期間にわたって増加し、長期の累積額はふくらんでいく。

これらの国全体で長期間集積した金額の規模感は、たとえば二〇一六年の国の予算における所得税の一八兆円、法人税の一二・二兆円、消費税の一七・二兆円[14]に並ぶ。一キロワット時当たりの単価からは想像できない負担を実感させる。

原子力発電のコストに関しては、放射性廃棄物の処分や福島原発事故処理のいずれも、短期に解決できるものではなく長期的取り組みになるため、前述のような将来にわたって必要になる長期的費用の総額（累積額）が断片的に話題になりやすい。他の電源の費用について、期間などの条件を揃えた情報がなければ、原子力発電の巨額な費用だけが注目され、「福島原発事故をふまえれば、経済性においても原子力発電は優位とはいえない」との指摘に説得力を与えると考えられる。

国の経済や財政の観点からは、前述のような各電源についての巨額な費用も、それが輸入代金のように国外に支払うだけならば「国富の流出」になるし、国内で雇用や消費、技術開発などを生むものならば、経済波及効果が見込めるものになる。また、冷徹に考えれば、事故処理のように、今後の選択にかかわらず発生済みの問題への対処に要するコストなのか、あるいは、今後の選択次第で不要になったり低減できるコストなのかも考慮事項となる。しかし、それらはいずれもエネルギー政策に関わる立場にあるものが考えるべき問題であり、一般の人々の視点にはない。エネルギー政策における原子力発電の経済性評価と人々の認識にかい離が生じる一因と思われる。

第5節　ディスカッション——モデルにおけるマスメディアの機能

ＩＮＳＳ継続調査では、原子力発電の今後を考えるうえで参考になった情報源を、二一個の選択肢から複数回答で質問している。二〇一五年調査では、「民放ニュース・報道番組」が六八％、「ＮＨＫニュース・報道番組」が五六％、「新聞記事」が四九％、「ワイドショーや特別情報番組」が四五％で、その次が「インターネットのニュースサイト」の三七％であった。原子力発電に関する人々の主たる情報源はマスメディアである。

福島原発事故以降、原子力発電の是非についての新聞社の論調は二分されている。斉藤・竹下・稲葉［二〇一四］は、「読売新聞・産経新聞・日経新聞」が原発維持で、「朝日新聞・毎日新聞・東京新聞」が脱原発であるという複数の研究報告をふまえ、この二群の新聞の閲読者の原発態度を比較している。その結果、原発政策に関心の高い層では、閲読紙により原発態度が有意に異なるが、その差は大きなものではなかったこと、また、原発政策に関心の低い層では有意差がなかったことから、閲読紙の影響力は大きくないと結論している。

これは、マスメディアには、唱導する方向に人々の態度を変容させる直接的な説得効果がないことを支持する結果とみることができる。そもそも新聞社の論調が最も明確に示される社説は、他の記事ほどには読まれていない[15]。近年の情報環境を考えると、新聞の影響は、当該の新聞を読んでいると自覚している閲読者だけに限定されない。二〇一六年の「メディアに関する全国世論調査」によれば、インターネットニュースの閲覧率は、四〇歳代までは新聞閲読率を大きく上まわり、中高年層でも増加傾向が続いている［新聞通信調査会、二〇一七］。新聞を読む人でもその半数超はインターネットニュースをみており、その大半はポータルサイトで閲覧している。[16] ポータルサイトのニュース記事は、新聞社・通信社・雑誌社など多様な媒体から提供されており、ニュースソースを特に意識せずに接していることが多いと考えられる。[17] 人々の興味や関心を引くインパクトのある記事は、アクセス数のランキング上位にあがり、さらにインターネット空間で拡散する。

したがって、社説のような自社の主張として明確に示されるものよりも、さまざまな社会の動きのなかから何を伝え、何を伝えないか、どのような意味や解釈を含ませて伝えるかが、自社の閲読者を超えて広範な影響力をもっていると考えられる。このような影響力は、第2章第13節にあげた、受け手の判断に用いられる情報やその認知に影響するという効果としての、議題設定効果やプライミング効果、フレーミング効果などに相当すると思われる。

マスメディアの影響を検討するために、まず、マスメディアの報道量と人々の関心との関係を確認しておく。

マスメディアにおける原子力関連の事故に関わる報道量の指標として、Gサーチデータベースを用い、全国紙四紙の記事およびNHKのニュース原稿を対象に、見出しまたは本文に、「(原子力 OR 原発) AND 事故」の語句を含むものを検索した。福島原発事故前年（二〇一〇年）の一、二七七／年が、二〇一一年は六一、三八九件／年に増大していた。人々の関心の指標としては、丸田［二〇一四］による原子力発電に関するブログ投稿記事の分析結果を参照する。丸田は、電通バズリサーチのブログ記事

図48　自然エネルギーに関する報道量の推移（2011年1月〜2012年4月）

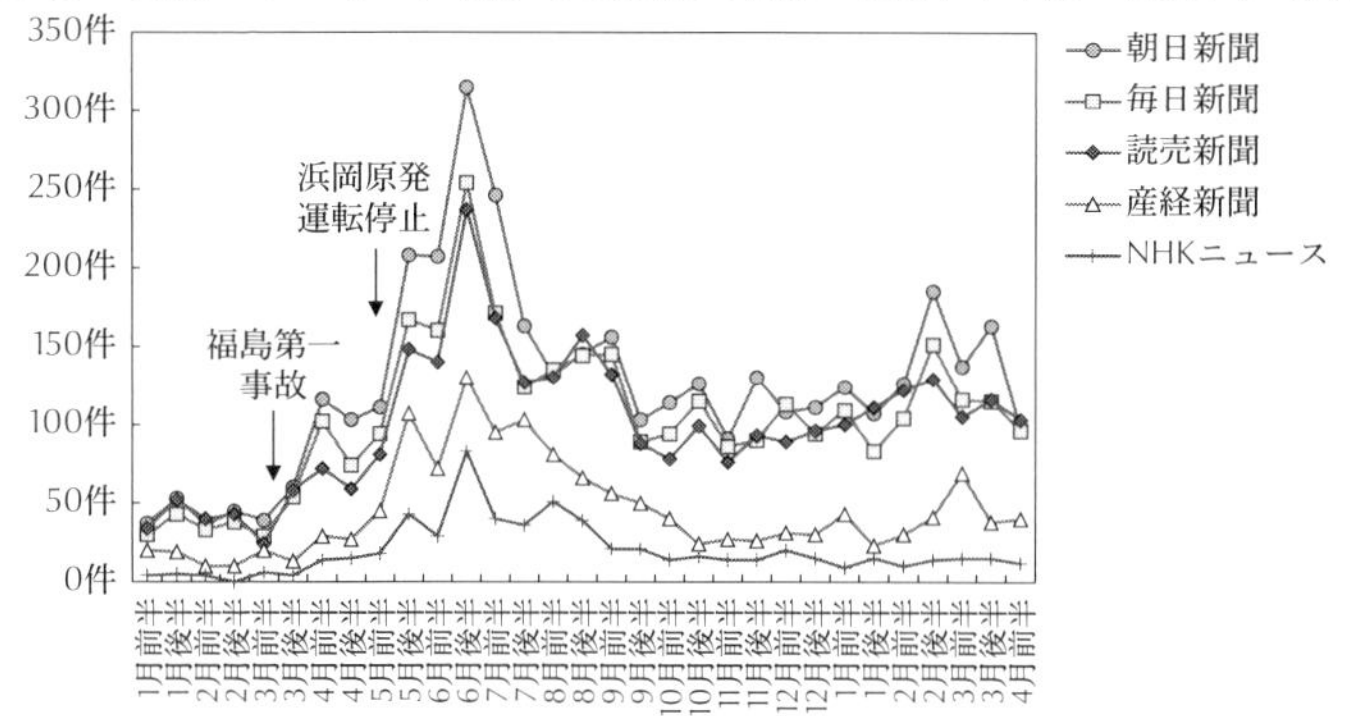

※「NHK ニュース」はニュース原稿のみを対象としており、報道番組などを含む全体量をあらわすものではない。
出典：［北田，2013a］

検索ツール[18]を用い、本文に「原子力発電 OR 原発」の語句を含むブログ記事投稿件数を一日単位で集計し、福島原発事故前の二〇〇件／日程度が、事故後は数万件／日に急増したこと、ブログ投稿件数の各ピークは各時点の出来事に対応していることをみいだしている［四二〜四三ページ］。この二つの結果は、ブログ投稿という個人レベルの反応量を関心の指標として、マスメディアの報道が人々の関心の強さに影響していることを示すエビデンスの一つになると考えられる。

第6章第1節第2項において、原発世論が「現状維持」から「減らす」に大きく動いた時期は、二〇一一年五月から七月であったことが示された。図48は当時の再生可能エネルギー関連の報道量の推移である。Gサーチデータベースを用い、全国紙四紙の記事およびNHKのニュース原稿を対象に、見出し

図 49　丸田勝彦作成による「原子力発電と代替エネルギー」を含むブログ投稿件数の推移（2011 年 3 月〜2014 年 3 月）

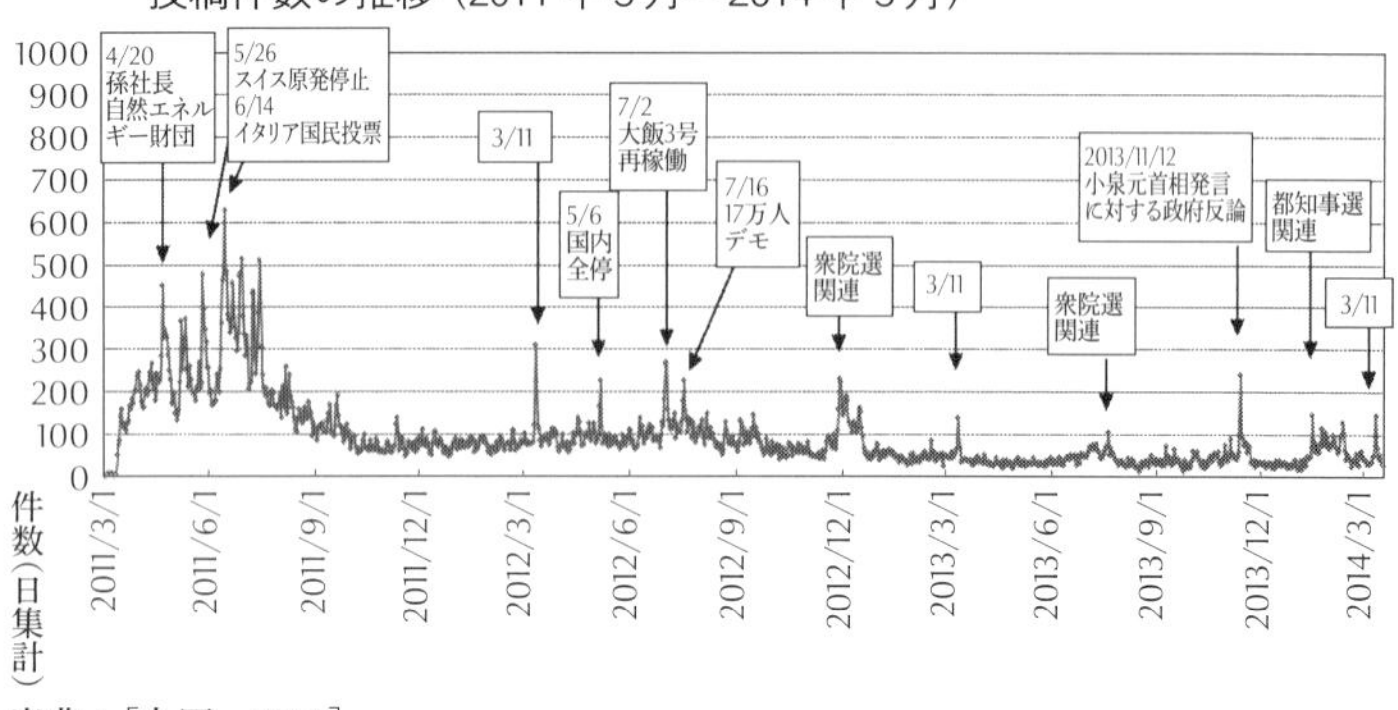

出典：［丸田，2014］

または本文に、「再生可能エネルギー OR 自然エネルギー OR 新エネルギー OR 太陽光発電 OR メガソーラー OR 風力発電」の語句を含むものを検索し、半月単位で件数を集計している。世論が大きく動いた時期に、再生可能エネルギーや自然エネルギーについての報道量が多かったことが確認できる［北田、二〇一三a］。

図49は、丸田［二〇一四、四三ページ］の図を転載したものである。本文に「(原子力発電 OR 原発) AND (代替エネルギー OR 自然エネルギー OR 再生可能エネルギー)」の語句を含むブログ記事投稿件数が一日単位で集計されている。二〇一一年四月〜七月にかけて山があり、ブログ記事投稿件数が増加している。

この二つの図によって、マスメディアの報道量に応じるように、その情報の受け手である一般の人々がインターネット上で個人的に発信する情報量も増えていたことが確認できる。原発世論が「減らす」へと動いた時期に、再生可能エネルギーに関する報道が増え、再生可能エネルギーについての人々の関心が高まっていたという事実は、マスメディアの報道が、原子力発電の代替になりうる再生可能エネルギーに対する人々の関心と期待を高めるという形で、福島原発事故後の原発世論の変化に影響していたことを示すエビデンスの一つになると考えられる。

次に、事故や事件の認知度を人々の関心の指標として、マスメディアの報道量との関係を確認しておく。

表20は、ＪＣＯ事故と東電トラブル隠しについて、発生から二カ月半の間の報道量を比較したものである。Ｇサーチデータベースを用い、全国紙四紙を対象に、見出しまたは本文に各検索語を含む記事件数を集計している。トラブル隠しについては、ＪＣＯ事故の「四分の一」～「二分の一」と少ない。小泉純一郎首相の訪朝（二〇〇二年九月一七日）によって北朝鮮が拉致を認めた時期に重なることから、拉致問題や核問題について多量の報道がなされている。当時の報道や社会の関心は、トラブル隠しより北朝鮮問題に向いていたことがうかがえる。

事故や事件の発生二カ月後の調査における当該事象の認知度、具体的には「よく覚えている」の比率は、東電トラブル隠しは五四％で、ＪＣＯ事故より二〇ポイント低く（第7章第1節第2項の図13）、特に、新聞やテレビニュースへの接触が少ない層で低いことがわかっている［北田、二〇〇三］。

これらの結果は、マスメディアの報道量が当該事象の認知度に関係していることを示すエビデンスになる。第7章では、事故や事件によって高まった原子力発電に対する不安や不信が、時間経過にともなって低下していることが明らかになった。この特徴を総合すると、マスメディアの報道が別のトピックに移り、当該問題に関する情報が供給されなくなると、人々の記憶が薄れ、高まった不安や不信が戻るというメカニズムを考えることができる。エネルギーや原子力発電の問題への関心は相対的に低く、人々は能動的に情報を収集しているのではなく、マスメディアの情報に接して受動的に得ている。頻繁に報じられることによって人々の関心が高まったり、関心が維持されたりすると考えられる。

どのような内容が報道の対象になりやすいかという視点で考える。

マスメディアは、全体像を薄く均一に伝えるのではなく、ニュースバリューの高いものを選択的に伝える。危険につながる可能性があるとみなされているテーマや内容は、大きく取り上げられる。原子力に関する事故やトラブル、不祥事などは、社会の関心が高く、発生すれば集中的な報道の対象になりやすい。

第2章第2節で言及したように、過去にさかのぼると、第五福竜丸事件では、マスメディアの「死の灰を浴びた」「放射能マグロ」などという報道が、乗組員の死を「被ばくによる犠牲」の象徴にし、大量のマグロが廃棄され地下に埋設される一因になった。事件から半世紀以上を経た二〇一七年に、築地市場から豊洲市場への移転で有害化学物質による土壌汚染が問題になった際には、過去に埋設された放

表 20　JCO 事故と東電トラブル隠しの報道量

対象期間	検索語	読売新聞	朝日新聞	毎日新聞	産経新聞
1999 年 9 月 30 日～12 月15 日	JCO　OR 臨界	1338	993	1468	521
2002 年 8 月 29 日～11月15 日	(東京電力 OR 東電) AND (原子力発電 OR 原発 OR トラブル隠し)	604	585	757	132
	北朝鮮 AND 核	405	408	605	355
	北朝鮮 AND 拉致	1503	1506	2182	895

出典：[北田，2003]

射能マグロの存在をもって、築地市場の土壌も安全ではないという東京都の元幹部の発言もでている。[19] 原子力船むつの放射線漏れでは、「放射能漏れ」と誤って報道され、放射線と放射能の影響の違いが適切に説明されなかったことが、風評被害を大きくしたという指摘もある。第4章第2節で言及したように、福島原発事故を受けて脱原発を決定したドイツでは、大衆紙やテレビの福島原発事故発生後の報道は、センセーショナルなものや、事実と憶測の区別がないもので、人々の恐怖感を煽るものであったという。これらは、マスメディアに不安を煽る意図はなくても、報道の焦点化と、受け手の放射線や被ばくの健康影響についての知識不足との相乗によって、結果として社会の不安を過剰に高めた例とみることができる。

「嘘をついた」や「隠した」という不信につながる事柄もマスメディアで注目されやすい。もんじゅナトリウム漏れ事故は、国際原子力事象評価尺度のレベル1で、安全上の重大性が低かったにもかかわらず、「ビデオ隠し」というレッテル付けによって隠ぺい問題として焦点化され、運営組織の再編による実質的解体とその後のもんじゅの長期停止、その末の廃炉へと向かう端緒になった。

一方、マスメディアから安全だという情報が伝えられることは少ない。このことは当たり前のことのようにも思われる。しかし、人々の原子力発電に関する主たる情報源がマスメディアであるという実態を前提におくと、安全側の情報があり、それを発信する役割をもつ主体が存在していても、マスメディアが伝えなければ、その情報は広く人々に届かないことを意味する。

たとえば、放射性物質が基準量を一回でも超えた場合には健康に問題のない量であっても報道されるが、その陰に何千回も非検出であった事実や、その後フォローして基準量を超えることがなかった事実は、ほとんど報道されない。福島原発事故による水産物の放射能汚染を研究している森田［二〇一六、二二ページ］は、「研究者は、数 Bq/L の海水中の放射性物質濃度が、数百ミリ Bq/L レベルで変動した場合、その原因について強い関心を持つが、実際のところ、こうしたレベルでの変動が水産物の濃度を大きく変動させ、我々の健康に影響を与えるというわけではない。しかし、一般的に知識が豊富であると思われている研究者が、こうした変動に強い関心を持っているコメントを新聞や雑誌で述べた場合、一般の方々もそれが自分たちの健康にとって非常に重大なことであるかのように受け止めることが多いようだ」と述べている。新聞や雑誌は事実を伝えていることに間違いないが、公共性のあるマスメディアが取り上げること自体が、それが伝えられるべき重要な内容だという価値評価を付与する効果をもっている。

図50　3要素モデルにおけるマスメディアの影響

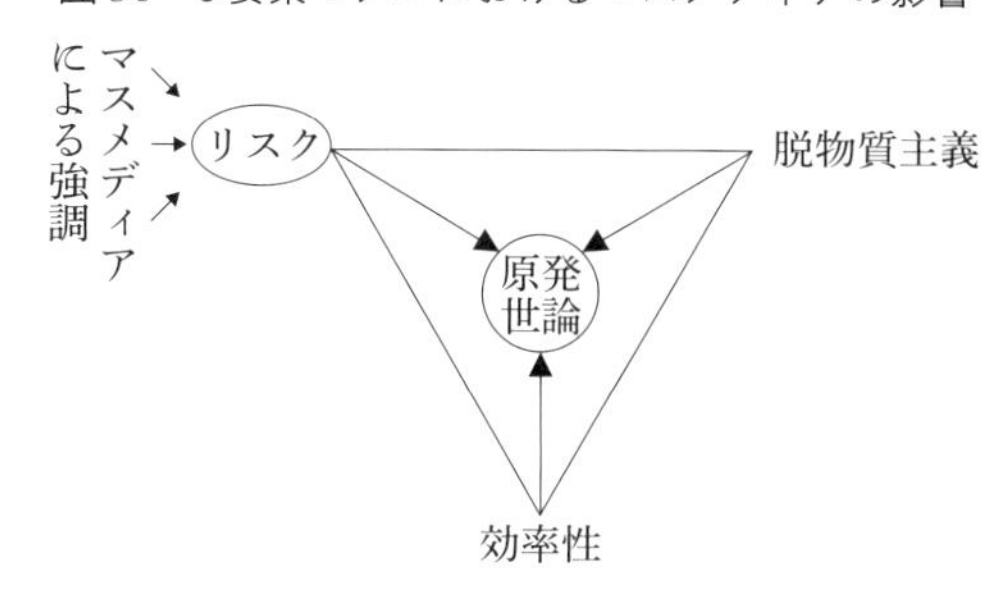

第8章では、効率性の要素に関わる実態の変化に対し、人々の感度が低いことが明らかになった。効率性の要素の指標となるデータ、たとえば、エネルギー自給率や各電源の発電実績、電気料金の変動、発電用化石燃料の輸入総額、再生可能エネルギー固定価格買取制度の賦課金の総額や標準世帯の負担額、CO_2排出量の増減率などのデータは、事故や事件のような関心を集めることはなく、ニュースバリューは低い。ニュースなどで断片的に伝えられることはあっても、原子力発電と関連付けて、それが社会や生活にもたらす意味が説明されなければ、人々は原子力発電の必要性を考える文脈では受けとれない。この点が、原子力発電との関係がほぼ自明であるリスクの要素とは大きく異なる。

以上の議論をふまえると、マスメディアは自らの関心の対象——それは報道機関としての使命感によるものであったり、人々の関心の反映であったりもする——やニュースバリューとの関係から、リスクの要素に注目させる情報の発信が多くなり、リスクの要素を強める性格をもつと考えられる。これを原発世論の三要素モデルで表現するならば、図50のようにあらわすことができる。マスメディアは、人々に知識や関連情報を与えて判断材料を増やしたり、判断のフレームを与えたりする機能をもつが、実態としては、原子力発電に関してはリスクの要素を強調することが多く、三要素の力学バランスを変化させるという形で原発世論に影響を与えていると考えられる。

注

1 調査票では、原発停止によってでている自分や社会への悪い影響だけでなく、良い影響についても同様に自由回答形式でたずねている。悪い影響と良い影響のどちらにも「ない」が回答者の半数を占めた。また、良い影響を記述した人数は、悪い影響を記述した人数と同程度あった［北田、二〇一五］。

2 原発停止によってでている悪い影響の記述内容を分類すると、供給面では「電力不足・安定供給の懸念に関するもの」が九六人（悪い影響記述者の二四％）。経済面では「電気代上昇・値上げ・コスト」が一五〇人（三八％）、「経済悪影響・国民負担増・物価上昇」が六二人（一六％）、「火力燃料費増・資源消費」が一二人であった。環境面では、火力発電の増加に起因する「地球温暖化・環境汚染」が四一人（一〇％）であった。経済面の記述率は、男性、再稼働賛成層で高かった。詳細は北田［二〇一五］を参照。

3　WTI原油価格（$/BBL）は、二〇〇八年二月は約九〇ドルで、二〇〇八年七月には約一四五ドルを記録している［石油連盟、二〇一二］。

4　米国では、政府の新設推進姿勢や世論の動向があっても、新設は必ずしも進まないと予測されている。松尾［二〇一〇］によれば、米国では既設炉運転ライセンスの六〇年までの更新が許可されているが、八〇年延長が検討中であり、実現すればリプレース需要が当分発生しないこと、また、シェール革命による天然ガス価格の低下で、原子力発電のコスト競争力が低下すること、米国では省エネや石炭火力発電の効率化の余地が大きく、日本と比べ原子力以外にも温室効果ガス削減手段を多く有することなどを理由にあげている。

5　野田佳彦首相が福島第一原発の事故収束に向けた工程表のステップ二である冷温停止状態が達成されたと宣言したのは、二〇一一年一二月一六日であった。

6　INSS継続調査では、福島原発事故関連のニュースについての関心を質問している。「非常に関心がある＋かなり関心がある」の合計比率は、二〇一一年七月七二％→一二月六四％→二〇一二年五一％→二〇一三年五一％→二〇一四年三九％と減少している。それ以降は変化がない。

7　この期間で事故不安やリスク感の高まりが最も大きかったのがJCO事故二カ月後である（図12）。利用についての意見は、一九九六年のもんじゅ事故後と一九九七年のアス固化事故後のほうが、JCO事故後や一九九三年より否定的であるが（図9）、この二回の調査票はエネルギーや原子力関連の質問が少ない簡略版であり、調査票の違いが影響している可能性がある。いずれにせよ、一九九八年には利用肯定が増え、一九九三年より肯定的になっていることから、両事故の影響も一時的なものであったといえる。

8　スウェーデンは、スリーマイル島原発事故翌年の一九八〇年に国民投票によって二〇一〇年までの脱原発を決定したが、一九九九年と二〇〇六年に二基が廃止されたのみで、二〇一一年時点では一〇基が稼働し原子力による発電量は四割であった。この状況から判断すると、処分地の選定手続きが進行していたと思われる二〇〇〇年代に脱原発が順調に進んでいたとはいいがたい。

二〇一〇年には脱原発政策を見直し、既設炉のリプレースを可能にする一方、原子力発電への課税を強化し、政策的補助をおこなわないことによって、市場原理による退出を促す政策がとられた。しかし、二〇一六年に原子力発電事業者が採算の悪化により早期の閉鎖方針を発表するなかで、原子力発電への課税を段階的に廃止し、優遇措置を与える政策へと変更しているとされる［原子力百科事典ATOMICA、二〇一六］、［原子力国民会議、二〇一六］、［原子力環境整備促進・資金管理センター、二〇一八］。

9　この電源選択基準の質問は、別に設けた発電割合の質問（具体的には、各発電方法に望ましいと思う割合を一〇枚のシールを配分して回答する質問）と組み合わせて、選択基準と発電割合との関係を分析することも、当初のねらいの一つとしていた。そのため、放射性廃棄物の問題は重要な観点であるが、特定の発電方法を指す（ほぼ同義になる）観点を、選択基準の一つとすることは適切でないと考えたためである。

10　二〇一六年のＩＮＳＳ継続調査では、自宅の電気の購入先を選ぶとすればどのような点を重視するか、七項目から複数回答で質問している。最多は「電気代が安くなる」七五％、次いで「電気とのセット契約などで何かお得になる」が三三％であった。「新しいサービスがある」が二二％、「太陽光など再生可能エネルギーによる電気が多い」が二〇％、「原子力発電をおこなっていない」が一〇％、「対面して料金プランや変更手続きを説明してくれる」が一四％、「自分がこれまで使ってきた電力会社」が一八％、「その他」が二％であった。

11　平均値ではなく人数の分布であらわすと、二〇一六年のＩＮＳＳ継続調査では、経済優先の人（つまり経済優先の意見に三枚以上、環境優先の意見に二枚以下を配分した人）は四四％、環境優先の人は五六％である。

12　朝日新聞デジタル二〇一六年一二月九日付の記事「福島原発処理費、二一・五兆円に倍増　経産省試算」、日経新聞電子版二〇一六年一二月九日付の記事「福島廃炉・賠償費二一・五兆円に倍増　経産省が公表」など。

13　経済産業省が公表している各年度の買取価格・賦課金単価等の決定資料において、賦課金単価算定根拠のデータを用いて、「買取費用－回避可能費用＋費用負担調整機関事務費」を筆者が算出した。なお、各費用は賦課金算出のための想定額である。平成二九年度の資料は以下に掲載されている。http://www.meti.go.jp/press/2016/03/20170314005/20170314005.html

14　平成二八年度一般会計予算では、歳入総額九六・七兆円のうち、公債金（国債を発行して調達した国の収入）が三四・四兆円、租税及び印紙収入が五七・六兆円、その他が四・七兆円である。所得税、法人税、消費税の三つの租税で歳入総額の約半分を占める。。https://www.mof.go.jp/budget/budger_workflow/budget/fy2016/seifuan28/01.pdf

15　朝刊や夕刊を読んでいる人は全体の七〇・九％（二三四四人）で、そのうち、社説を「必ず読む」は九・八％、「よく読む」は一六・三％、「たまに読む」が四二・七％、「読まない」が二七・四％である。「必ず読む＋よく読む」の合計比率は二六・一％であり、回答者全体（三三〇八人）での比率に換算すると、一八・五％にあたる［新聞通信調査会、二〇一六、三五ページ］。

16　インターネットのニュースサイトをみている人は回答者全体の六九・六％（二三〇四人）で、みているサイトは、新聞社や通信社の公式サイトは二〇・五％にとどまり、ヤフーなどのポータルサイトが八九・九％にのぼる［新聞通信調査会、二〇一六、四六ページ］。

17　たとえば、ヤフーニュースのヘッドラインは、多くの人の目に留まるが、その時点では記事提供元はわからない。クリックして初めて記事本文の末尾に提供元が示される。近年、新聞社はインターネット上の記事閲覧を有料購読者や登録会員に限定する傾向にあるが、無料公開の記事は紙媒体の閲読者数を超えて多くの人々に伝わる。

18 丸田［二〇一四］によれば、電通バズリサーチのブログ記事検索ツールでは、国内のブログ投稿記事の九五％以上が検索抽出できるとされる。

19 毎日新聞二〇一七年三月一〇日付の記事「豊洲百条委『大きな流れに逆らえなかった』石原元知事の一問一答（一）」

第11章 まとめと展望

最終章では、本書の内容を要約し、本書で明らかになったことのなかから本質的に重要と思われるものを二つあげるとともに、今後の原発世論の動向について考える。最後に本書の貢献（意義）と残された課題を述べる。

第1節　各章の要約と結論

1　原発世論の変動モデルと結果の要約

第1章では、世論概念について検討し、理念としての世論とその把握方法の視点から討論型世論調査について「エネルギー・環境の選択肢」に関する実施例を交えて検討し、標本調査である世論調査の重要性を再確認した。第2章では、個人の原発態度の規定因や、原子力発電導入以降の原子力への社会の反応、原子力発電反対論などから、原発世論を規定する要因を多面的に考察した。それに基づいて、第3章で原発世論の変動を説明する概念的モデルを導きだした。

モデルは、原発世論は、Emotional factorとしての「リスク」、Functional factorとしての「効率性」、Belief factorとしての「脱物質主義」という三つの要素の力学的バランスの変化によって、肯定・否定方向に変化するというものである。リスクをEmotional factorとしたのは、一般の人々が原子力発電の安全性を技術的・工学的に評価するのは難しく、主観的リスクがきわめて重要性をもつと考えたからである。「効率性」は、電力確保という機能面、具体的にはエネルギー政策の視点である3E——安定供給、経済効率性、環境への適合（CO_2削減）——における有用性評価は、主として効率性が判断基準になると考えたからである。「脱物質主義」は、原発態度に関係する価値観の内容が、イングルハート

図5　原発世論の変動モデル（再掲）

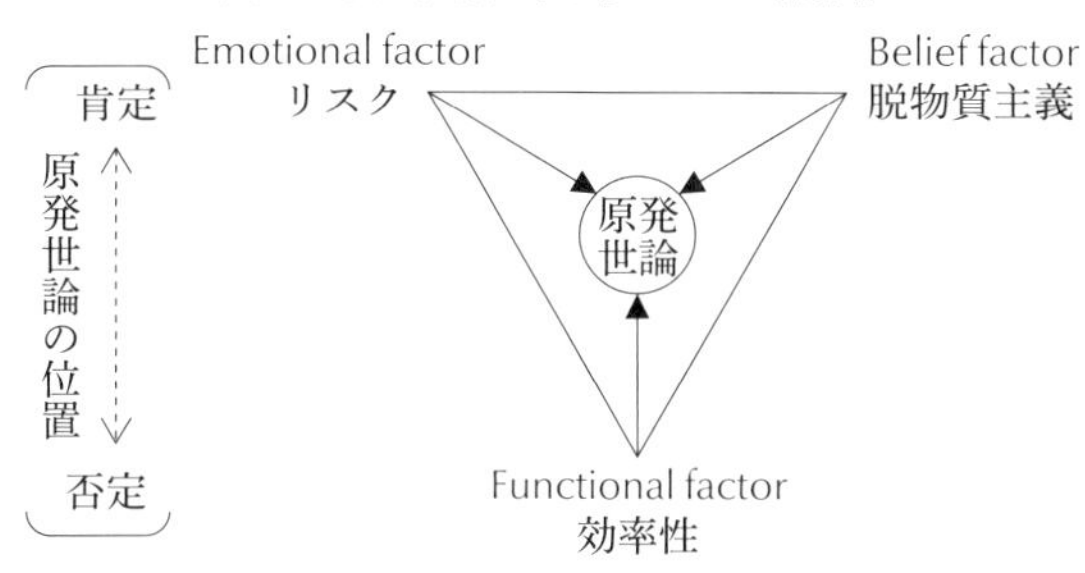

原発世論は、3要素から矢印の向きの力を受けて、逆三角形のなかを垂直方向に動く。矢印の太さは力の強さをあらわす。原発世論の位置は3つの力のバランスで決まり、上に位置するほど肯定的、下に位置するほど否定的であることをあらわす。

の脱物質主義に重なることから当てはめたものである。

モデルを視覚化するために、原発世論を逆三角形のなかに置き、肯定否定の状態を垂直方向の位置で表現し、三要素が原発世論を動かす力の向きと強さを、三つの頂点からの矢印の向きと太さで表現する図を考案した（図5再掲）。

第4章では、ケーススタディとして脱原発を決定したドイツについて、モデルの枠組みを用いて世論調査データと文献から考察した。ドイツは日本と比べ、原発世論が強く否定的であり、リスクの要素と脱物質主義の要素が強く、効率性の要素が弱いことがわかった。本モデルがドイツの原発世論の的確な理解に有用であることが示されたと考える。

第5章では、原子力発電に関する継続調査データの概要を説明し、第6章から第9章では、一九九三年から二〇一六年までの原発世論と三要素の変動の実態を、当該時点の出来事や社会状況と関連付けて、どのような意味をもつかを綿密に分析した。これらの分析で得られた詳細な知見は、第6章から第9章の章末の「まとめ」を参照していただきたい。変動の実態と特徴を以下のようにまとめた。

原発世論は、事故やトラブル、不祥事ではあまり変動がなく安定性がある。原子力ルネサンスやリーマンショック以降の経済低迷のなかで原発活用に前向きな社会状況にあった二〇〇〇年代後半は、利用肯定が漸増傾向であった。福島原発事故では、四カ月間で大きく動き、それが数年後も定着している。

リスクの要素は、事故や事件に敏感に反応して不安感や不信感が高まるが、時間経過による認知度の低下にともない、短期で復元する傾向がある。福島原発事故では、チェルノブイリに象徴される原子力リスク像が、リアリティのある過酷事故に置き換わり、リスク認識が更新された。

効率性の要素は、決定要因である3E（安定供給、経済性、環境（CO_2削減））のうち、長く利用してきた事実に基づき主として安定供給における有用性が認識されている。電気料金上昇の感度は低く、経済影響やCO_2排出量は可視的でなく原子力発電との関係も自明でないため、実態の変化による認識の変化が生じにくい傾向がある。福島原発事故後の数年にわたるほぼすべての原子力発電所の運転停止によっても支障が顕在化しなかった事実から、効率性の要素の認識はやや低下している。

脱物質主義は、どの時点でも原発態度との関係が明瞭に認められるが、この二三年間を通して脱物質主義的価値観が強まる傾向はない。したがって、福島原発事故後に高まった脱原発への支持は、電力に

図 44　モデルで表現する原発世論の時系列変化（再掲）

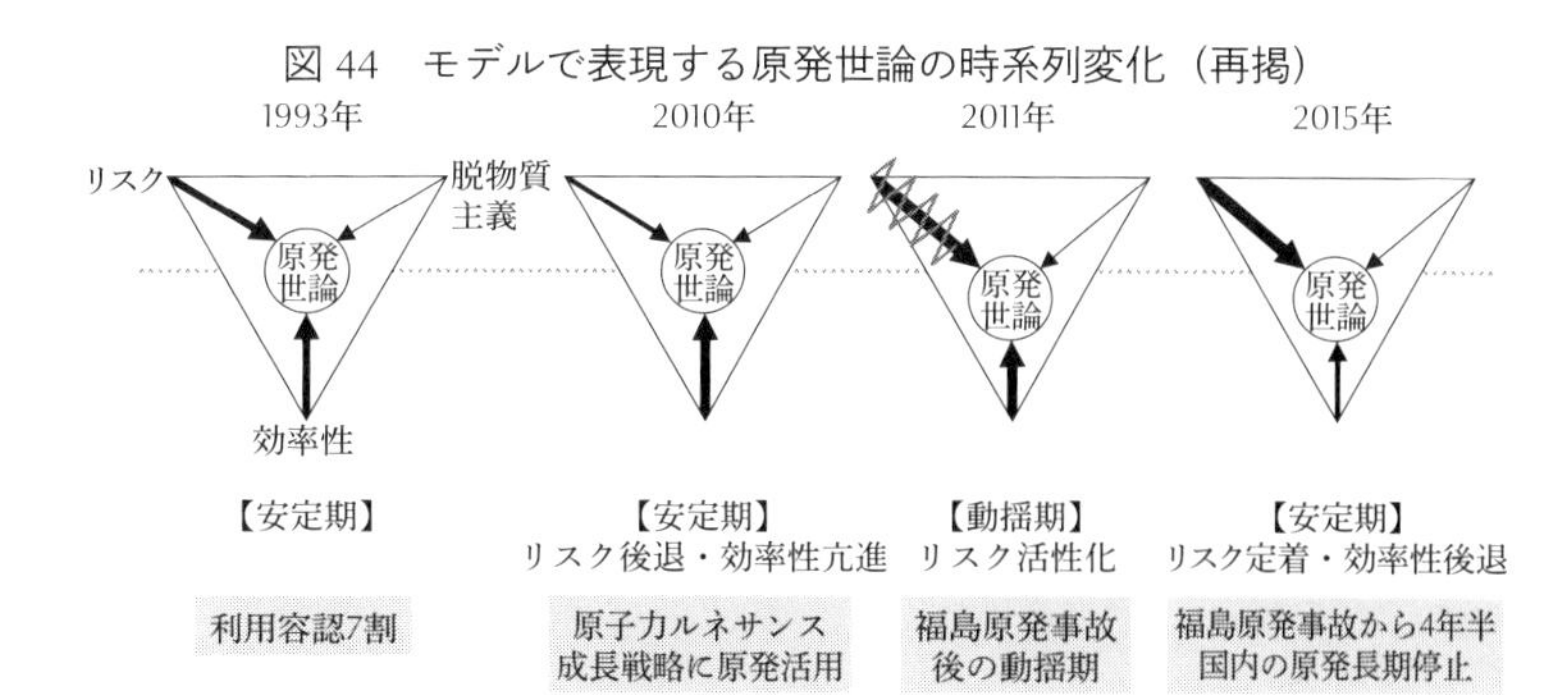

依存しない生活スタイルを志向するという価値観の変化をともなうものではない。

脱物質主義は、この二三年間では原発世論の変動を説明するうえで有効な要素ではなかった。脱物質主義の変化は長期の時間軸になると想定され、本書のデータのスパンでは実質的に固定要素となり、原発世論は、効率性とリスクの二つの要素の変化で動いているとみることができる。このことから、脱物質主義をモデルに組み入れる必要性について異論もあると思われる。

しかし、本書において「経済より環境優先」意識と原発世論との関係は、どの時点においても明瞭に認められた。原発世論を規定する要素であるのは間違いない。原子力発電反対論や脱原発論には、脱物質主義的価値観が根底にあるものが少なくない。脱原発を主導する理念として、今後の原発世論の変動に影響力をもちうると考えられる。理念が人々に共有されているかどうかは重要である。原発世論が変化した場合に、価値観の変化をともなうか否かは、原発世論の変化の質をとらえるうえで意味がある。また、原子力発電反対論や脱原発論における原子力発電についての言説が、効率性の要素やリスクの要素に関して科学的妥当性のある知識や客観的事実に立脚するものか、脱物質主義的価値観によるものかを分けてとらえることは、議論の錯そうを避けるのに有用と考えられる。

以上の結果をふまえて、この二三年間の原発世論の変動でポイントとなる四時点として、「第一回調査の一九九三年」、「原子力ルネサンスとリーマンショック後の経済低迷のなかで原発活用を政策にした二〇一〇年」、「福島原発事故から間もない二〇一一年」、「福島原発事故四年半後で国内の原発停止が続く二〇一五年」を特定し、原発世論の力学状態をモデルの図で表現した（図44再掲）。

モデルの枠組みで、この二三年間の原発世論の変動を単純化して述べると、脱物質主義の要素が安定しているなかで、リスクの要素は、チェルノブイリ事故に象徴される原子力発電のリスク認識が、時間経過によって日常意識から遠ざかり、事故やトラブルによるリマインド効果を挟みながら、長期的に低下する過程にあったが、自国の過酷事故によって更新された。効率性の要素は、安定供給への貢献を中心とする、長く利用してきた事実に基づく肯定的な認識が、利用に前向きな社会状況によってやや強まる時期を経て、「疑似的な脱原発状態」のなかで低下したといえる。

福島原発事故後の原発世論の大きな変化が、リスクと効率性の二つの要素のバランスの変化で生じたことは、事故前後における原発利用肯定層と否定層の電源選択基準の比較分析（第10章第1節）からも示された。

モデルの枠組みで今後を考えるならば、脱物質主義が二三年間動かなかった事実をふまえると、今後の原発世論の変化は、リスクの要素と効率性の要素の力学的バランスの変化に依存する。リスクの要素については、時間経過による低減が生じるかどうかが、効率性の要素については、CO_2削減圧力や再生可能エネルギーの実態をふまえた有用性の再認識が生じるかどうかが、効いてくるのではないかと考える。今後の展望は第2節で述べる。

本書では、モデルの枠組みを用いて、高レベル放射性廃棄物問題に関する日本学術会議の提言における「総量管理」の考え方について検討した。この考え方は、リスクと脱物質主義の二つの要素に大きな重みを与えた判断枠組みによるアプローチとみることができ、人々の現状の判断枠組みに調和していないことをデータで示した。

また、マスメディアは、必然的にリスクの要素に注目させる情報の発信が多くなり、三要素のなかでもリスクの要素を強調する機能をもつことを論じた。エネルギーに関する問題は基本的に日々の関心事ではない。人々はその実態や動向に注意を向けているのではなく、受動的に情報に触れている。そして、その情報の多くはマスメディアに由来する。人々にとって3Eに関わる断片的な情報を自らが原子力発電に関連づけて解釈することは難しい。マスメディアによって、原子力発電の有用性の有無の判断材料に活用できる情報が伝えられていくかどうかが、効率性の要素についての人々の認識の変化に影響をもつと考えられる。

2　明らかになったこと

本書の目的は、概念的モデルを用いて、原発世論の変動の実態を明らかにし、変動のメカニズムについての知見を得ることであり、それらの結果は前項で示した。それらをふまえて、本書で明らかになったことのなかから、原発世論を理解するうえで重要と思われる二点をあげておきたい。

福島原発事故後も変わらぬ基本的価値観

脱物質主義は、原子力発電やエネルギー問題といったテーマに限定されない基本的な価値観である。本書で脱物質主義の指標とした「経済より環境優先」の意識は、経済のゆとりや快適な生活よりも、環境汚染や自然破壊の抑制に、高い優先順位を与える考え方である。経済か環境かの二者択一ではなく、優先の程度にはグラデーションがあり、本書ではシール枚数を重み付けに応じて配分する質問形式でとらえている。この二三年間を通して、また、未曽有の東日本大震災と福島原発事故を経験した後も、経済優先から環境優先への価値観の移行は生じていなかった。

イングルハート［一九九三］によれば、脱物質主義は、時代とともに社会が豊かになることや、人口における世代の入れ替わりによって、緩やかに移行するとされており、変化の時間軸は長期と想定される。したがって、この二三年間で変化がなかったことは取り立てて驚く結果ではないともいえる。しかし、福島原発事故後に原発世論が否定方向に大きく動いたにもかかわらず、原発世論を否定方向に押す要素である脱物質主義が強まっていないことが、データで確認されたことには意味がある。

第2章第4節第2項で述べたように、市民運動としての反原発運動は、「人や環境にやさしい社会」の実現を目指し、エネルギー消費を減らし、自然エネルギーによる地産地消型の小さな社会を志向する、本書でいう脱物質主義的価値観に基づいているとされる。

山腰［二〇一六］は、チェルノブイリ事故後の脱原発運動に関する新聞の言説を分析し、当時の脱原発運動や脱原発世論が、参議院選挙で脱原発を掲げたミニ政党や候補者が惨敗し、低調になったという意味で潜在化した要因として、メディア・テクストにおいて脱原発を原発推進勢力との対立図式でしかとらえておらず、脱原発運動が有していた近代社会のあり方そのものへの異議申し立てと結びつけられていなかったことを指摘し、そのため社会の支配的な価値観を大きく揺るがすには至らなかったと結論している。

福島原発事故後は、マスメディアにおいて、脱原発は目指すべき社会のあり方から考えるべきだという問題提起の主張もみられた[1]。「福島原発事故で、エネルギー多消費型の今の生活をこのまま続けていいのか、誰もが自問自答した」という趣旨の発言も聞かれた。しかし、結果として、脱原発への支持は高まっても脱物質主義は強まっていなかった。この事実は、チェルノブイリ事故から四半世紀を経て発生した過酷事故によっても、近代社会のあり方そのものへの異議申し立てという意味付けから脱原発を支持する層は、それほど広がらなかったことを示している。

少なくとも現状では、原子力発電の利用否定への変化は、経済の優先順位を下げたり、電力に依存しない生活スタイルに変えることを是とする価値観への転換をともなったものではない。原子力発電の今後の利用の問題を考えるうえで、人々の合意を得ることなく、経済影響を軽視したり、快適性や利便性を損なうような大幅な電力消費の削減を前提にすることはできないと考えられる。

内閣支持率とは異なる原発世論の安定性

福島原発事故以前の事故やトラブルでは、不安や安全性などリスクの要素に関する認識は一時的に強まったにもかかわらず、原発世論は変動していなかった。この期間は「事故・事件の続発と開発利用低迷の時代」[吉岡、二〇一一]といわれ、もんじゅ事故、JCO事故、東電トラブル隠し、美浜三号機事故、柏崎地震トラブルが発生していた。これらの出来事では、安全面の不備や欠陥、運営組織の姿勢などが厳しく批判されたが、人々がもつ原子力発電のリスクについての認識から大きく逸脱する内容ではなかったために、利用の是非を再考することにはならなかったと考えられる。

一方、福島原発事故という過酷事故では、リスクの要素が大きく強まり原発世論は否定方向に大きく動いた。ただし、それでもなお過半数は利用容認にとどまった。各報道機関の世論調査を収集し、分析した結果においても、原発世論は「現状維持」から「減らす」に変化したが、「すべて廃止」は依然として二〜三割にとどまっていた。その後の一年間は、脱原発を求める大規模なデモや集会が全国に広がり、政府による「国民的議論」の取り組みや、二〇三〇年代原発稼働ゼロの方針の決定などがあったが、原発世論にさらなる変化はなかった。つまり、原発世論は、福島原発事故から四カ月後という、事故後の混乱が残り、社会にエネルギー問題や原子力発電の効率性の要素について冷静な議論をする雰囲気がなかった早期の段階で変化し、それ以降の数年にわたってほとんど動いていない。

これらのデータに基づけば、原発世論は、内閣支持率のように短期的に揺れ動くものではなく、安定性があるといえる。このような性質は、原発世論が三要素の力学的バランスによって規定されるという本書のモデルと整合的である。福島原発事故発生間もない二〇一一年の動揺期においても、原子力発電からの早急な脱却を求める意見が世論の大勢にならなかったのは、リスクの要素が原発世論を否定方向に押す力に対し、事故の影響を直接受けない効率性の要素と価値観（脱物質主義の程度）が、碇（いかり）のように機能したと考えることができる。つまり、三要素によって支えられているために、突発的な出来事や状況の変化によって一つの要素が大きく動いても、原発世論の動きは抑制的になると考えられる。

最後に、筆者が人々の意識を象徴しているように思う調査結果を示しておきたい。ＩＮＳＳ継続調査では第一回調査から、「人間は、原子力発電を人間や環境に悪い影響を与えないように上手に利用することができると思いますか、そうは思いませんか」という問いに、「できる」「どちらともいえない」「できない」というシンプルな三択で回答を求めている（図51）。リスクの要素とも解釈できるし、利用

図51　人間は、原子力発電を人間や環境に悪い影響を与えないように上手に利用することができると思うか

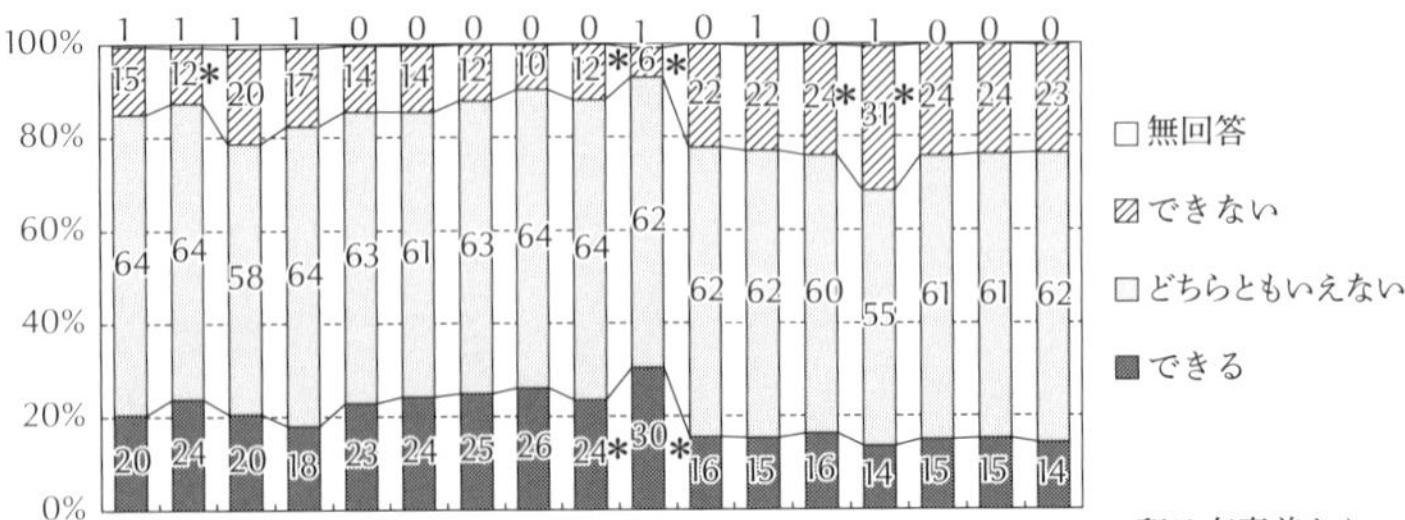

可否に結びつく評価という点では原発世論の一面とも解釈できる。福島原発事故という過酷事故を経験した後も、「できない」は二割台であり、「どちらともいえない」が六割を占める。福島原発事故前後の変化は意外なほど小さい。第4章のケーススタディで取り上げたドイツの倫理委員会報告書が原子力発電に向ける断定的な視線とは明らかに異なる。原子力発電の危険性について人々の見方が根本的に変わったのでも、人々が原子力発電を見限ったのでもないと解釈できる。

　人々は、原子力発電からの完全脱却が、社会にとっての支障や困難を気にせずに選べる選択肢であるとは、まだ認識していないし、それでもあえて社会の優先目標に設定し、覚悟をもって進めるという意思は、まだ共有されていない。そして、私たちの社会が原子力発電と共存することは不可能だと見極

めをつけたというのでもない。人々は原子力発電に対して堅固な判断は下していない状態だと考えられる。

第2節　今後の原発世論についての展望

福島原発事故で大きく動いた原発世論は新たな安定期のようにみえる。原子力発電なしで数年を乗り切るなかで、効率性の要素は徐々に低下している。リスクの要素は、強い反応はやや沈静したが、従前より高い水準に更新されている。再稼働する原子力発電所が少しずつでているが、原発世論に変化はみられない。三要素は新たな力学バランスによる安定状態になり、これが今後の原発世論のベースになると考えられる。今後の原発世論を展望する。

価値観に関しては、経済より環境を優先する脱物質主義的価値観が、今後社会で優勢になれば、原発世論を否定方向に動かす可能性がある。現状以上の経済成長や豊かさを求めないという考え方は、欲張らない慎ましさという点で、精神的なあり方として共感されやすいと思われる。一方、経済成長を求めて新興国・途上国が豊富で安価な労働力を擁して次々に参入する競争環境にあるなかで、日本が立ち止まって経済成長や豊かさの追求を重視することをやめた場合に、脱物質主義が暗黙の前提としている経済の安定や経済成長——少なくとも社会保障が持続可能な程度の経済成長——が、日本社会にとって今後も前提であり続けるのかどうか。今後、経済より環境や自然保護に高い優先順位を与える価値観が優勢になっていくかどうかは不確実である。脱物質主義的価値観が原発世論を否定方向に押す力が強まるとは予想しにくい。

リスクの要素に関しては、福島原発事故では、多くの国民は、映像をともなうリアルタイムの情報によって、原子力発電所事故の危機を目撃し、日常生活に接続する問題として放射能汚染の不安を経験した。強い不安は沈静しても、リスクの大きさは人々の記憶に刻まれ、原子力発電の過酷事故のイメージは、チェルノブイリ事故という歴史的出来事から、リアリティのある福島原発事故に置き換わったといえる。今後将来にわたり、除染や避難者の帰還と地域の再生、長期に及ぶ困難で莫大な費用を要する事故炉の廃炉作業に向き合い続けることになる。それらに関する情報は、私たちの社会の問題として、断続的に供給される。いわば、マスメディアの報道というサーチライトによって眼前にときどき照らし出され、時間経過にともなう記憶の減衰による人々のリスク感の低下を押しとどめると考えられる。

高レベル放射性廃棄物の処分や、福島原発事故関連の汚染水や廃炉や除染にともなう放射性廃棄物、原子力発電所の廃止措置にともなう放射性廃棄物などは、それぞれ危険性のレベルや問題解決の時間軸は異なるが、いずれも今後対応を迫られてくる。放射性廃棄物の問題が人々の判断に占めるウエイトが大きくなり、リスクの要素を強める可能性がある。

効率性の要素に関しては、原子力発電の安定供給への貢献は、これまで長く利用してきた事実の積み重ねによって醸成された評価と考えられる。原子力発電所が数年にわたって停止し発電していなくても生活や社会活動に支障がでていない状況は、原子力発電の存在感をじわじわと低下させている。今後、再稼働する原子力発電所が増えても、すべて停止していた期間も電力供給に支障がなかった事実が消えるわけではない。評価が単純に戻るのかどうかはわからない。

効率性の要素は、リスクの要素とは異なり、注目されるような出来事は少ない。「電力不足の懸念がある」「電気料金の上昇が続く」「CO_2排出量の削減目標が達成できない」など単独の問題意識が高まっても、それぞれがエネルギーや電気・電力に関連することは自明であっても、原子力発電との関連は人々にとって必ずしも自明ではなく、解決法が原子力発電に特定されるわけではない。単独の問題としては、原子力発電以外の方法による対策や代替が存在するが、相互に矛盾する面があるため、3E（安定供給、経済効率性の向上、環境への適合（CO_2削減））の観点を同時に満たすことができず、どれかに大きなしわ寄せがでる。総合判断によって初めて、原子力発電を加える必要があるとの結論が導かれるという性質のものである。そのため、単独の問題意識が高まったからといって、「やはり原子力発電が必要」だという認識には直結しにくい。

エネルギーや電力の供給に深刻な影響が及ぶ国際紛争や化石燃料の輸入の途絶など、危機的な事態が顕在化しなければ、効率性の要素が大きく強まるような変化は生じにくいと考えられる。今後、再生可能エネルギーの拡大にともなう問題や拡大の限界が顕在化したり、CO_2排出量の削減圧力が大きくなれば、効率性の要素が再認識されて、変化する可能性がある。

一方、効率性の要素が弱まるという逆方向の変化には、中長期的には発電や蓄電、生活の質を下げずに消費量を減らす効率化など、技術革新が関係する。

たとえば、太陽光や風力など自然任せで出力が変動する自然エネルギーの利用の拡大は、蓄電方法や蓄電技術の開発と普及に依存する。家庭用蓄電池と太陽光発電の組み合わせが住宅に普及すれば、ピーク時に電力使用を抑制する節電型から、余剰電気をためて時間をシフトして使う蓄電型に変わると予測される。水素と大気中の酸素を反応させて電気を作る燃料電池は、発電と電力消費の間の空間的・時間的ずれの調整を可能にする。水素を、都市ガスや石炭の改質によらず、太陽光や風力の電気で水を電気分解して製造できるようになれば、資源の節約やCO_2削減になる。CCS（二酸化炭素回収・貯留）の実用化が進めば、火力発電を利用するうえでの制約が減る。

予測対象の時点を未来に延ばすほど、現在視野に入っていない革新的技術の可能性が広がり、期待がふくらむ。それが単に技術的に可能というだけでなく、安全でコストに無理のない現実的なものとして姿をあらわすならば、そして、それが人々に認識されるようになるならば、効率性の要素を低下させ、原発世論は否定方向に動くと考えられる。

福島原発事故によってリプレースについての賛否が逆転し、原子力発電を将来的に維持するという考え方への支持が失われている。原子力発電所のプラントは計画から、建設期間と運転期間、その後の廃炉完了までを含めると、他の発電インフラよりも長期の周期になる。決定時の世論を生んだ社会のメンバーと、その決定が状況を固定することになる期間を生きる社会のメンバーには時間によるずれがある。高レベル放射性廃棄物の問題では、放射能が自然界のレベルまで減衰するのに万年単位を要することから、未来世代に対する責任が論点の一つになるが、脱原発の決定にも次の世代への責任がともなう。長く蓄積し継承されてきた原子力発電の技術と立地受け入れ地域の信頼が失われれば、必要になったとしても方針転換は困難になると思われる。脱原発の決定は、次の世代がエネルギーを得るために利用可能な手段の一つを確実に絶つことになる。

福島原発事故によってリスクの要素が大きく強まっても、世論が原子力発電からの完全脱却に変化しなかったのは、生活や経済も重要であると認識され、効率性の要素が軽視されていないからである。前節で述べたように、人々は、原子力発電からの完全脱却が、社会にとっての支障や困難を気にせずに選べる選択肢であるとは、まだ認識していないし、それでもあえて社会の優先目標に設定し、覚悟をもって進めるという意思は、まだ共有されていない。そして、私たちの社会が原子力発電と共存することは不可能だと見極めをつけたのでもない。福島原発事故から数年を経過し、誰もが原子力発電に特別な関心を向けるという時期ではなくなっている。人々の関心が低下するなかで、リスクの要素に関わる情報は断続的に供給されるが、効率性の要素に関わる情報は供給されにくい状況にある。そのようななかで効率性の要素がどのように変化していくかが、今後の原発世論の行方にとって重要と考える。

第3節　本書の意義と残された課題

最後に、本書の意義と残された課題にふれておく。意義としては次の三点をあげたい。

第一には、原発世論と規定因の実証的データと知見を提供したことである。本書では、科学的手続きに基づく原発世論のデータと、それから得られるエビデンスベースの知見を提供した。原発世論として賛否の意見分布はしばしば報道されているが、それすらも第6章第1節で示したように、長期継続されているものは少なく、社会的関心の高まった時期には質問されるが、関心が低下すると質問されなくなる。学術調査では、原子力発電をテーマとするものがあり、賛否の質問だけでなく要因となる意識を把握し、態度構造や態度形成要因の解明を目的とする調査が実施されているが、長期継続されているものはほとんどない。本書に示された原子力発電とそれに関連する時系列データはきわめて貴重である。

しかし、質問の数だけの時系列帯グラフを眺めても、長期的な増減トレンドと現状の数値は読み取れても、それらの変動がもつ意味はつかめない。本書では、それぞれの増減を当該時点の出来事や社会状況と関連付けて、それがどのような意味をもつかを解説し、それらを総合して得られた変動についての性質をまとめた。原子力発電に対する社会意識の実態をエビデンスベースで把握することに貢献すると考える。

報道機関が実施する世論調査は電話調査が多く、その制約から質問数が抑えられ、簡潔な質問文や選択肢が求められるために、原子力発電に関する原則論としての賛否のみを問うものが多い。「中間的な選択肢が設定されないことは、『世論』の印象を両極に強く引っ張り、世論の見誤りに繋がる」［菅原、二〇一六、六八ページ］との指摘もある。世論調査の結果として、画一的な質問による、よく似た明快な意見分布だけが繰り返し伝えられると、それが唯一の世論だというのが社会の共通認識になる。原則論としての賛否の分布は、世論の重要な一面であるが、それだけで十分というのではない。とりわけ、世論調査の結果を政策に反映させようとするならば、賛否のそれぞれはどのような状況認識に基づいているのか、どのような問題までを視野に入れた判断なのかといった情報も必要である。

西平［二〇〇九、一九三ページ］は、「むしろ各調査主体が別々の言葉で質問し、質問の仕方によって評価が変わるかどうかのほうが大事なこと」、「世論調査の限界から離れてはならないが、多角的な質問がなされ、それらを比較・総合することが望ましい」と述べている。本書は、世論調査という同じ土俵で、視点の異なる質問や、原則論から具体論に踏み込んだ質問を加え、それらを比較し総合することによって、多面的な原発世論を浮かび上がらせるものになっていると考える。

第二には、原発世論の変動要因として、モデルに脱物質主義的価値観を導入したことである。第3章

第1節第4項で述べたように、イングルハートは二〇年以上前にすでに、「原子力は、脱物質主義者が反対するすべての象徴」になりつつあると記している。原子力発電の推進・反対の論争の背後には価値観の違いがあると指摘されてきた。本書では、JNSS継続調査のデータにおいて、原子力発電に否定的な態度が、環境保護志向やネガティブな科学文明観、革新的な政治意識、参加型決定手続きの選好と関連していることを確認し、これらの認識傾向がイングルハートの脱物質主義の内容に重なることから、原発世論を規定する価値観として脱物質主義を当てはめた。単に価値観というだけでは、原発世論に働く肯定・否定の方向性は定まらないが、脱物質主義という概念を当てはめたことにより、方向性が明確になり、具体的内容をもつものになったと考える。

原発世論の変動モデルにおいて、価値観を要素の一つとして組み入れたことには、原発世論が原子力発電についての直接評価のみによって、つまり、ベネフィット（必要性）とリスクの比較考量によって決まるという考え方から脱却する意味もある。原子力発電についてのベネフィットやリスクについて知識や情報を提供する、いわば啓蒙によって原発世論が変わるという見方に限界があることを示すものでもある。

原子力発電の推進と反対は、表面的には有用性とリスク、言いかえれば効率性とリスクの判断基準における意見の対立という形をとり、意見の違いを生む根底にある価値観の是非が、原子力発電と関連付けて主張されることはあまりない。そのために、推進・反対の堅固な態度をもたずに、両者の論争を傍観する大多数の人々は、価値観の相違に目が向かず、表面にあらわれている平行線をたどる意見だけを評価することになる。単に「価値観の相違」といって済ませるのではなく、その意見や主張はどのような社会や生活が前提になっているのか、その前提は本当に自明なのか、その前提は人々に共感され受容されるものであるのかも含めて、俯瞰的に原発世論の状態をとらえるのに役立つと考える。

第三には、図で表現することによって原発世論の状態を視覚化したことである。原発世論を逆三角形のなかに置き、規定因となる要素の影響力を三つの頂点からの矢印であらわすという本モデルの図は、筆者のオリジナルである。概念的なモデルをシンプルに図解することで、原発世論と三つの要素の力学的バランスの状態が視覚化できたと考える。これを用いることによって、複数の時点間の差異や、長期における変移の過程、異なる集団（国）間の差異が相対的に表現され、直感的理解の一助になると考えられる。付け加えれば、本書のモデルの三要素は、原子力発電に限定される言葉を避け、抽象度をやや高めた言葉を用いているので、リスクをともなう他の社会問題――たとえば、遺伝子組み換え食品の受容や、人工知能（ＡＩ）開発の賛否――についての世論を分析する枠組みとしても使える可能性がある。

一方、本書の分析の限界や、未解明の点も多くある。残された課題として次の点をあげておきたい。

本書では、原発世論はリスクの要素、効率性の要素、脱物質主義の三つの要素の力学的バランスで変動するという概念的モデルを考え、ＩＮＳＳ継続調査のデータの時系列変動を説明してきた。しかし、脱物質主義に関する時系列データは、「経済のゆとりや快適な生活を優先するか、環境汚染や自然破壊の抑制を優先するか」の一問しかなく、その変動を分析したにとどまる。脱物質主義に含まれる概念のうち、「参加型決定手続きの選好」や「政治的立場が革新的」については、その傾向が強いほど原子力発電の利用に否定的であるという関係を一時点のデータにおいて確認したが（第3章第1節第3項）、継続質問ではないため、変動に関する分析はできなかった。

イングルハートの脱物質主義には、「言論の自由」「人格を尊重する人間的な社会」「思想重視の社会」を志向するという、より精神性の強い指標もある。これらの指標と原発世論の関係は本書では扱えていない。本書では、この二三年間で人々の価値観が経済優先から環境優先に移行するという変化は認められなかったが、あくまでも、脱物質主義の指標の一つの分析から得られた結果である。日本における脱物質主義の行方について、信頼性の高い結論を得るにはさらなるデータが必要である。今後、脱物質主義の他の指標と原発世論の関係が本書の結果と整合するかなど検討し、原発世論を規定する価値観に、脱物質主義という概念を当てはめることの妥当性を確認する必要がある。

本書では、原発世論とそれを規定する三つの要素について、回答分布（回答比率）の変動を分析した。福島原発事故によって原発世論とリスクの要素の一部は大きく変化した。しかし、それでも変化量は最大で三〇ポイント、多くは一〇～二〇ポイントであり、劇的に変化したというほどの印象はない。それらを除けば、多くの質問では、事故や事件の発生後の変動は短期的に従前の水準に戻り、いわばベースラインの水準に回帰しているようにみえるものが多かった。本書の随所に登場する、時系列推移が描くなだらかな線は、十年以上を経ても、調査対象サンプルが異なっても、基本的な回答分布が維持されていることを物語っている。回答分布の変動については、本書において出来事などとの関連からある程度解釈できたと考えるが、それぞれのベースラインの水準はいったい何によって決まっているのか。それを解明することは、本書の目的を超えるが、今後の大きな課題である。

注

1　たとえば、Gサーチデータベースを用いて、朝日新聞、毎日新聞、読売新聞、産経新聞の四紙のタイトルか本文を対象に、「社説　AND　(原発　OR　原子力発電)　AND　(価値観　OR　社会のあり方)」をキーワードとして検索すると、事故以降二〇一七年八月までに五一件あり、そのうち脱原発の立場をとる朝日新聞と毎日新聞が四三件であった。記事の主題はさまざまだが、原子力発電と「価値観」や「社会のあり方」を関連付けた言説が含まれている可能性がある。

あとがき

本書は二〇一八年三月に大阪大学に提出した博士学位論文に修正を加えたものです。原子力発電を今後どうするのか、社会で意見が対立する問題の解決に向けて、賛否いずれからも距離を置いた世論の実態についての客観的な情報が必要だと考え、本書を執筆しました。私は原子力安全システム研究所（INSS）に所属しますが、本書によって原子力発電に対する態度を一方向へと誘導したり、原子力発電の受容を高めようというのではなく、本書が、真に学術研究の成果として多くのかたに参照していただけることを願っています。

第1章で取り上げたように、世論調査には回答の質や方法論の面で限界も欠点もあります。しかし、世論についての確かな科学的データとして、これ以上のものは他にありません。「世論は脱原発を支持している」というようなひと言では、原発世論の実態はわかりません。本書では、原発世論を利用の賛否という一面的・二分法的なものとしてではなく、根底にある価値観の相違や動きも含めてとらえました。世論の背後にどのような要因があるか、原子力発電のリスクや効用（必要性）が具体的にどのように認識されているか、それらの認識は原子力関連の出来事やエネルギーに関わる状況の変化によって実際にどのように動いてきたかを、可能な限り綿密に分析しようとしました。さまざまな立場で原子力政策やエネルギー政策に関わりをもつ方々が、原子力発電世論を俯瞰して総合的な判断を行う際に参考にしていただけるものになっているとすれば幸いです。

社会で意見が対立する解決困難な問題に私たちはどう向き合うべきかなのか。市民参加による合意形成や決定手続きは、解決策の一つになるのか、理念としてでなく現実の社会に実装できる方法論なのか、現状では判断できません。もしそれが目指すべき方向だとしても、まずは、ひとりひとりが確実な知識や根拠に基づく意見をもつこと、社会にそのような人々が増えていくことが重要だと思います。

現代社会において電力は、社会を維持し人が生きるうえで、片時も途切れることが許されない必須のものです。エネルギー問題は漠然としたイメージや倫理、思想だけで容易に乗り切れる問題ではありません。政府や行政、電力会社など電力の安定的確保に責務を負うセクターや専門家は、本書でいうところの効率性の要素について、中長期的な視点で不確実性も考慮した判断をしています。つまり、電力確保という機能面の評価である効率性の要素は、一般市民が考えるまでもなく、主として責務を負う組織や関係者によって担保されてきた要素といえます。原子力発電は彼らに委任できない特別なイシューであるとし、決定への市民の関与を強めるべきであるとするならば、市民も効率性の要素を視野に含めた判断をする必要があるのではないでしょうか。

もちろん、本書のモデルで示したように価値観も原発態度を規定する要素です。当然ながら、総合的に考えた結果として、三要素のうち倫理や思想、価値観に基づいて判断するという選択があります。ただ、三つの要素があることを意識し、リスクの要素のみならず、市民の視点からは認識されにくい効率性の要素についても、できる範囲で知識や情報を得て了解したうえでの選択であることが大切だと考えます。読者には、賛否の態度をひとまず脇において、本書の原発世論の要因に関する考察や原発世論と三要素の特徴や変動の性質を、ご自身の認識と照らし合わせながら読んでいただければ、ご自身の考えを客観視して多様な視点から再吟味することにつながるのではないかと思います。そうした意味で本書が少しでも役立つものになれば幸いです。

私は過去二〇年以上にわたり原発世論を研究テーマとし、原発世論や原子力発電に関する意識について論文や書籍などで発表してきました。本書は、大阪大学人間科学研究科博士後期課程に社会人として入り、計量社会学の視点を加えて原発世論の変動についてまとめたもので、原発世論を追い続けてきた私の研究の総仕上げとなるものです。

博士論文の執筆にあたっては吉川徹先生にご指導いただきました。吉川先生には、「概念的モデルを作る」「それを図で表現する」という論文の根幹となる方向性を示していただきました。これは、私のこれまでの研究の延長では着想できなかったもので、かつ、私の研究の蓄積を活かせる最良の方法であったと思います。また、原発世論の変動という大きな課題に対し、データから確実にいえる範囲の個別の解釈にとどまらず、思考の枠を広げて大きな解釈に踏み込むことへと導いていただきました。吉川先生のご指導がなければ本書は生まれていません。心より深い感謝を申し上げます。

大学院で副指導教員（副主査）を務めていただきました川端亮先生と辻大介先生には、ベースにある個別研究の博士論文上の扱いに関する助言や、社会心理学的観点からの助言、論理的な弱点の指摘とそれを補強するための具体的なヒントや助言をいただきました。両先生に心よりお礼申し上げます。

本書のベースとなるこれまでの研究においては、統計数理研究所の元所長・名誉教授でおられた故林知己夫先生にご指導いただきました。先生の事務所に通ったのは何十回にもおよび、私が調査の面白さ、データ分析の面白さに出会うことができたのは、林知己夫先生の教えを受けるという幸運に恵まれたからにほかなりません。研究者への扉を開いていただきましたことに心より深い感謝を申し上げます。

私が所属する原子力安全システム研究所の社会システム研究所の歴代所長として、糸魚川直祐先生、直井優先生、小泉潤二先生には、研究に対して的確なご指導をいただき、研究者として成長させていただいたと思います。また、歴代の副所長をはじめ、研究所のみなさまには、さまざまな面から研究を支えていただきました。心より感謝を申し上げます。

継続調査を実施するには大きなコストがかかりますが、毎回、目新しい知見が得られるわけでなく、最大の成果が「変化がないことを確認した」という場合もあります。基礎的で地味な研究テーマですが、原子力安全システム研究所はその価値を認め、長期にわたって研究所の主要テーマの一つとし、私に担当させてくださいました。そのおかげで、原発世論の研究というテーマに地道にじっくりと取り組める環境に身を置くことができました。原子力安全システム研究所に心より感謝を申し上げます。

本書は博士論文として執筆したもので、本書で示す解釈や意見は個人のものです。原子力安全システム研究所やその他の機関や組織の見解を示すものではありません。出版にあたり、あらためて引用文献や分析、データの数値、文章表現について極力チェックしましたが、内容が多岐にわたるため、私の誤解や理解不足、単純ミスによる誤りや、不適切な表現が残っているかもしれません。誤謬はすべて私の責任です。もし誤謬がありましたらお詫び申し上げます。

本書のデータは二三年間にわたり約二万五〇〇〇人に回答していただいたものです。調査機関と調査員のかたには、調査環境が厳しくなるなかで訪問留置法による調査を遂行し、信頼性の高いデータを集めていただきました。調査にご協力いただいたすべてのみなさまに心よりお礼申し上げます。

最後に、本書の刊行にあたり、大阪大学出版会の板東詩おりさんに大変お世話になりました。私の博士論文を読んで出版を勧めてくださったことで、出版の道が開けました。また、原稿に適切な助言をいただきました。単行本として世に出ることができたのは、ひとえに板東さんのおかげです。心より感謝申し上げます。

二〇一九年九月　　北田淳子

引用文献

2019年8月19日時点でwebで公開されていないものは、取得日ではなく最終閲覧日と表記している。

明石真言，2008，「特集　第五福竜丸を振り返って――日本放射線影響学会第50回大会・市民講座」『放射線科学』51（2）：4-15.

安全なエネルギー供給に関する倫理委員会，2011，『ドイツのエネルギー転換――未来のための共同事業』（2019年8月19日取得，http://warp.da.ndl.go.jp/info:ndljp/pid/9375132/www.enecho.meti.go.jp/committee/council/basic_problem_committee/003/pdf/3-82.pdf）.

Beck, Ulrich, 1986, *Risikogesellschaft: Auf dem Weg in eine andere Moderne*, Frankfurt.（東廉・伊藤美登里訳，1998，『危険社会――新しい近代への道』法政大学出版会.）

Bisconti Research, Inc., 2016, "Public Sees Nuclear Energy as Important: Survey Finds October 2016",（Retrieved August 19, 2019, http://www.nei.org/CorporateSite/media/filefolder/resources/reports-and-briefs/national-public-opinion-survey-nuclear-energy-201610.pdf）.

第2回国民的議論に関する検証会合議事概要，2012，（2019年8月19日取得，http://www.cas.go.jp/jp/seisaku/npu/policy09/pdf/20120905/giron_gijiyoshi02.pdf）.

第3回国民的議論に関する検証会合議事概要，2012，（2019年8月19日取得，http://www.cas.go.jp/jp/seisaku/npu/policy09/pdf/20120907/giron_gijiyoshi03.pdf）.

電気事業連合会，2017，「海外電力関連トピックス情報　ドイツ　シンクタンクが2016年の電源別発電電力量を発表」（2019年8月19日取得，https://www.fepc.or.jp/library/kaigai/kaigai_topics/1255728_4115.html）.

電気事業連合会，2018，「海外諸国の電気事業 スペインの電気事業　3.再生可能エネルギー導入政策・動向」（2019年8月19日取得，https://www.fepc.or.jp/library/kaigai/kaigai_jigyo/spain/detail/1231525_4794.html）.

電気事業連合会，2019，『原子力コンセンサス』（2019年8月19日取得，https://www.fepc.or.jp/library/pamphlet/pdf/04_consensus.pdf）.

電力中央研究所放射線安全研究センター，日付不明，「チェルノブイリ事故の健康影響に関する報告書について」（2019年8月19日取得，http:

//criepi.denken.or.jp/jp/rsc/study/topics/20060904.html).
電力需給に関する検討会合，2013,「2013年度夏季の電力需給対策について」(2019年8月19日取得，http://warp.da.ndl.go.jp/info:ndljp/pid/11241027/www.meti.go.jp/setsuden/pdf/130529/130529_01a.pdf).
エネルギー・環境会議，2012a,「エネルギー・環境に関する選択肢」中央環境審議会地球環境部会第110回 資料1-2(2019年8月19日取得，https://www.env.go.jp/council/06earth/y060-110/mat01_2.pdf).
エネルギー・環境会議，2012b,「革新的エネルギー・環境戦略」(2019年8月19日取得，http://www.cas.go.jp/jp/seisaku/npu/policy09/pdf/20120914/20120914_1.pdf).
エネルギー・環境の選択肢に関する討論型世論調査実行委員会，2012,『エネルギー・環境の選択肢に関する討論型世論調査　調査報告書』(2019年8月19日取得，http://keiodp.sfc.keio.ac.jp/wp-content/uploads/エネルギー・環境DP調査報告書.pdf).
Fishkin, James, 2009, *When the People Speak: Deliberative Democracy and Public Consultation*, Oxford University Press.(曽根泰教・岩木貴子訳，2011,『人々の声が響き合うとき――熟議空間と民主主義』早川書房.)
深江千代一，2004,「原子力発電が地球温暖化の原因と考える人々の認識」『INSS JOURNAL』11：50-61.
深江千代一，2006,「地球温暖化防止対策としての原子力の有用性に関する意識構造」『INSS JOUNAL』13：64-77.
舩橋晴俊，2013,「第1章　高レベル放射性廃棄物問題をめぐる政策転換――合意形成のための科学的検討のあり方」舩橋晴俊・壽福眞美編『公共圏と熟議民主主義』法政大学出版局，11-40.
原子力百科事典ATOMICA，2003,「JCOウラン加工工場臨界被ばく事故の概要(04-10-02-03)」(2019年8月19日取得，https://atomica.jaea.go.jp/data/detail/dat_detail_04-10-02-03.html).
原子力百科事典ATOMICA，2016,「スウェーデンの原子力政策および計画(1988年以降)(14-05-04-02)」(2019年8月19日取得，https://atomica.jaea.go.jp/data/detail/dat_detail_14-05-04-02.html).
原子力委員会，2012,「今後の高レベル放射性廃棄物の地層処分に係る取組について(見解)」(2019年8月19日取得，http://www.aec.go.jp/jicst/NC/about/kettei/121218.pdf).

原子力環境整備促進・資金管理センター，2018，「スウェーデンにおける高レベル放射性廃棄物処分」（2019 年 8 月 19 日取得，http://www2.rwmc.or.jp/hlw:se:prologue）．

原子力国民会議，2016，「スウェーデンが原子力を維持　更新を政府が支援」（2019 年 8 月 19 日取得，http://www.gepr.org/ja/contents/20160913-02/）．

浜田健太郎，2015，「原発再稼働に反対 70. 8%、事故の懸念 73. 8%――学者・民間機関調査」（2019 年 8 月 19 日取得，http://jp.reuters.com/article/energy-t-idJPKBN0MY0JX20150407?pageNumber=3）．

林知己夫・守川伸一，1994，「国民性とコミュニケーション――原子力発電に対する態度構造と発電側の対応のあり方」『INSS JOURNAL』1：93-158．

放射線影響研究所，日付不明，「原爆被爆者の子供における放射線の遺伝的影響」（2019 年 8 月 19 日取得，https://www.rerf.or.jp/programs/roadmap/health_effects/geneefx/）．

Inglehart, Ronald, 1990, *Culture Shift in Advanced Industrial Society*, Princeton University Press.（村山皓・富沢克・武重雅文訳，1993，『カルチャーシフトと政治変動』東洋経済新報社.）

Ipsos, 2011, “Global Citizen Reaction to the Fukushima Nuclear Plant Disaster”, Ipsos,（Retrieved August 19, 2019, https://www.ipsos.com/sites/default/files/migrations/en-uk/files/Assets/Docs/Polls/ipsos-global-advisor-nuclear-power-june-2011.pdf）.

石井孝明，2014，「チェルノブイリ原発事故、現状と教訓（上）――日本で活かされぬ失敗経験」（2019 年 8 月 19 日取得，http://www.gepr.org/ja/contents/20141125-01/）．

伊藤陽一，2013，「世論と空気――脱原発論議をめぐって」『法學研究』86（7）：217-240．

岩井紀子・宍戸邦章，2013，「東日本大震災と福島第一原子力発電所の事故が災害リスクの認知および原子力政策への態度に与えた影響」『社会学評論』64（3）：420-438．

岩間敏，2006，「戦争と石油（1）――太平洋戦争編」『石油・天然ガスレビュー』40（1）：45-64．

岩本裕，2015，「討論型世論調査と公共放送――番組化への試み」『政策と調査』8：3-17．

壽福眞美，2013，「第 10 章　社会運動、討議民主主義、社会・政治的『合意』——ドイツ核エネルギー政策の形成過程（1980〜2011 年）」舩橋晴俊・壽福眞美編『公共圏と熟議民主主義』法政大学出版局，239-271.
金子祥三，2015，「ドイツの電力事情は他山の石か？　先人に学んで日本の将来を間違いないものに」『日本原子力学会誌』57（12）：772-776.
環境省，2004，「京都メカニズムの仕組み」中央環境審議会地球環境部会第 15 回会合資料 3-2（2019 年 8 月 19 日取得，https://www.env.go.jp/council/06earth/y060-15/mat_03_2.pdf）.
環境省，2014，「2012 年度（平成 24 年度）温室効果ガス排出量確定値概要」（2019 年 8 月 19 日取得，https://www.env.go.jp/press/files/jp/24374.pdf）.
環境省放射線健康管理担当参事官室・放射線医学総合研究所，2016 年 6 月 1 日，『放射線による健康影響等に関する統一的な基礎資料　上巻　平成 27 年度版　ver.2015001』（2019 年 8 月 19 日取得，https://www.env.go.jp/chemi/rhm/h27kisoshiryo.html）.
笠原一浩・中村多美子，2016，「福島の復興　日弁連の取り組みから」『日本原子力学会誌』58（5）：294-295.
川合將義，2016，「福島の復興の 5 年間を振り返って——除染の進展と放射線リスクコミュニケーション」『日本原子力学会誌』58（7）：418-423.
経済産業省，2015，『長期エネルギー需給見通し』（2019 年 8 月 19 日取得，http: //warp. da. ndl. go. jp/info: ndljp/pid/11241027/www. meti. go. jp/press/2015/07/20150716004/20150716004_2.pdf）.
経済産業省，日付不明，「日本のエネルギーのいま　政策の視座」（2019 年 8 月 19 日取得，http://warp.da.ndl.go.jp/info:ndljp/pid/11241027/www.meti. go. jp/ policy/ energy_ environment/ energy_ policy/ energy2014/seisaku/index.html）.
経済産業省電力・ガス取引監視等委員会，2017，「電力及びガスの小売全面自由化について　資料 2」（2019 年 8 月 19 日取得，https://www.emsc.meti.go.jp/info/session/pdf/28_002.pdf）.
Kinder, R. Donald, 1998, “Opinions and Action in the Realm of Politics,” Daniel T. Gilbert, Susan T. Fiske & Gardner Lindzey eds., *The Handbook of Social Psychology*, New York: Oxford University Press.（加藤秀治郎・加藤祐子訳，2004，『世論の政治心理学——政治領域における意見と行動』世界思想社.）

木下富雄，2016，『リスク・コミュニケーションの思想と技術――共考と信頼の技法』ナカニシヤ出版.
北田淳子，2001，「第 2 章　環境立国と日本人のライフスタイル」；「第 4 章　東海村臨界事故後も変わらない利用態度」原子力安全システム研究所社会システム研究所編『安心の探求』プレジデント社，68–82；224–239.
北田淳子，2002，「6.1.2　closed と open」；「6.2.1　調査設計の思想」林知己夫編『社会調査ハンドブック』朝倉書店，332–335；345–348.
北田淳子，2003，「東電問題が公衆の原子力発電に対する態度に及ぼした影響――第 3 回定期調査」『INSS JOURNAL』10：44–62.
北田淳子，2004a，「首都圏電力不足問題の原子力発電に関する意識および節電行動への影響」『INSS JOURNAL』11：10–33.
北田淳子，2004b，「第 1 章　世論調査データへの案内」；「第 2 章　原子力発電に関する世論の現状」；「第 3 章　原子力発電に関する世論の変化と変動」；「第 4 章　男女差と地域差」；「第 5 章　意識のつながりを探る」；「第 6 章　実際の世論と世論イメージ」原子力安全システム研究所社会システム研究所編『データが語る原子力の世論――10 年にわたる継続調査』プレジデント社，17–203.
北田淳子，2005，「美浜 3 号機事故が原子力発電に対する態度に及ぼした影響」『INSS JOURNAL』12：2–26.
北田淳子，2006a，「原子力発電に関する意識の継続調査――美浜 3 号機事故 1 年後の結果」『INSS JOURNAL』13：303–310.
北田淳子，2006b，「広報パンフレットの効果測定に関する研究――パンフレットの構成要素が態度変容に及ぼす効果」『広告科学』47：17–32.
北田淳子，2008，「意識調査における回答変動の検討―― 実質的変化と回答のゆれの分離」『行動計量学』36（2）：203–219.
北田淳子，2011a，「エリア・サンプリングの実践的検討――INSS'07 における『地図 DB 法』と『現地積上法』の比較」『行動計量学』38（1）：13–32.
北田淳子，2011b，「サンプリング方法の実践的検討――『現地積上法』と住基台帳抽出の比較」『日本行動計量学会第 39 回大会抄録集』，51–52.
北田淳子，2011c，「選択肢回答と自由回答」松原望ほか編『統計応用の百科事典』丸善出版，354–355.
北田淳子，2013a，「継続調査でみる原子力発電に対する世論――過去 30 年と福島第一原子力発電所事故後の変化」『日本原子力学会和文論文誌』

12（3）：177-196.
北田淳子，2013b,「継続調査における質問変更と時系列比較可能性の検討――発電方法の特徴についての情報が電源選択に及ぼす影響」『日本行動計量学会第 41 回大会抄録集』，338-341.
北田淳子，2014a,「人々の電源選択に関する意識の現状――福島第一原子力発電所事故から 2 年半後」『INSS JOURNAL』21：24-40.
北田淳子，2014b,「パネル調査――クロス・セクション調査と継時的調査」社会調査協会編『社会調査事典』丸善出版，114-117.
北田淳子，2015,「再稼働への賛否と原子力発電についての認識――2014 年の INSS 継続調査から」『INSS JOURNAL』22：27-46.
北田淳子，2016,「原子力発電に対する世論――時系列変動の要因についての検討」『日本行動計量学会第 44 回大会抄録集』，182-185.
Kitada, A., 2016, Public opinion changes after the Fukushima Daiichi Nuclear Power Plant accident to nuclear power generation as seen in continuous polls over the past 30 years. *Journal of Nuclear Science and Technology*, 53（11）, 1686-1700.（Retrieved August 19, 2019, from http://tandfonline.com/doi/full/10.1080/00223131.2016.1175391）.
北田淳子・林知己夫，1999,「日本人の原子力発電に対する態度――時系列から見た変化・不変化」『INSS JOURNAL』6：2-23.
北田淳子・林知己夫，2000,「東海村臨界事故が公衆の原子力発電に対する態度に及ぼした影響」『INSS JOURNAL』7：25-44.
Kitada, A., & Hayashi, C., 2001, “The public’s views of safety culture in nuclear power stations,” N. Itoigawa, & B. Wilpert eds., *Safety Culture in Nuclear Power Operations*, Taylor & Francis, 113-134.
北田淳子・松田年弘，2007,「原子力発電の定量的安全目標の社会的受容に関する研究（3）――リスク水準についての情報が受容に及ぼす効果」『日本原子力学会 2007 年秋の大会予稿集』
北田淳子・酒井幸美，2010,「原子力発電所の微量な放射能漏れに対する公衆の反応――トラブルを伝達する文脈の効果」『INSS JOURNAL』17：13-27.
小林傳司，2004,『誰が科学技術について考えるのか――コンセンサス会議という実験』名古屋大学出版会.
小林傳司，2007,『トランス・サイエンスの時代――科学技術と社会をつなぐ』NTT 出版.

小林利行，2015，「低下する日本人の政治的・社会的活動意欲とその背景——ISSP 国際比較調査『市民意識』・日本の結果から」『放送研究と調査』2015 年 1 月号：22-41.
小泉純一郎，2018，『原発ゼロ、やればできる』太田出版.
国立環境研究所，2016，『環境意識に関する世論調査報告書——2016 年 6 月調査』（2019 年 8 月 19 日取得，http://www.nies.go.jp/whatsnew/2016/jqjm10000008nl7t-att/jqjm10000008noea.pdf）.
河野啓・関谷道雄，2011，「政権交代 1 年の評価——『政治と社会に関する意識・2010』調査から」『放送研究と調査』2011 年 1 月号：2-29.
熊谷徹，2011a，「日経ビジネス　熊谷徹のヨーロッパ通信 『原子力選挙』で環境政党が圧勝」（2016 年 8 月 3 日最終閲覧，http://business.nikkeibp.co.jp/article/world/20110420/219521/?rt=nocnt）.
熊谷徹，2011b，「日経ビジネス　熊谷徹のヨーロッパ通信 『原子力リスクの分析を技術者だけに任せてはいけない』と判断したドイツ人（下）」（2016 年 3 月 16 日最終閲覧，http://business.nikkeibp.co.jp/article/world/20110926/222801/?ST=print）.
熊谷徹，2015，「脱原発を選択したドイツの現状と課題」（2019 年 8 月 19 日取得，http://politas.jp/features/6/article/389）.
丸田勝彦，2014，「原子力に関する情報の様々な人々の受け止め方に関する調査」『INSS JOURNAL』21：41-49.
松田年弘，1998，「原子力発電に対する態度変容について——縦断的調査結果の分析」『INSS JOURNAL』5：2-24.
松田年弘，2001，「第 4 章　原子力発電と日本人の国民性 事故後の態度の変容について」原子力安全システム研究所社会システム研究所編『安心の探求』プレジデント社，191-201.
松田年弘，2003，「人々がイメージする原子力発電に関する世論と実際の世論との比較——リスク・コミュニケーションの視点から」『INSS JOURNAL』10：22-43.
松井裕子，2003，「放射線のリスクイメージと不安との関係——胸部レントゲン検査と原子力発電所の比較から」『INSS JOURNAL』10：63-70.
松尾雄司，2010，「米国の原子力政策と我が国企業の事業展開の動向」（2016 年 11 月 16 日最終閲覧，http://eneken.ieej.or.jp/report_detail.php?article_info__id=6996）.

三浦太郎・三上直之，2012，「コンセンサス会議の問題点の再考と討論型世論調査の活用の可能性」『科学技術コミュニケーション』11：94-105.
三好範英，2017，「ドイツのエネルギー転換　その現状と文化的背景」『日本原子力学会誌』59（8）：428-429.
森田貴己，2016，「東京電力福島第一原子力発電所事故による福島県産水産物汚染の現状――福島県の魚は食べられないのか？」『日本原子力学会誌』58（7）：408-412.
元吉忠寛，2012，「第 7 章　リスク情報の社会的伝搬とその波及効果」中谷内一也編『リスクの社会心理学―人間の理解と信頼の構築に向けて』有斐閣，135-152.
内閣官房・内閣府，2014，「これまでのアベノミクスの成果について」（2019 年 8 月 19 日取得，http://www.kantei.go.jp/jp/singi/keizaisaisei/skkkaigi/goudou/dai3/sankou5.pdf）.
内閣府，2014，「事業拠点選択に関する企業の経営陣へのヒアリング結果」（2019 年 8 月 19 日取得，http://www5.cao.go.jp/keizai-shimon/kaigi/minutes/2014/1104/sankou_02.pdf）.
中村隆・土屋隆裕・前田忠彦，2015，「国民性の研究　第 13 次全国調査――2013 年全国調査」『統計数理研究所調査研究リポート』116.
中尾政之，日付不明，「失敗百選　原子力船むつの放射能漏れ」，失敗知識データベース，（2019 年 8 月 19 日取得，http://www.shippai.org/fkd/hf/HA0000615.pdf）.
中谷内一也，2003，『環境リスク心理学』ナカニシヤ出版.
NHK 放送文化研究所，日付不明，「政治意識月例調査」（2019 年 8 月 19 日取得，http://www.nhk.or.jp/bunken/yoron/political/index.html）.
日本学術会議，2012，『回答 高レベル放射性廃棄物の処分について』（2019 年 8 月 19 日取得，http://www.scj.go.jp/ja/info/kohyo/pdf/kohyo-22-k159-1.pdf）.
日本学術会議高レベル放射性廃棄物の処分に関するフォローアップ検討委員会，2015，『高レベル放射性廃棄物の処分に関する政策提言――国民的合意形成に向けた暫定保管』（2019 年 8 月 19 日取得，http://www.scj.go.jp/ja/info/kohyo/pdf/kohyo-23-t212-1.pdf）.
日本原子力文化財団，2017，『原子力利用に関する世論調査（2016 年版）報告書』（2019 年 8 月 19 日取得，https://www.jaero.or.jp/data/01jigyou

/tyousakenkyu28.html).
日本原子力産業協会国際部, 2017,「最近の世界の原子力発電開発動向データ」(2017 年 4 月 27 日最終閲覧, https://www.jaif.or.jp / cms_admin/wp-content / uploads /2017/01/ world-npp-development201701.pdf).
日本保健物理学会, 2013,「専門家が答える暮らしの放射線 Q&A 第五福竜丸の無線長の死因の事実関係を教えてください。」(2019 年 8 月 19 日取得, http: //warp. da. ndl. go. jp/info: ndljp/pid/8699165/radi-info. com/q-1795/index.html).
日本経済団体連合会・日本商工会議所・経済同友会, 2014 年 5 月 28 日,「エネルギー問題に関する緊急提言」(2019 年 8 月 19 日取得, http://www.keidanren.or.jp/policy/2014/052_honbun.pdf).
日本リサーチセンター, 2011,「東日本大震災が世界の原子力発電に対する考え方に与えた影響」(2017 年 11 月 2 日最終閲覧, http://www.nrc.co.jp/report/pdf/110420.pdf).
西田一平太, 2012,「討論型世論調査〜"世界初"の実験に伴ったリスク」(2016 年 7 月 14 日最終閲覧, http://www.tkfd.or.jp/research/research_other/t00132?id=363).
西平重喜, 2009,『世論をさがし求めて——陶片追放から選挙予測まで』ミネルヴァ書房.
西尾健一郎, 2015,「家庭における 2011〜14 年夏の節電の実態——東日本大震災以降の定点調査」『電力中央研究所報告 Y14014』.
西尾健一郎・大藤建太, 2014,「家庭における 2013 年夏の節電の実態」『電力中央研究所報告 Y13010』.
Nuclear Energy Institute (NEI), 2008, "Perspective on public opinion November 2008".
Nuclear Energy Institute (NEI), 2010, "Perspective on public opinion June 2010".
大磯眞一, 2017,「福島第一発電所事故後の原子力発電に対する海外世論の動向 (3)」『INSS JOURNAL』24：183-187.
小野章昌, 2014,「再生可能エネルギーの検証——ドイツの行き詰まりが示唆するもの」『日本原子力学会誌』56 (12)：780-785.
小野章昌, 2015,「ドイツの 2050 年再エネ 80〜90%は可能か？」『日本原子力学会誌』57 (10)：628-629.

大塚敬，2010，「総合計画策定プロセスへの住民参加の効果と課題——無作為抽出による直接参加型住民参加手法の可能性」『季刊政策・経営研究』16：39-50.
斉藤慎一・竹下俊郎・稲葉哲郎，2014，「新聞の論調は読者の態度に影響するか——原発問題を事例として」『社会と調査』13：58-69.
坂田東一，2015，「ウクライナ情勢について（日本原子力産業協会 2014 年度第 8 回原産会員フォーラム 講演資料」（2018 年 11 月 26 日最終閲覧，https://www.jaif.or.jp/member/contents/cm_kaiin-forum14-8-1_ukraine.pdf）.
佐田務，2001，「原発問題の社会学的考察——『現代』を問い直すためのノート」『日本原子力学会誌』43（7）：646-654.
佐田務，2009，「反原発運動の興隆とその後——原子力をめぐる世論と反対運動の変遷をたどる」『日本原子力学会誌』51（4）：244-248.
佐田務，2015，「大飯判決が問いかけるもの」『日本原子力学会誌』57（2）：119-122.
佐藤温子，2007，「脱原子力をめぐる政治過程——ドイツ・ゴアレーベン最終処分場問題における緑の党の役割」『国際公共政策研究』12（1）：189-205.
佐藤卓己，2008，『輿論と世論——日本的民意の系譜学』新潮社.
佐藤卓己，2015，毎日新聞，「メディアと政治 第 7 回世論調査とファスト化熟慮に基づく輿論を」.
石油連盟，2012，「WTI 原油価格推移（2008〜2012）」（2019 年 8 月 19 日取得，http://www.paj.gr.jp/from_chairman/data/20120419.pdf）.
石油連盟，2018，「今日の石油産業 2018」（2019 年 8 月 19 日取得，https://www.paj.gr.jp/statis/data/data/2018_data.pdf）.
新聞通信調査会，2016，『第 9 回メディアに関する全国世論調査（2016 年）』（2019 年 8 月 19 日取得，https://www.chosakai.gr.jp/wp/wp-content/themes/shinbun/asset/pdf/project/notification/jpyoronreport09-2016.pdf）.
新聞通信調査会，2017，「第 9 回『メディアに関する全国世論調査』（2016 年）結果の概要」『中央調査報』713：1-7.
柴田鐵治・友清裕昭，1999，『原発国民世論——世論調査にみる原子力意識の変遷』ERC 出版.
柴田鐵治・友清裕昭，2014，『福島原発事故と国民世論』ERC 出版.
柴田義貞，2016，「放射線リスク——確定的影響と確率的影響」『行動計量

学』43（1）：35-43.
資源エネルギー庁，2003,「『平成15年夏期の節電キャンペーン』開始について――家族みんなで、社員みんなで、節電宣言」（2019年8月19日取得，http://warp.da.ndl.go.jp/info:ndljp/pid/1368617/www.meti.go.jp/kohosys/press/0004190/0/030623setuden.pdf）.
資源エネルギー庁，2010,『エネルギー基本計画 平成22年6月』（2019年8月19日取得，http://www.enecho.meti.go.jp/category/others/basic_plan/pdf/100618honbun.pdf）.
資源エネルギー庁，2011,「2030年に向けたエネルギー政策――新たな『エネルギー基本計画』の策定について」新大綱策定会議第3回資料2-1（2019年8月19日取得，http://www.aec.go.jp/jicst/NC/tyoki/sakutei/siryo/sakutei3/siryo2-1.pdf）.
資源エネルギー庁，2014,『エネルギー基本計画 平成26年4月』（2019年8月19日取得，http://www.enecho.meti.go.jp/category/others/basic_plan/pdf/140411.pdf）.
資源エネルギー庁，2015a,「エネルギー基本計画の要点とエネルギーを巡る情勢について」総合資源エネルギー調査会基本政策分科会第16回会合・長期エネルギー需給見通し小委員会第1回会合合同会合資料3（2019年8月19日取得，http://www.enecho.meti.go.jp/committee/council/basic_policy_subcommittee/016/pdf/016_008.pdf）.
資源エネルギー庁，2015b,「可逆性・回収可能性の担保、NUMOや経済産業省の活動に対する評価について」総合資源エネルギー調査会放射性廃棄物ワーキンググループ第16回会合資料1（2019年8月19日取得，https://www.meti.go.jp/shingikai/enecho/denryoku_gas/genshiryoku/hoshasei_haikibutsu/pdf/016_01_00.pdf）.
資源エネルギー庁，2015c,「電気料金の水準 平成27年11月18日」総合資源エネルギー調査会電力・ガス事業分科会電力基本政策小委員会第2回資料4-2（2019年8月19日取得，http://warp.da.ndl.go.jp/info:ndljp/pid/11223892/www.meti.go.jp/shingikai/enecho/denryoku_gas/denryoku_kihon/pdf/002_04_02.pdf）.
資源エネルギー庁，2015d,「第2部エネルギー動向 第1章国内エネルギー動向」『エネルギー白書2015』（2019年8月19日取得，http://www.enecho.meti.go.jp/about/whitepaper/2015pdf/whitepaper2015pdf_2_1.pdf）.

資源エネルギー庁, 2016a,「再生可能エネルギーの平成28年度の買取価格・賦課金単価を決定しました」(2019年8月19日取得, http://warp.da. ndl. go. jp/info: ndljp/pid/11038495/www. meti. go. jp/press/2015/03/20160318003/20160318003.html).
資源エネルギー庁, 2016b,『日本のエネルギー エネルギーの今を知る20の質問 2016年度版』(2019年8月19日取得, http://www.enecho.meti.go.jp/about/pamphlet/pdf/energy_in_japan2016.pdf).
資源エネルギー庁放射性廃棄物対策課, 2016,「特定放射性廃棄物の最終処分費用及び拠出金単価の改訂について」(2019年8月19日取得, https://search.e-gov.go.jp/servlet/PcmFileDownload?seqNo=0000152134).
新金属協会・日本金属熱処理工業会・日本鉱業協会・日本産業医療ガス協会・日本ソーダ工業会・日本チタン協会・日本鋳造協会・日本鋳鍛鋼会・普通鋼電炉工業会・日本鉄鋼連盟・日本鉄鋼連盟特殊鋼会, 2014,「電力多消費産業の事業存続のための緊急要望 平成26年5月27日」(2019年8月19日取得, http://www.jisf.or.jp/news/topics/documents/140527youbou.pdf).
総合資源エネルギー調査会基本政策分科会 電力需給検証小委員会, 2016,『電力需給検証小委員会報告書 平成28年4月』(2019年8月19日取得, http://www.meti.go.jp/committee/sougouenergy/kihonseisaku/denryoku_jukyu/pdf/report06_02_00.pdf).
菅原琢, 2012,「公開データから得られる『エネルギー・環境の選択肢に関する討論型世論調査』の教訓」『中央調査報』661.
菅原琢, 2016,「政治と社会を繋がないマス・メディアの世論調査」『放送メディア研究』13：57-78.
杉山滋郎, 2012,「討論型世論調査における情報提供と討論は、機能しているか」『科学技術コミュニケーション』12：44-60.
杉山明子, 1992,『社会調査の基本 現代人の統計3』朝倉書店.
杉山大志, 2014,「IPCC第5次評価第3部会報告書の解説(速報) 電力中央研究所社会経済研究所ディスカッションペーパー」(2017年7月10日最終閲覧, http://criepi.denken.or.jp/jp/serc/discussion/download/14001dp.pdf).
鈴木達三・高橋宏一, 1998,『標本調査法 シリーズ調査の科学2』朝倉書店.
高橋幸市・政木みき, 2013,「東日本大震災で日本人はどう変わったか——

『防災・エネルギー・生活に関する世論調査』から」『NHK 放送文化研究所年報 2013』，214-235.
竹村和久，2006，「リスク社会における判断と意思決定」『認知科学』13（1）：17-31.
滝順一，2012，日本経済新聞，「原発廃棄物、処分法に新提言　東工大の今田教授に聞く」.
田中三彦，1990，『原発はなぜ危険か――元設計技師の証言』岩波書店.
東京大学・電通総研，2011，「『世界価値観調査 2010』日本結果速報　日本の時系列変化――1981～2010 年結果より」.（2019 年 8 月 19 日取得，http: //www. ikeken-lab. jp/wp-content/uploads/2011/04/WVS2010 time-series20110422.pdf）.
東京電力，2003，「原子力を巡る最近の動きと夏の電力需給状況」『TEPCO レポート特別号（2003 年 8 月）』（2019 年 8 月 19 日取得，http://www. tepco. co. jp/company/corp-com/annai/shiryou/report/bknumber/0308 /pdf/ts030800-j.pdf）.
上田宜孝，2007，「原子力発電所のトラブル時の情報発信内容に関する検討」『INSS JOURNAL』14：42-64.
八木絵香，2013，「エネルギー政策における国民的議論とは何だったのか」『日本原子力学会誌』55（1）：29-34.
山腰修三，2016，「脱原発運動に関するメディア言説の分析――全国紙の報道（1987 年 1 月～1989 年 7 月）を対象にして」『慶應大学メディア・コミュニケーション研究所紀要』66：73-85.
柳瀬昇，2005，「討論型世論調査の意義と社会的合意形成機能」『KEIO SFC JOURNAL』4（1）：76-95.
柳瀬昇，2013，「公共政策の形成への民主的討議の場の実装――エネルギー・環境の選択肢に関する討論型世論調査の実施の概況」『駒澤大学法学部研究紀要』71：53-186.
安野智子，2006，『重層的な世論形成過程――メディア・ネットワーク・公共性』東京大学出版会.
米満英二，2013，「需給コントロールの『技』」『躍』20：49-53.（2019 年 8 月 19 日取得，http://www.kepco.co.jp/yaku/20/pdf/yaku20_P49_53.pdf）.
吉見俊哉，2012，『夢の原子力』筑摩書房.
吉岡斉，2011，『新版原子力の社会史――その日本的展開』朝日新聞出版.